环境规划预测系列研究报告

Forcast Report on Environmental planning

2010—2030 年
国家水环境形势分析与预测报告

王金南　马国霞　牛坤玉　刘兰翠　祁京梅　於方　著

中国环境出版社·北京

图书在版编目（CIP）数据

2010—2030 年国家水环境形势分析与预测报告/王金
南等著. — 北京：中国环境出版社，2013.3
（环境规划预测系列研究报告）
ISBN 978–7–5111–1291–0

Ⅰ．①2… Ⅱ．①王… Ⅲ．①水环境—分析—中国
②水环境—预测—中国 Ⅳ．①X143

中国版本图书馆 CIP 数据核字（2013）第 017106 号

出 版 人 王新程
责任编辑 陈金华
责任校对 唐丽虹
封面设计 玄石至上

出版发行 中国环境出版社
　　　　　（100062 北京市东城区广渠门内大街 16 号）
　　　　　网　　址：http://www.cesp.com.cn
　　　　　电子邮箱：bjgl@cesp.com.cn
　　　　　联系电话：010-67112765（编辑管理部）
　　　　　　　　　　010-67113412（教材图书出版中心）
　　　　　发行热线：010-67125803，010-67113405（传真）
印　　刷 北京市联华印刷厂
经　　销 各地新华书店
版　　次 2013 年 3 月第 1 版
印　　次 2013 年 3 月第 1 次印刷
开　　本 850×1168　1/16
印　　张 16.5
字　　数 360 千字
定　　价 58.00 元

前　言

国家中长期环境经济预测研究是环境保护部环境规划院的一项长期而重要的研究任务。自 2003 年以来，环境保护部环境规划院与国家信息中心等单位合作，先后完成了国家"十五"科技攻关课题"国家中长期环境经济综合模拟系统研究""国家'十一五'环境经济压力预测研究"和"国家中长期环境压力与趋势预测（2010—2050）研究"等，初步建立了国家中长期环境经济预测模拟系统。但是，该系统没有解决国家尺度水环境经济预测与地区和流域的衔接，难以预测水环境情景方案对地方和流域水环境质量的影响。"十一五"期间，国家对流域水污染控制研究给予了高度关注，设立了"水体污染控制与治理重大科技专项"（简称"水专项"）。"水专项"第六主题"水体污染控制战略与政策研究"设立了"国家中长期社会经济与水环境情景研究"子课题，要求在完成的国家中长期环境经济模拟系统开发成果的基础上，开展国家中长期水环境管理战略情景分析，构建基于计量经济方法与投入产出分析相结合的大规模联立求解模型系统，对国家的社会—经济—水资源—水环境系统进行预测，分析国家中长期宏观经济的用水需求和水环境形势，提出未来 10 年国家、区域和流域的水环境管理重点，为国家、区域和流域水环境规划和决策提供支撑。

"国家中长期社会经济与水环境情景研究"发现，本研究开发的国家—区域—流域中长期经济与水环境综合预测系统，能够从经济发展的角度对行业、区域和流域等不同层面的水资源需求与水环境压力做出科学预测与分析，并据此提出改善水环境质量的国家水环境保护战略、技术路线图和行动方案；同时，还可以利用该系统模拟水污染治理投入与水污染物排污税等政策对经济和社会运行的影响，为国家水环境形势预测提供科学的动态工具，特别是为制定国家水污染物排放总量控制规划和重点流域水污染防治"十二五"规划等提供有效的支持，为下一步建立流域尺度上"社会经济发展—水污染物排放—水环境质量影响—成本效益分析"系统奠定基础。

"国家中长期社会经济与水环境情景研究"也发现，本研究所建立的国家—区域—流域中长期经济与水环境综合预测系统还有进一步提升和应用的空间。首先，完善国家—区域—流域经济与水环境综合预测基础数据库。本研究仅建立了国家以及辽宁、辽河流域基于行业的经济、人口、水资源以及水污染相关基础数据，且部分数据精度不够，如果要将系统推广应用，需要建立更加完善的基础数据库。其次，提升经济—资源—水环境预测分析与预测结果耦合方法。该系统涉及国家、区域、流域 3 个层次的三次产业经济发展、水资源需求以及水环境污染的预测分析，预测分析指标超过 100 个，由于基础数据可得性、连续性不一，各项指标的预测方法也不同，各项指标本身的预测方法以及预测结果之间的耦合方法也有提升和完善的空间。最后，该系统可以推广服务于国家经济与水环境管理规划与决策，建议不断完善该系统与底层数据库，与国家经济发展或行业、区域规划相衔接，更好地为国家水环境经济决策、水环境保护规划制定提供科学依据。

本书是在"国家中长期社会经济与水环境情景研究"子课题成果基础上编写的，是国家中长期环境经济模拟预测在水环境领域的一个深化研究成果。本项研究和本专著出版得到了"水体污染控制与治理"国家科技重大专项的支持和资助。国家"水体污染控制与治理重大科技专项管理办公室""水专项办"及时将本研究的主要结论建议上报国务院有关领导和国务院有关部门。在此，我们对国家"水专项办"给予的帮助和指导表示诚挚的感谢！同时，要特别感谢环境保护部污染防治司李云生处长和环境保护部环境规划院吴舜泽副院长、曹东研究员、蒋洪强研究员、王东研究员在本项研究开展过程中给予的无私支持，他们对研究的总体框架、研究内容、技术路线、研究方法和情景方案的设定进行了悉心的指导，提出了非常具体的建议，在此表示衷心的感谢。

参加本项研究的主要人员还有环境保护部环境规划院的董战峰博士、徐敏博士和张晶博士，国家信息中心的祝宝良研究员、程伟力博士以及中国科学院地理科学与资源研究所的王志强博士，对他们的付出表示感谢。

作者
2012 年 10 月 1 日

目　录

执行概要

近年来，我国水污染的恶化趋势得到了一定的控制，在我国经济高速增长的同时，保证了水环境质量和水环境承载力的稳定。总体来看，由于缺乏基础数据和系统方法论的支撑，以往我国在制定水污染防治战略以及防治规划时，对国家以及区域和流域层面水污染压力进行总体形势研判时科学性不足；同时，水污染防治政策也多以水污染的末端治理为主，缺乏对经济产业发展与水污染压力之间关系的分析，无法从产业结构调整等宏观经济发展角度对水污染防治提出具体建议；而且，水污染防治战略主要关注工业领域的水污染治理问题，在农业面源和城市水污染防治领域，还存在极大的政策真空。虽然近几年流域规划、区域规划、行业规划以及相关水环境保护政策的出台，这一情况正在得到改变，但实施成效仍存在很大问题，与我国水环境可持续发展的现实需要仍有很大差距。

国家水环境趋势预测研究取得了一些进展

我国开展水污染防治已经有 20 多年的历史，但由于国家以及区域、流域和部门层次缺乏合理的战略性水环境保护框架体系以及有效的水环境管理"顶层设计"，同时缺乏系统完整的国家—区域—流域 3 层级水环境保护形势预测分析，水污染防治目标的确定以及水污染防治重点的选择往往带有一定的盲目性。而且由于国家对中长期的水环境保护战略研究以及中长期水环境形势预测重视不够，导致水污染防治战略与国家和区域社会经济发展规划相脱节，使得我国水环境管理工作缺乏系统性和前瞻性，同时也造成我国水污染防治和水环境保护战略管理与研究能力的严重不足，降低了我国水环境管理政策以及水污染防治规划设计与执行的有效性。

从国外特别是发达国家来看，政府日益重视水环境保护战略和行动方案的设计以及相关技术支持能力的研究，水环境保护战略和实施方案已成为许多国家水环境管理的重要组成内容。国外对水环境保护战略和行动方案的研究，主要基于经济发展的水环境安全考虑，针对水环境变化的具体情况，通过研究制定相关法律法规体系和强制性水污染排放技术标准，调整流域、区域的水环境产业结构等，推进国家水环境保护战略方案和配套政策的实施。在中长期水环境保护战略预测管理上，发达国家采取的主要方法是通过计量经济模型、一般可计算的均衡模型、系统动力学模型、水环境系统分析模型等对经济发展和水环境问题进行多情景方案模拟，研究水环境治理投入以及排污税费等政策对经济和水环境所产生的影响，并据此制定污染治理行动路线，通过具体的政策加以推进。美国、荷兰、英国、韩国、日本和欧盟等国家和地区都分别研究制定了国家中期水环境保护战略规划，一些研究机构，如荷兰 DHV 咨询公司、IISA 研究所、美国环境经济中心等，分别开发了一系列"环境—经济—水环境—投资—效益"一体化的环境决策模型，为本国水环境保护战略设计以及配套政策的制定提供了有效的科技支撑。

国内目前关于环境经济系统预测预警的研究还刚刚起步，对环境经济中长期宏观预测和模拟的理论、方法、模型、评估以及应用等的研究很少开展，研究基础比较薄弱，有关的模拟和预测大都偏重于经济系统内部或环境自身的发展预测，尚没有一套完整的环境经济社会发展的耦合系统和预测预警平台。环境保护部环境规划院与国家信息中心于 2003 年联合开发了"国家中长期环境经济模拟系统"，该系统的特点是将社会经济预测与环境预测结合起来，通过计量经济学、投入产出模型等技术方法将社会经济发展与资源环境的变化相关联，分析了二者之间的相互作用和影响。

在水环境战略管理的宏观决策支持方面，目前还没有针对长期社会经济与水环境保护之间定量关系的系统研究，缺乏一套把握经济发展—水资源消耗—水环境污染关系的情景分析模型，没有把水环境问题放在社会经济大系统下考虑。所需的战略决策技术支持也较薄弱，实施方案制订的依据主要是定性分析，缺乏定量的方法研究，空间上多以城市和小流域范围内的研究为主。虽然国内已经建立了国家环境经济的中长期模拟预测系统，但是这些研究主要是国家尺度上的预测模拟，特别是国家尺度与区域以及流域尺度的宏观社会、经济和环境资源的系统模拟和预测研究并不多见，也缺乏长期社会经济与水环境保护战略实施的动态定量关系研究，以及科学和系统的经济分析预测技术和规划方案的科技保障能力。

国家水环境趋势预测研究开始得到高度关注

"十一五"期间，国家对流域水污染控制研究给予了高度关注，设立了"水体污染控制与治理重大科技专项"（简称"水专项"）。"水专项"下第六主题"水体污染控制战略与政策研究"设立了"中国水环境保护战略和行动方案研究"课题。该课题的主要目标是以经济社会与环境相互关系为主线，对短期以及中长期经济社会的行业、区域和流域的水环境保护形势做出预测，提出改善水环境质量的国家技术路线图和行动方案，明确 2010—2030 年国家水环境保护战略任务，建立国家环境管理决策技术基础平台，提高水环境保护战略决策科学水平。该课题下设 6 个子课题，分别为国家社会经济与水环境信息平台研究、国家中长期社会经济与水环境情景研究、国家水环境形势和趋势短期诊断平台研究、国家中长期水环境保护战略研究、国家"十二五"水环境保护行动方案研究、典型流域水污染防治战略规划示范研究。

"中国水环境保护战略和行动方案研究"子课题二"国家中长期社会经济与水环境情景研究（2008ZX07631-01-02）"的主要研究目标是，在环境保护部环境规划院完成的国家中长期环境经济模拟系统开发成果的基础上，开展国家中长期水环境管理战略情景分析，构建基于计量经济方法与投入产出分析相结合的大规模联立求解模型系统，对国家的社会—经济—水资源—水环境系统进行预测，分析国家中长期宏观经济的用水需求和水环境形势，揭示社会经济发展和水环境需求之间的内在联系，提出未来 10 年国家、区域和流域的水环境管理重点，为国家水环境形势预测提供科学、持续的动态工具，为国家、区域和流域水环境管理、规划和相关决策提供支撑。本书就是在该子课题主要研究成果基础上编写的。

国家水环境趋势预测研究的主要内容

国家水环境经济预测系统研究主要任务：一是开发国家中长期经济与水环境综合预测系统；二是建立国家—区域—流域中长期经济与水环境综合预测系统；三是开展国家—区域—流域中长期社会经济与水环境情景预测；四是分析研究未来水污染治理对社会—经济的影响。

第一，开发国家中长期经济与水环境综合预测系统。主要包括经济预测子系统、环境预测子系统等两个部分，本研究通过计量经济模型建立社会经济活动与水环境状态之间的联系，并通过对未来社会经济活动规模、速度和范围的预测，预测与之相关联的水环境的变化和态势。具体研究内容包括：①宏观社会经济预测与水环境需求预测模型研究现状。考察国内外宏观环境经济模型研究动态，主要包括产品产量预测模型、行业产值预测模型、行业增加值预测模型、消费需求模型、投资需求模型、进出口需求模型和人口及城市化预测模型等的研究现状，确定本研究所需的宏观社会经济预测模型框架。②开展水环境预测的数据需求分析，对水环境预测信息系统的开发研究提出建议。具体包括：分析构建生产函数、行业增加值预测模型、人口预测模型、产品产量预测模型、水资源需求模型、水环境压力预测模型各子模块的基础数据指标，包括经济指标、人口指标、水产和畜禽产量指标、水资源量、水资源消耗系数、废水及污染物实物量指标等；明确数据来源，基于数据可得性修正建议采用的预测模型。③建立国家中长期经济与水环境综合预测系统。国家中长期经济与水环境综合预测系统包括两大子系统，即社会经济子系统和水环境子系统，其中包括 3 类模型，分别是经济预测模型、环境经济分析模型和环境预测模型。社会经济预测子系统主要由国内生产总值、收入分配、消费、投资、进出口、财政、就业、最终需求、行业总产出、人口等模型组成；环境经济分析模型包括水污染治理对经济的反作用模型，即污染治理投资的经济影响模型和污染治理运行费用的经济影响模型、水资源消耗水平对经济影响模型等内容。水环境预测子系统包括水资源需求预测和水环境污染预测模型。

国家中长期经济与水环境综合预测系统的建立主要利用两类模型：基于投入产出和计量经济学的经济预测模型、基于压力—状态—响应分析方法的水环境预测模型和水环境治理费用预测模型。其中，水环境预测模型中的主要参数采用统计回归为主、专家会议法为辅的方法进行预测分析，水环境治理费用预测模型的建立通过微观单位废水治理投资费用函数研究和宏观预测结果验证的方法开展研究。以上两个系统通过建立环境经济分析子系统衔接在一起。

第二，建立国家—区域—流域中长期经济与水环境综合预测系统。根据区域和流域水环境预测关键指标以及基于部门的国家宏观预测结果，将国家预测结果分解到 31 个省、自治区、直辖市和 10 大流域；并选取 1 个流域或省级地区利用自下而上的方法进行区域或流域的经济与水环境预测；通过两种方法预测结果的比较，对分解方法和指标进行修正，构建国家—区域—流域中长期水环境预测耦合模型以及国家—区域—流域中长期经济与水环境综合预测系统。具体研究内容包括：①国内外区域和流域经济与水环境预测研究进展。开展文献调研，总结社会经济发展预测、流域水资源需求和水环境压力的预测方法与模型，以及国家减排指标向低层次区域或流域分解方法的相关研究，分析不同模型的特征、优缺点，模型预测结果所能达到的政策目标等，对本研究拟建立的国家—区域中长期经济与水环境综合预测系统提出建议。②区域—流域水环境预测数据需求分析。分析构建区域—流域中长期水环境预测模型各子模块如行业增加值预测模型、人口预测模型、产品产量预测模型、水资源需求模型、水环境压力预测模型各子模块的基础数据指标，包括经济指标、人口指标、水产和畜禽产量指标、水资源量、水资源消耗系数、废水及污染物实物量指标等。③构建区域和流域层次的经济预测子系统。按照地区或流域 GDP 的规模和增长速度历史轨迹将经济指标分解，根据不同地区之间的产业结构和增长潜力对各经济指标进行相应调整，建立区域和流域层次的经济预测子系统。④构建区域和流域层次的水环境预测子系统。首先，采用自上而下的思路，根据区域和流域水环境预测关键指标，确定国家预测结果的分解方法；其次，利用自下而上的方法选取省级地区或典型流域进行水环境预测；最后，比较利用自下而上和自上而下方法得到的预测结果，分析造成差异的原因。⑤构建国家—区域—流域中长期水环境预测耦合模型。根据不同流域的社会经济、产业结构和水资源环境的发展趋势开展特征分析，确定建立国家—流域中长期经济与水环境综合预测耦合模型的关键要素，结合典型区域和流域自上而下、自下而上的预测结果，构建适应不同特征流域的社会经济与水环境综合预测系统，并通过相关参数和指标的调整，逐步提高模型的精度。

将国家宏观预测结果分解到各区域和流域的方法构建初步区域—流域中长期经济与水环境预测系统，然后通过典型区域和流域的中长期经济与水环境预测结果，对分解结果进行校验核证，逐步优化相关参数和指标，构建国家—区域—流域中长期水环境预测耦合模型，在此基础上形成完整的国家—区域—流域中长期经济与水环境预测系统。

第三，国家—区域—流域中长期社会经济与水环境情景预测。利用国家—区域—流域中长期经济与水环境综合预测系统和基于行业的国家宏观经济和水环境预测结果，开展国家以及 31 个省级行政区和 10 大流域的经济发展和水环境形势预测分析。预测的基本过程是：首先，利用投入产出模型经济分析和人口预测分析子系统预测 2010—2030 年我国宏观社会经济以及人口和城镇化发展趋势，包括相关产品产量、行业产出、城镇化率和人口增长率等，得到预测目标年的经济和人口总量，这部分预测研究属于社会经济子系统的内部运行规律。其次，利用水资源消耗预测模型预测未来需水量，即根据经济部门的经济增长和用水系数，对各经济部门的用水量、新鲜水量、重复用水量进行预测，根据未来城市和农村人口增长和城市、农村生活用水系数，对城市和农村生活用水量进行预测；根据畜禽和水产品产量以及灌溉耕地和单位灌溉面积用水量的变化情况，对农业生产用水量进行预测，同时估算生态用水量。然后，利用水环境污染预测模型分别预测农业、工业和第三产业的废水和污染物产生量，并根据既定的污染削减情景方案完成废水和污染物排放量的预测。再次，利用水污染治理预测模型预测不同情景方案下的治理投资和运行费用需求。最后，开展国家中长期水环境形势模拟预测综合分析。具体研究内容包括：①确定预测时点和预测单元；②设定预测情景方案；③国家层次的中长期社会经济和水环境情景预测；④区域—流域层面社会经济与水环境情景预测；⑤国家中长期水环境形势模拟预测综合分析。

国家—区域—流域中长期社会经济与水环境预测涉及的变量很多，需要根据预测结果对关键变量进行调整和修正，获得较为理想的预测结果，因此预测本身是一个不断完善的过程。国家中长期水环境形势模拟预测综合分析主要采用情景对比的定量分析方法，重点分析经济发展与水环境之间的关系、重点水污染行业发展与水环境之间的关系以及影响区域和流域水环境形势的影响要素。

第四，建立环境经济分析系统，开展水污染治理对社会—经济的影响研究。该系统主要包括两部分：①利用环境经济投入产出模型和投资乘数加速数原理，研究国家和区域水污染治理投资和运行费用支出对经济产出和结构的影响；②通过水污染治理的可计算一般均衡模型（CGE），定量分析通过征收 COD 排污税实现 COD 减排目标，可能对宏观经济、重点工业行业、居民福利、收入、就业、进出口贸易等产生的影响，提出水污染治理优化经济增长的科学途径。具体研究内容包括：①环境经济投入产出模型和 CGE 模型研究现状综述；②数据需求分析；③水污染治理对社会经济的影响模拟；④提出国家水环境保护战略相关建议。

本项任务主要采用环境经济投入产出模型和可计算的一般均衡模型（CGE），利用情景和政策模拟的方法进行定量研究。环境经济投入产出建模的基本方法为：将污染治理投资作为一种最终需求，将污染治理运行费用作为生产活动的中间消耗纳入经济投入产出模型，生成一种新的环境经济投入产出模型，模拟污染治理投资和运行费用对 GDP、利税和人口就业等指标的关系，并以两种投入产出模型的输出结果之差作为污染治理投入对经济发展的量化影响。CGE 模型的原理是考虑居民、企业、政府等行为主体对水资源的消费情况，同时设置一个环境模块对各主体与废水、COD 等污染物排放进行描述，分析水污染治理政策（排污税）的引入对整个社会经济系统的影响。

国家中长期水环境情景预测主要结论

通过国家中长期社会经济与水环境情景研究，我们发现本项研究开发的国家—区域—流域中长期经济与水环境综合预测系统，能够从经济发展的角度对行业、区域和流域等不同层面的水资源需求与水环境压力做出科学预测与分析,并据此识别水环境管理重点,提出改善水环境质量的国家技术路线图和行动方案,制定国家水环境保护战略;同时,还可以利用该系统模拟水污染治理投入与水污染物排污税等政策对经济和社会运行的影响,为国家水环境形势预测提供了科学的动态工具,为国家、区域和流域水环境管理、规划和相关决策提供有效支撑。本项研究得出的主要结论和建议如下。

结论 1:总需水量在 2020 年可能达到峰值。 在农业和工业用水强度下降较快且人均生活需水量保持约束目标的情况下,用水高峰将在 2020 年出现,需水量达到 5 907 亿 m³,到 2030 年将回落至 5 666.3 亿 m³,比 2007 年减少 2.4%。如果农业和工业用水强度保持以目前 1.3% 的速度降低,需水量仍将持续提高,到 2020 年和 2030 年将分别达到 6 940 亿 m³和 7 187 亿 m³,缺水量将达到 200 亿~300 亿 m³。如果维持目前的重复用水率 51%,我国水资源的供需矛盾将十分突出;如果 2030 年重复用水率达到发达国家水平的 75%,我国水资源可基本实现供需平衡。

结论 2:废水和污染物排放量呈上升趋势,治理任务仍相当艰巨。 在现有废水处理水平正常提高的情景下,废水排放量将由 2007 年的 1 838 亿 t 上升到 2030 年的 2 113 亿 t,增长约 15%。如果采取强制政策,我国废水排放量将由 2007 年的 1 838 亿 t 上升到 2020 年的 1 906 亿 t,2030 年小幅下降到 1 812 亿 t。在低削减情景方案下,我国废水污染物排放量 2020 年前都将呈上升趋势。总污染物排放量将由 2007 年的 3 843 万 t 上升到 2020 年的 4 327.1 万 t,2030 年小幅下降到 4 104.3 万 t。在高削减情景下,我国废水污染物呈下降趋势。由 2007 年的 3 843 万 t 下降到 2030 年的 2 839.1 万 t,下降 26%。

结论 3:"三河"流域污染物排放强度大。 以淮河为首的"三河"流域单位面积污染物排放强度最大,2007 年淮河排污强度为 18.6 t/km²,其次是珠江流域、海河流域和辽河流域,分别为 14.4 t/km²、13.5 t/km²和 8.9 t/km²。在高排放情景下,我国各流域的污染物排放强度呈上升趋势。2030 年,淮河、海河、辽河等"三河"流域的排放强度分别为 17.7 t/km²、13.7 t/km²、8.3 t/km²。水污染已成为制约"三河"流域经济发展的重要因素之一,严重影响了水资源的开发利用。

结论 4:农业面源污染对 COD 排放贡献大,需引起高度重视。 从 COD 产生量的角度看,2007 年农业 COD 产生量为 8 355.3 万 t,占总 COD 产生量的 65.8%,2030 年,农业 COD 产生量比重可能上升到 80% 左右。从排放量看,2007 年农业 COD 排放量为 825.9 万 t,占总 COD 排放量的 27%。在高排放情景下,2030 年,农业、工业、生活的 COD 排放量比重分别为 43.6%、15.9%、40.5%,农业所占比重呈上升趋势。据预测,农业 COD 排放量 2015 年将超过城镇生活,成为我国 COD 排放量的主要来源。

结论 5:废水治理投入仍需加大,对农业面源污染治理给予适当倾斜。 从治理投入占GDP 的比重来看,我国废水投资占 GDP 的比例呈逐年下降趋势。在高削减方案下,"十二五""十三五",以及 2021—2030 年废水治理投入占 GDP 的比重分别为 0.77%、0.69% 和 0.47%。从预测结果看,规模化畜禽养殖和农村生活的 COD 产生量占总产生量的 60% 以上,但两者的废水治理投资仅占总废水治理投资的 0.7%~1.2%。因此,今后对农业面源污染治理应给予适度倾斜，加大治理投资力度。

结论 6：充分考虑水污染治理及相关政策的实施影响，尽量降低政策风险。模拟结果显示，征收 COD 税/费对 GDP、总投资、总消费、就业、居民福利、居民可支配收入产生负面影响，同时助推居民消费价格，其中，对农村居民的影响高于城镇居民。从对产业部门的影响来看，由于 COD 产生量较大的部门税负较重，完全转移成本的可能性不大，会造成利润下降，需求曲线内移，部门产出下降。如果征收的 COD 税费收入按照统一比率补贴生产税，则对社会经济的影响明显低于增加政府收入。建议我国在征收 COD 税/费时，要重点考虑：居民的税收返还或补贴问题、制定抑制通货膨胀的配套措施、引入对生产部门的税收减免或补贴措施。

国家中长期水环境保护战略和政策建议

建议 1：逐步优化产业与布局结构，缓解局部性水资源矛盾的结构性污染问题。黄河、淮河、海河是我国水资源供需矛盾最为突出的区域，应从调整产业结构入手，适度控制农业发展，提高农业灌溉用水效率和化肥利用效率，加大对畜禽粪便的综合利用率，减少农业面源污染产生压力。同时，从经济总量上限制钢铁、水泥等高耗能、高污染行业的发展速度。综合水资源需求压力和水环境承载力因素，我国的高水污染产业宜由海河和淮河流域向松花江流域和长江流域适度集聚。

建议 2：确保污染减排控制目标，促进水环境质量改善。"十一五"减排目标的实现与全国水质的初步好转，表明总量控制对遏制我国水环境质量恶化起到极为重要的作用。因此，必须制定更加严格的水污染排放总量控制目标，严防水污染排放总量反弹，促进水环境质量改善。

建议 3：高度重视农业面源污染，加强农业面源污染控制。我国目前尚未建立农业面源污染的监测统计体系，严重影响了国家对未来污染排放总量和减排重点的判断与决策。因此，建立科学完善的农业面源统计核算与监测体系迫在眉睫。为有效控制农业面源污染，还应制定与农业面源污染控制相关的法律、法规和技术标准。以经济激励型政策和教育引导型政策为主，利用污染费、用水费、补贴赠款、税收减免等多种形式的税收或补贴政策引导农民减少农业面源污染排放。

建议 4：加强落后产能转移指导，防范区域水环境风险转移。中西部地区生态环境脆弱，承载能力有限，随着资源大规模开发和落后产业的转移，水土资源破坏问题和水污染问题将会变得更加突出和尖锐。因此，要高度关注落后产能转移趋向，建立严格的监管制度，转变政绩考核体系，建立地方管理部门有关产业转移的责任追究机制。

建议 5：提高工业污染防治水平，严防工业污染排放反弹。产业的低端化发展带来了污染贡献率与经济贡献率的长期倒挂。2007 年，造纸、农副等水污染排放大户的 COD 产生量占总工业 COD 产生量的 73%，而经济贡献率只占工业行业的 17.5%。2030 年，这种现象仍将持续。因此，要加快对落后产能的淘汰，设定新污染源准入标准，开展有关污染物排放量与环境容量关系的研究，实行更加严格的总量控制与排污收费制度。

建议 6：加强城镇污水处理设施规划与管理，保证城镇生活源排放持续降低。要科学测算各地未来的污水处理能力需求，以需建网，按需定能，避免污水处理设施建设规模的盲目扩张。实现城市污水的就地处理和回用，降低投资和运行成本。完善收费监管体系，保障处理设施稳定运营。把污水截流管网铺设作为公共财政支出的重点，大幅增加财政直接投入，保证生活污水集中入网。充分重视污泥处理处置问题，大力提高污泥处置能力。以资源循环利用为主，研发适合我国实际情况的低能耗、可持续的污泥处理处置技术体系。

2012 年 10 月 1 日

第1章　社会经济与水环境情景预测研究进展

本章对社会经济与水环境预测的国内外研究进展进行全面综述，具体对人口、GDP、水资源、废水及污染物排放、总量分配方法、水污染治理的社会经济影响等方面的主要研究方法和结果进行总结和归纳，剖析已有研究成果的不足和有待改进的地方，提出本书预测所需的主要方法。

1.1　宏观社会经济预测

1.1.1　人口和城市化率预测

1.1.1.1　人口预测方法

人口预测（population projection）是人口分析的重要内容之一，是指根据一个国家、地区或一个人口群体现有人口状况及可以预计到的未来发展变化趋势，测算在未来某个时间人口的状况、特征。其内容主要有未来人口总量及增长率预测、出生与死亡人口预测、性别年龄构成、婚姻状况、家庭结构预测等。本研究所涉及的人口预测主要为未来人口总量以及城乡人口结构预测，依托于人口预测对未来的城镇和农村生活环境压力做出预测。通常人口预测涉及的方法有：

（1）复利公式法和指数增长法。在社会经济发展过程中，人们经过长期观察发现，如果没有特大的自然灾害、战争、大迁移等引起人口急剧变动，一个国家（或地区）、一个民族的人口总量是比较平稳地增长的，而且这个增长数基本上和原有的人数成固定的比例。对于以这样方式增长的人口群体，可以利用复利公式对未来人口进行推算，其公式为：

$$P_t = P_0(1+r)^t$$

式中：P_0——预测基期的人口总量；

　　　P_t——预测期的人口总量；

　　　r——人口自然增长率；

　　　t——预测期与起点的时间间隔。

但在实际中，人口的增长变化是个连续不断的过程。不论把时间间隔划分得多细（如日、小时、分等），后一时期的人数与前一时期的人数比较总是有所变化。如果把时间间隔无限缩小，而使时期数目 t 无限增多，复利公式就变为指数增长公式：

$$P_t = P_0 \exp(rt)$$

这两类公式主要用于预测未来人口总量，在人口群体变化较稳定时应用较好，就人口增长的性质来看，指数增长公式比复利增长公式更确切。

但在一些国家，尤其是一些工业化较发达的国家，人口增长率下降得很快，人口总数既不按指数公式增长，也不按复利公式增长，而是人口增长量有日益减少的趋势。于是就提出了逻辑斯蒂（Logistic）人口增长方程。

（2）逻辑斯蒂（Logistic）人口增长函数法。Logistic 增长方程是在人口增长量逐步减少的情况下提出的，是一条以某一最值为水平渐近线的增长方程。这种增长模型确立的前提假设：①每一个环境都有一个最大环境容量，通常以 K 表示，当 $P_t = K$ 时，总人口数的增长率为 0，即 $\mathrm{d}P_t/\mathrm{d}t = 0$；②人口增长率随人口总量上升而下降是按比例的，即人口的增长速度与 $P_t(1 - P_t/K)$ 成比例。这种比例关系可解释为一种阻滞作用，即增加一个人口，就会产生 $1/K$ 的抑止作用，或者说，每个人口个体利用了 $1/K$ 的环境空间，P_t 个体利用了 P_t/K 的环境空间，而可供人口继续增长的剩余空间只有 $1-P_t/K$。所以增长方程为：

$$\mathrm{d}P_t / \mathrm{d}t = rP_t(1 - P_t / K) \qquad\qquad (1.1)$$

当 P_t 的数量很小时，$(1-P_t/K)$ 近似等于 1，所以人口的增长速度与 P_t 成比例地连续增长；但当 $P_t > 1/2K$ 时，$1 - P_t/K < 0.5$，人口增长速度减慢，随着 P_t 的增大，人口增长速度下降的更快。所以，Logistic 增长方程也称为阻滞方程。

对式（1.1）进行积分得 Logistic 增长方程，其形式为：

$$P_t = K / \left[1 + \exp(a - rt)\right]$$

式中：P_t——时间 t 的人口总数；

　　　a——常数，其值取决于 P_0，表示曲线对原点的相对位置；

　　　r——常数，是增长速度与 $P_t(1 - P_t / K)$ 的比例系数；

　　　K——估计的所谓人口增长的极限值，是根据历史数据，按照关系式 $r_t = r(1 - P_t / K)$ 估算的。

（3）冈波兹（Compertz）增长曲线。冈波兹增长曲线是由 B.Gompertz 于 1825 年提出，其数学形式为：

$$P_t = KB^{A^t}$$

式中：B，A——常数；

　　　K——人口增长的上限逼近值。

此增长曲线与逻辑斯蒂增长曲线形式相似，只是二者拐点的位置不同，冈波兹增长曲线的拐点横坐标为 $P_t = K/e$，逻辑斯蒂曲线拐点横坐标为 $P_t = K/2$，冈波兹曲线拐点早于逻辑斯蒂曲线。

以上预测方法不考虑人口年龄与性别构成，不反映未来人口发展的详细特征，只能通过对历史数据的拟合来大致估算公式中的参数，从而预测未来人口总量的规模。这些预测公式有时在短期内能很好地拟合历史人口增长趋势，但长期来看，由于没能反映人口出生、死亡率的变化，其预测结果会偏离实际人口规模很大。随着社会的发展，人们逐渐意识到这种数学预测公式的弊端，从而开始研究其他的预测方法，如因素预测法等。

（4）分因素人口预测模型。在已知预测期内各人口增长要素，如分性别、年龄、人口数、出生数、死亡数、迁出数、迁入数等变动情况的条件下，利用有关的人口数学公式推算预测期末人口总数的方法。以年龄移算为基础，分别根据估算的生育率及按年龄死亡率的变化情况推算相应的出生人口和分年龄的死亡人口；根据迁移情况来估计推算迁移人口，进而推算一系列其他预测指标，具体预测模型如下：

$$M_{t+1}(i+1) = M_t(i) \cdot S_{m,t}(i)$$

$$W_{t+1}(i+1) = W_t(i) \cdot S_{w,t}(i)$$

$$M_{t+1}(0) = SERB_m \cdot B_t \cdot SRB_{m,t}$$

$$W_{t+1}(0) = SERB_w \cdot B_t \cdot SRB_{w,t}$$

$$B_t = \sum F_t(i) \cdot W_t(i)$$

式中：$M_t(i)$，$W_t(i)$——t 年男性、女性人口；

$S_{m,t}(i)$，$S_{w,t}(i)$——t 年的男、女性人口活到下一年的留存率；

$SERB_m$——婴儿出生中男婴的比例；

$SERB_w$——婴儿出生中女婴的比例；

B_t——t 年出生的人口；

$SRB_{m,t}$，$SRB_{w,t}$——男、女婴儿从出生存活到 1 岁的留存率；

$F_t(i)$——t 年 i 岁妇女的生育率。

另外，Bertalanffy 模型、灰色预测理论、X-11 方法等在人口预测中也会用到。

1.1.1.2 主要预测结果

很多学者利用上述方法对中国的人口增长进行了预测。其中，中国人口信息研究中心对我国未来的人口趋势做了预测，主要研究结论见表 1-1。中国环境宏观战略研究中心也有 5 项研究对全国人口和城镇化率进行了预测研究，主要结论见表 1-2。

表 1-1 未来中国人口预测

年份	总人口/亿人	60 岁以上老人/亿人	年份	总人口/亿人	60 岁以上老人/亿人
2000	12.69	1.32	2030	15.25	3.55
2010	13.77	1.73	2040	15.44	4.10
2020	14.72	2.45	2050	15.22	4.38

资料来源：中国人口信息研究中心（1998）。

表 1-2　全国人口和城镇化率的主要研究结论

报告名称	年份	全国人口/亿人	城镇化率/%	研究单位
环境宏观战略思想、目标、任务和措施	2020	14.5～14.9	50	原国家环保总局环境与经济政策研究中心等
生态保护战略研究	2010	13.6	47	生态保护战略研究专题组
	2020	14.5	55～58	
能源与温室气体	2020	14.5	56	中国人民大学环境学院
	2030	15.0	62	
	2050	14.95	70	
城市环境保护战略	2020	14		原国家环境保护总局等
10 年来的环境形势与未来发展趋势	2010	13.5	45.86	中国环境监测总站，环境保护部环境规划院等
	2020	14.2	52.19	
	2030	14.7	59.39	
	2050	15.3	76.89	

1.1.2　宏观经济指标预测

1.1.2.1　宏观经济预测方法

经济增长理论是解决经济增长的长期路径问题，更关注经济中的潜在产出及其增长路径的原因，其基础是一个足够简单而符合实际情况的生产函数。因此，怎样在一些合乎现实情况的生产函数基础上，研究经济的长期增长路径，是经济增长理论所要解决的问题。现代经济增长的理论方法主要可以分为两类：新古典经济增长理论（Solow，1956；Cass，1965）和内生增长理论（Romer，1986；Lucas，1988；Barro，1991）。

（1）索罗—多马经济增长模型。索罗—多马经济增长模型是研究经济增长的开端，这个模型是新古典增长理论的基石。索罗—多马模型提供了一个理解世界范围的产出增长和单位产出地理差异的理论框架。Solow 的贡献在于在生产函数中引入技术进步因素，并假设资本与劳动之间可完全替代，这种具有连续性的生产函数使经济学家可以寻找到一种稳定的持续增长路径。

模型的假设前提：①全社会只生产一种产品；②储蓄是国民收入 Y 的函数；即 $S=sY$；③生产过程中只使用两种生产要素：劳动 L 和资本 K；④劳动力按照一个固定不变的比率增长；⑤规模报酬不变；⑥技术、储蓄率、资本折旧率和劳动力增长率都是外生的（戴维·罗默，2003）。

生产函数可以写为：

$$y = f(k) \tag{1.2}$$

式中：$y=Y/L$；$k=K/L$。

式（1.2）表示人均产出是人均资本存量的函数。

根据柯布—道格拉斯生产函数，此模型可表达为：

$$Y = (AL)^{1-\alpha} K^{\alpha}, \ 0<\alpha<1$$

此模型假设 K 为资本，AL 为有效劳动。在这些假设基础下，当长期的产出增长和资本被劳动力扩大的科技进步和人口增长率所决定，经济收敛在一个平衡的增长点上。

索罗—多马模型虽然符合一定的事实，但利用增长计算回报时，仅通过依靠物质（资本和劳动力）输入的积累，模型是不能解释产出的增长率。如果产出增长仅与物质输入有关，就会存在很大的正残差，所谓的索罗残差（Solow-residual）。除了资本积累和劳动力以外的其他因素也是影响经济增长的因素，应该被考虑进来。索罗残差可以认为是我们"无知"的一种测量。而且 Solow 模型假设技术进步是外生的，Solow 模型的一个重要结论是储蓄率只有水平效应而没有增长效应，长期增长率由技术进步的速率唯一地决定，因此，依 Solow 模型的逻辑，所得出的结论是以假定增长来建立增长模型。

（2）内生增长模型。为解释经济增长的来源，弥补 Solow 模型的缺陷，Romer（1986）和 Lucas（1988）提出了内生增长理论。Romer 提出了一个具有外溢性知识的增长模型，在这个模型中，Romer 假设技术进步是通过投资的外在性来实现的，由于知识的这种中间产品性质，使技术具有了外部性，因而整个经济中生产的规模报酬递增；同时 Romer（1990）引入一个显性的研究与开发部门（R&D）来解释技术进步的内生性来源。Lucas（1988）则通过引进人力资本积累因素来解释经济增长的内生性，提出人力资本溢出模型。认为增长来自于人力资本的增加及其外溢效果，并假定存在一个专门的人力资本生产部门，这个部门的生产决策由追求效用最大化的消费者个人作出。经济长期增长的最终源泉，在于通过不变或递增的规模收益以及溢出效应所形成的物质资本、人力资本、知识资本的内生积累。

Romer（1987）通过将资本与技术均视为一种中间产品，以中间产品的种数来表示技术的进步，因而巧妙地避开了新古典增长模型无法与规模报酬递增及边际报酬不变自洽的矛盾。资本在这里是一个很宽泛的概念，包括人力资本和无形资本。这种方法以 AK 方法而著名，其生产函数的形式为：$Y=AK$，A 为常数，K 为广义资本。单个公司的生产函数是：

$$Y_i = [A_i(K,L)L_i]^{1-\alpha} K^{\alpha}_i$$

这个公式的关键是知识对公司的可用性与资本和劳动力的经济份额相联系。思想基础是每个公司的知识是公共产品，因此，每个公司的技术指标 A_i 与总资本和劳动力储量的变化相联系，不受单个公司的影响。A_i 的简单设定是：

$$A_i = \left[AK^{\beta} \right]^{\frac{1}{1-\alpha}}$$

假设技术进步仅依靠宏观资本积累，得到全部公司总生产函数：

$$Y = AK^{\alpha+\beta} L^{1-\alpha}$$

因为 $\alpha+\beta=1$，当 L 的指数为 1 时，生产函数为：$Y=AK$，AK 模型假定资本具有不变的边际产品，资本积累过程不会中止，所以，即使经济中不存在任何技术进步，资本积累也足以保证经济沿着一条平衡增长路径增长。这种方法的基本原则是技术发展或知识是公司的外生变量，在一般的均衡框架下处理增加的回报率是有困难的。通过外生性，一个竞争均衡，即劳动力和资本得到他们的边际生产是存在的。也就是说，在公司水平上存在常数回报率，在经济水平上，由于增长的知识，存在增长回报率。

Romer 模型的基本思想是知识能被看成是一种可更新物质，用 K 来表示。在模型中，通过典型个体的知识积累决定了长期的经济增长。Romer 模型的关键假设是知识有不下降的边际产出，即 $\alpha + \beta \geq 1$。这可以被解释为资本的非下降的社会回报产生了非下降的增长。与索罗—多马模型相比，产出的正增长率可以在没有人口增长和技术进步的外生增长下持续。AK 模型与新古典增长模型之间的显著差异在于长期人均增长率的决定。在 AK 模型中，长期增长率依赖于技术参数 A。A 决定了储蓄意愿及资本生产率，它的改进能提高资本的边际和平均产品，从而提高增长率且降低储蓄率。各种政府政策的变化其实等价于 A 的移动，即我们可以把参数 A 的解释一般化。AK 模型通过避免长期的资本报酬递减而产生了内生增长。与传统的新古典模型相比，内生变量的所有模型的重要特征是增长率可以受经济政策的影响，由于外在性的存在，许多模型也需要政府从一个社会优化的角度去干预。

（3）投入产出模型。投入产出表，也称部门联系平衡表或产业关联表，是国民经济核算体系的重要组成部分，它是根据国民经济各部门生产中的投入来源和使用去向纵横交叉组成的一张棋盘式平衡表，用来揭示各部门间经济技术的相互依存、相互制约的数量关系。投入产出表由 3 部分组成，分别为第Ⅰ、Ⅱ、Ⅲ象限，其基本表式如表 1-3 所示。

表 1-3　投入产出表的基本形式

投入 ＼ 产出		中间使用			最终使用										进口	其他	总产出
					最终消费					资本形成总额							
		农业	…	行政机关及其他行业	中间使用合计	居民消费			政府消费	合计	固定资本形成总额	存货增加	合计	出口	最终使用合计			
						农村居民	城镇居民	小计										
中间投入	农业	第Ⅰ象限				第Ⅱ象限												
	⋮																	
	行政机关及其他行业																	
	中间投入合计																	
增加值	固定资产折旧	第Ⅲ象限																
	劳动者报酬																	
	生产税净额																	
	营业盈余																	
	增加值合计																	
	总投入																	

第Ⅰ象限。第Ⅰ象限是由名称相同、排列次序相同、数目一致的若干个产品部门纵横交叉而成的中间产品矩阵，其主栏（纵向）为中间投入，宾栏为中间使用。矩阵中的每个数字（X_{ij}）都具有双重意义：从横向来看，它反映产出部门的产品（包括货物和服务）提供给各投入部门作为中间使用的数量；从纵向来看，它反映投入部门在生产过程中消耗各

产出部门的产品的数量。这一部分充分揭示了国民经济各部门之间相互依存、相互制约的技术经济联系，反映了国民经济各部门之间相互依赖、相互提供劳动对象以供生产和消耗的过程，是投入产出表的核心。

第Ⅱ象限。第Ⅱ象限是第Ⅰ象限在水平方向上的延伸，主栏和第Ⅰ象限的部门分组相同；宾栏是最终消费、资本形成总额、出口等各种最终使用。这一部分反映各生产部门的产品用于各种最终使用的数量和构成。第Ⅱ象限描述了已退出或暂时退出本期生产的产品的过程，体现了国内生产总值经过分配和再分配后的最终使用。

第Ⅰ象限和第Ⅱ象限组成的横表，反映国民经济各部门的产品的使用去向，即各部门的中间使用和最终使用数量。

第Ⅲ象限。第Ⅲ象限是第Ⅰ象限在垂直方向上的延伸，主栏是固定资产折旧、劳动者报酬、生产税净额、营业盈余等各种最初投入；宾栏的部门分组与第Ⅰ象限相同。这一部分反映各产品部门的增加值（即最初投入）的构成情况，体现了国内生产总值的初次分配。

第Ⅰ象限和第Ⅲ象限组成的竖表，反映国民经济各部门在生产经营活动中的各种投入来源及其投入结构，体现了各部门的生产技术水平与结构和产品价值构成，即各部门总投入及其所包含的中间投入和增加值的数量。

投入产出表三大部分相互连接，从总量和结构上全面、系统地反映国民经济各部门从生产到最终使用这一完整的实物运动过程中的相互联系。它具有以下几个平衡关系：

①行平衡关系。中间使用＋最终使用＝总产出

用公式表示为：$\sum\limits_{j=1}^{n} X_{ij} + Y_i = X_i$　$(i = 1, 2, \cdots, n)$ （1.3）

式中：X_{ij}——第 i 个部门产品用作第 j 个生产部门生产消耗量；

$\quad\quad Y_i$——第 i 个部门的最终产品；

$\quad\quad X_i$——第 i 个部门的总产值。

引入直接消耗系数，也称为投入系数，记为 a_{ij}（$i, j = 1, 2, \cdots, n$），它是指在生产经营过程中第 j 部门（或产品）的单位总产出所直接消耗的第 i 部门（或产品）的数量。

$$a_{ij} = \frac{X_{ij}}{X_j} \quad (i, j = 1, 2, \cdots, n)$$

由 a_{ij}（$i, j = 1, 2\cdots, n$）组成的矩阵称为直接消耗系数矩阵。则式（1.3）可以表示为

$$AX + Y = X$$

式中：A——直接消耗系数矩阵；

$\quad\quad X$——各部门总产值列向量；

$\quad\quad Y$——各部门最终产品列向量。

②列平衡关系。中间投入＋最初投入＝总投入

用公式表示为：$\sum\limits_{i=1}^{n} X_{ij} + N_j = X_j$（$j = 1, 2, \cdots, n$）

式中：N_j——第 j 个生产部门增加值。

③总量平衡关系。

$$总投入＝总产出$$

$$每个部门的总投入＝该部门的总产出$$

$$中间投入合计＝中间使用合计$$

1.1.2.2 宏观经济预测结果

有许多学者对未来中国经济增长作出了预测和判断。张新认为我国经济增长能否持续下去，很大程度上取决于资本成本能否继续下降，而这有赖于培育与经济可持续增长模式相符合的企业和政府行为的激励机制以及证券市场的进一步开放和发展，积极引进 FDI 和参与中国企业的并购重组[1]。林毅夫认为，美国能维持 3% 的增长速度已相当不错，而中国经济则可以维持 30 年左右 8%～10% 的快速增长，中国完全有能力在 21 世纪中叶超过美国，成为世界上最大、最有实力的经济体[2]。李京文运用系统动力学等方法对 2000—2050 年中国 50 年的经济增长情况作出了预测，认为未来 50 年经济增长大致可分为 3 个阶段：2000—2010 年以年均 8% 的速度增长，2010—2030 年以年均 6% 的速度增长，2030—2050 年以年均 4%～5% 的速度增长[3]。王小鲁根据过去 47 年经济增长的分析，对中国经济增长的预测结果是未来 20 年中国经济年均增长率为 6.4%，其中 2000—2010 年为 6.58%，2011—2020 年为 6.22%[4]。郭道丽认为若美国以 3% 的速度维持增长，中国以 8% 的速度增长，则 GDP 可在 47 年后赶上并超过美国[5]。解三明利用生产函数和计量经济模型预测："十五"期间我国实际经济增长率在 7.5% 左右，2006—2015 年可实现 7% 或略高的经济增长。许宪春在分析国内外历史资料和经济增长因素的基础上，对中国、美国、法国、英国和德国的经济增长率、GDP 和人均 GDP 进行预测，认为中国 GDP 将于 2005 年超过法国，2006 年超过英国，2012 年超过德国，21 世纪中叶有可能超过日本，成为世界第二经济大国，但在 21 世纪内很难超过美国，2050 年中国人均 GDP 将达到中等发达国家 2000 年的水平[6]。

中国环境宏观战略研究共有 4 个研究对 GDP 总量或增速进行了预测研究，主要结论见表 1-4。其他比较有影响力的研究机构对中国宏观经济的预测结果见表 1-5。

表 1-4　GDP 和 GDP 增速的主要研究结论

报告名称	年份	GDP		人均 GDP		研究单位
		总量/万亿元	年均增长率/%	总量/（元/人）	年均增长率/%	
环境宏观战略思想、目标、任务和措施	2020			比 2000 年翻两番		政研中心等
生态保护战略研究	2010		9	比 2000 年翻一番		生态保护战略研究专题组
	2020		7.5			
能源与温室气体	2020	56.2		38 737	7	中国人民大学环境学院
	2030	92.3		68 074	5.1	
	2050	189.5		119 604	3.5	
10 年来的环境形势与未来发展趋势	2010	29.6	9.0	21 940		中国环境监测总站，环境保护部环境规划院等
	2020	63.8	7.5	45 058		
	2030	114.3	6.0	77 535		
	2050	275.6	4.5	179 668		

表 1-5　关于 GDP 增长速率的假设汇总

研究机构	GDP 年均增长率			
	2000—2010年	2010—2020年	2020—2030年	2030—2050年
国务院发展研究中心（2003.11）	7.2	7.2	—	—
国家信息中心（2003.12）	7.5	7.3	5.5	5
国家发展规划（2003.03）		7.2	7.2	
Li Zhidong（2004）	7.8	6.6	5.5	—
国务院发展研究中心王梦奎等（2002，2003）	7.9	6.6	5.5	—
北京大学刘伟等（2004）	7.5	6.5		
中国科学院国情分析研究小组	8	7	—	—
中国社会科学院	6.4	4	—	—
世界银行	6.9	5.6	—	—
能源所——"十五"科技公关专题：我国主要部门减缓碳排放的政策机制分析和效果评价	8.6	8	6.5	6

1.1.2.3　工业产值（增加值）预测

中国环境宏观战略研究共有两项研究对未来全国产业结构进行了预测研究，主要结论见表 1-6。可以看出，两项研究认为 2010—2030 年第二产业增加值仍然是我国的主要产业，对 GDP 的贡献基本保持在 45%～49%。

表 1-6　中国未来产业结构变化　　　　　　　　　　　　单位：%

报告名称	年份	基准背景			政策背景			研究单位
		第一产业	第二产业	第三产业	第一产业	第二产业	第三产业	
能源与温室气体	2020	9	49	42	8	46	46	中国人民大学环境学院
	2030	6	45	49	5.5	43.5	51	
	2050	5	38	57	4.5	35.5	60	
10 年来的环境形势与未来发展趋势	2010	11	47.7	41.3	—	—	—	中国环境监测总站，环境保护部环境规划院等
	2020	7.6	48.5	43.8	—	—	—	
	2030	5.4	48.5	46.1	—	—	—	
	2050	3	47.6	49.4	—	—	—	

1.1.2.4　小结

从整体上看，不同机构和学者对 GDP 的预测偏低，原因在于对我国所处的发展阶段以及这一阶段产业、消费和贸易结构认识不足。为了提高中长期经济社会指标的预测准确性，首先应明确我国所处的发展阶段；然后通过宏观分析和结构分析相结合的方法识别这一阶段的微观特征，并结合我国发展战略，确定模型的结构及外生变量；最后采用宏观计量经济模型和投入产出模型相结合的方法定量预测不同产业部门的发展趋势。

1.2 需水量预测

1.2.1 需水量预测研究

1.2.1.1 水资源需求预测方法

由于用水系统的复杂性，无法建立一个确定模型对它进行描述，所以绝大多数需水量预测方法都是建立在对历史数据的统计分析基础上，不同的只是数据处理方式及应用特点。根据数据处理方式的不同，需水量预测方法主要可以分为：时间序列法、结构分析法和系统方法，具体分类情况如表 1-7 所示。

表 1-7　需水量预测方法的分类

时间序列法	移动平均法	简单平均法
		简单移动平均法
		加权移动平均法
	指数平滑法	一次指数平滑法
		二次指数平滑法
		三次指数平滑法
	趋势外推法	多项式模型
		指数曲线模型
		对数曲线模型
		生长曲线模型
	季节变动法	季节性水平模型
		季节性交乘趋向模型
		季节性迭加趋向模型
	马尔科夫法	一重链状相关预测
		模型预测
	博克斯—詹金斯法（B-J）	自回归模型
		移动平均模型
		模型预测
结构分析法	回归分析	一元线性回归模型
		多元线性回归分析
		非线性回归模型
	工业用水弹性系数预测法	
	指标分析法	
系统方法	灰色预测	灰色关联度分析
		灰色序列预测
		灰色指数预测
		灰色灾变预测
		灰色拓扑预测
	人工神经网络法（ANN），以 BP 模型为代表	
	系统动力学方法	

根据预测模型对未来的描述能力，即预测周期的长短，需水量预测方法可以分为单周期预测方法和多周期预测方法。此处提及的周期可理解为时、日、月、年等时间单位。如以过去的历史数据预测未来一个单位时间的需水量，可视为单周期预测；预测未来两个以上单位时间的需水量，可视为多周期预测。一般来说，各种预测方法的预测误差都会随着预测周期的增加而增加，然而，误差增长速度和抗随机因素的能力有很大差别。

时间序列分析法由于其所用数据单一（只是用水量的历史数据），而最近的数据则包含了极其重要的预测信息，所以它的预测周期不宜太长。

张雅君等[7]利用多元回归分析的方法对北京工业需水量进行了预测，选取了工业总产值、四大用水产业的总产值、工业产业结构（四大用水产业的总产值与工业总产值的比值）和工业用水重复利用率 4 个因子进行回归分析。

灰色预测方法实质上是一个指数模型，当需水量发生零增长或负增长时，系统误差严重，而且预测周期越多，误差越严重。为了克服这种缺陷，不少学者对这种预测方法进行了改进，如汪妮等采用增加新信息的同时，去掉旧信息的建模方式，建立了等维递补预测模型，及时补充和利用新的信息，提高了灰区间的白化度，更接近实际，且模型每预测一步即对参数做一次修正，预测值产生于动态之中，使之更满足较长周期预测的需要[8]。

霍金仙等基于 BP 网络对于全国工业行业的废水排放量进行了预测。人工神经网络方法需要数据动态的训练系统，近期数据对系统影响很大，预测周期也不宜太多。而结构分析法和系统动力学方法是分析用水系统、收集多种用水数据后建立起来的，在用水系统未发生很大变化的条件下，可以得到较多周期的预测值，属多周期预测方法。

1.2.1.2　国内外需水量预测结果

发达国家从 20 世纪 60 年代起就开始重视对国民经济各部门未来用水量的预测。1977 年联合国世界水会议在阿根廷召开，号召各国要进行一次专门的国家级水资源评价活动。1987 年和 1992 年联合国世界环境与发展委员会先后出版了《我们共同的未来》和《21 世纪议程》，它们使水资源研究开始围绕着面向未来的可持续发展这一中心问题蓬勃展开，从而推动了需水量预测研究的深入进行。70 年代以来，各国陆续开展了中长期供需水量的预测工作。

陈家琦认为，2030 年以前我国用水量将持续增长，2010 年与 2030 年用水总量将分别达到全国水资源总量的 25%和 36%，接近我国水资源开发利用的极限（35%～40%）；农业用水将稳定在 5 000 亿 m³，而生活用水量将达到 450 亿 m³，2030 年总用水量接近零增长[9]。张岳认为，随着人口的继续增加和生活水平的不断提高，我国生活需水量预计在 2030 年将达到 1 000 亿～1 100 亿 m³，2050 年将达到 1 200 亿～1 300 亿 m³；对我国工业需水量的预测主要有两种观点：一种观点认为我国工业用水已基本稳定，未来工业需水量即使增长也十分有限；第二种观点认为我国工业化发展进程很快，未来工业需水量迅速增长态势仍不可避免[10]。王浩院士通过对我国工业发展及其用水变化过程的分析，并在国内外工业用水分析比较的基础上，对我国未来工业需水增长态势进行了趋势展望，分流域预测了我国工业经济的未来发展格局及其需水量，认为我国工业需水量在 2030 年左右达到零增长[11]。

张岳等预计 2050 年以后，我国工业需水量有可能出现零增长现象[10]；水利部门的一些专家认为，到 2100 年我国用水量将处于水资源条件制约的零增长状态。国内众多专家预测，中国未来需水总量在 8 000 亿 m³ 左右，最高达 10 000 亿 m³[12]。在未来几十年中，我国生态环境需水量将会明显增加，2030 年将达到 300 亿～400 亿 m³，2050 年可达到 600 亿～800 亿 m³。根据中科院国情分析小组的研究成果，到 2030 年，我国大部分地区的人均水资源量将低于 1 700 m³/人，北方部分地区甚至低于 500 m³/人，水资源供需前景不容乐观[13]。原国家环保总局环境规划院与国家信息中心编制的《2008—2020 年中国环境经济形势分析与预测》预测用水量将在 2020 年到达高峰值，总用水量将达到 6 830 亿 m³，比 2006 年增加 17.8%，预计缺水量将达到 500 亿～700 亿 m³[14]。曹东、於方等在《经济与环境：中国 2020》中根据未来经济发展的高、中、低 3 个情景，得出了相应的 3 种预测结果。预计到 2020 年，在高、中、低 3 个经济发展的情景下，用水量分别为 5 883 亿 m³，6 178 亿 m³ 以及 6 634 亿 m³[15]。

从近几十年中国需水量预测的结果来看，预测值普遍比实际值偏高。原因在于，首先，影响用水量的因素很复杂，有些因素无法做到准确的定量，预测往往采用简单的产值预测用水量，这种方法对于较短周期的预测尚可，但预测长期的增长趋势会造成误差较大。其次，没有将工业结构调整的因素考虑进去也是造成预测结果误差较大的重要原因，发达国家近 20 多年来工业用水量为零增长的主要原因是工业产业结构的调整，因而不把握工业结构的演变而只是以工业总产值来预测用水量，必然会使工业用水量长期预测值偏高。另外，在预测时往往对于水资源的实际供给能力考虑不足，政策的规制和调节作用，如命令控制的手段以及价格政策等也会对用水量造成较大影响。

1.2.2　小结

各种需水量预测方法都有其自身的优点及不足，而需水量预测就是结合预测的目的和特点以及用水量变化规律，合理地选择一种或几种预测方法，并收集所需的数据进行预测。对于工业行业来说，38 个工业行业的情况不一，数据的规律性不一，不必局限于单一的预测方法，应该结合行业自身的实际情况，合理地选取适当的预测模型。

（1）定性和定量相结合，在预测过程中，除应用模型等工具进行趋势预测外，也要根据经验将一些非定量的因素考虑进入。

（2）在预测过程中，除了考虑工业总产值的因素外，还应该考虑工业产业结构的调整所带来的用水结构的变化，不仅要关注万元产值用水量的趋势变化，还要关注近几年来用水结构的趋势变化，争取将两者结合进行预测。

（3）以往的研究对于水资源的实际供给能力的约束力考虑不足，脱离了本地区的水资源实际承载能力，无约束的水资源预测违背预测的基本规律，是造成水资源预测结果偏大的原因，在预测中要充分考虑这一因素。

（4）充分重视政策因素，从国家"十一五"节能减排政策及效应可以看到政策对于需水量有较大的调节作用，在预测中应分情景预测，考虑不同政策因素下的需水效应。

（5）对于国家中长期预测，预测周期较长，更重要的是在完成预测后，要建立对政策有响应的影响系统，因此，可以考虑应用系统动力学模型进行预测。

1.3　废水及污染物排放预测

1.3.1　废水及污染物产生与排放预测

关于废水产生量与排放量的预测，由于数据的难以获取，在全国和工业行业层面的并不多见，环保部环境规划院和国家信息中心利用专项调查数据，借助环境经济预测平台，利用趋势外推法以及灰色预测法对废水产生量与排放量进行了估算。行业和国家层面关于污染物产生量的预测也较少，根据目前收集到的信息也只有环保部环境规划院和国家信息中心利用历年环境统计数据进行了估算。

关于污染物排放量的预测目前开展得相对较多，污染排放量预测常用的方法有时间序列分析法、因果关系分析法、回归分析法和弹性系数法。时间序列是时间次序排列的随机变量序列，在实际问题中只是时间序列的有限观测样本。时间序列分析的主要任务就是根据观测数据的特点为数据建立尽可能合理的统计模型，此方法应用较为广泛。

回归分析法（又称统计分析法）也是目前广泛应用的定量预测方法，其任务是确定预测值和影响因子之间的关系。回归分析预测方法是通过对历史数据的分析研究，探索经济、社会各有关因素与应变量的内在联系和发展变化规律，并根据对规划期内本地区经济、社会发展情况的预测来推算未来的负荷，该方法不仅依赖于模型的准确性，更依赖于影响因子本身预测值的准确度。

趋势分析法又称趋势曲线分析、曲线拟合或曲线回归，是迄今为止研究最多的，也是最为流行的定量预测方法。趋势分析法是根据已知的历史资料来拟合一条曲线，使得这条曲线能反映负荷本身的增长趋势，然后按照这个增长趋势曲线，对要求的未来某一点估计出该时刻的负荷预测值。在很多情况下，选择合适的趋势曲线，确实也能给出较好的预测结果，但不同的模型给出的结果相差会很大，关键是根据地区发展情况，选择适当的模型。所谓弹性系数即污染物（或介质）的增长率与国民生产总值的年增长率的比值。如果知道了弹性系数，就可以根据国民生产总值的发展来预测污染物（或介质）的排放量。虽然弹性系数法简洁、方便，但是弹性系数法不能兼顾长期的变化规律。综上所述，这些方法都存在一定的局限性，各有其使用范围。污水以及所含主要污染物的排放量的时间序列可能不是直线（或线形）的相关关系，而是以某种非线形的关系出现，例如指数关系；同时由于污染物的预测尚无统一的方法，且在对系统研究中由于内外扰动的存在和认识水平的局限性，所得到的信息往往具有某种不确定性。

王丽芳[16]等利用综合增长指数法预测工业废水排放量，综合增长指数法是基于万元产值工业废水排污系数估算法发展而来的预测方法，模型为：

$$A = A_0 (1 + aP)^{n-n_0}$$

式中：A_0——预测起始年工业废水排放量或污染物排放量，万 t；

　　　a——模型参数；

　　　P——工业总产值年均递增率；

　　　n_0，n——预测起始，终止年年份。

情景方案法是预测废水和污染物排放量常见的方法，如张军等对 2010 年、2015 年、2020 年和 2030 年的城镇生活废水排放量分 3 种情景方案：维持现状、滚动发展和环境友好发展方案进行预测[17]。原国家环保总局环境规划院在《经济与环境：中国 2020》中在经济预测模块以及环境压力预测模块都分情景进行预测[15]。

目前，关于废水与污染物产生量、排放量的预测，多是单一的、孤立的预测，如对废水排放量或者是污染物的排放量等单独的预测，系统地一体化的预测较少，只有环保部环境规划院开展了从废水和污染物的产生，到排放再到污染物治理投入的系统的、一体化的预测，这种预测方法的好处是废水的产生量、排放量到处理量的预测相互验证，提高预测的精确性。如於方、曹东等利用系统动力学和灰色预测等模型，利用 1996—2005 年相关统计数据以及专项调查数据预测了 2006—2020 年工业废水和污染物从产生到排放再到处理量的趋势。

中国环境宏观战略研究中的农村环境研究战略专题对 2010 年农村主要水污染物产生量预测见表 1-8。

表 1-8　2010 年农村主要水污染物产生量预测　　　　　　　　　　　单位：万 t

污染物来源	COD 产生量	NH₃-N 产生量
种植业	835	167
养殖业（按规模化养殖计算）	907	182
农村生活（包括散养家禽）	1 789	256
合计	3 531	605

1.3.2　水环境治理投入需求预测

水环境的治理投入分为废水治理运行费用以及废水治理投资两部分。对于这两部分的预测关键是确定废水治理运行费用以及废水治理投资的模型与参数。

自 CHENOG 在 1952 年提出给水厂基建投资模型之后，随着 20 世纪 60 年代以区域最小费用为目标的水质规划迅速发展，特别是美国 EPA 颁布《工业废水可处理性手册》（*Treatability Manual*）污水和污泥处理工艺后，水污染控制的技术经济分析以及费用函数的研究得以发展：Fraas 和 Munley（1984）对控制污染的污水处理成本加以估计[18]，McConnell 和 Schwartz（1991）又扩展了该模型[19]；美国污水处理科学研究所（National Academy of Sciences on Wastewater Treatment，1993）也计算了污水处理工厂的成本函数等[20]。

从 20 世纪 80 年代开始，国内开展了水污染控制费用函数模型的研究工作。典型的有 90 年代中后期中国环境科学研究院环境管理研究所在世界银行的资助和技术指导下开展的中国工业污染经济学研究工作。此外，80 年代中期《全国工业废水处理设施费用函数研究》等均是这方面研究的有益尝试。90 年代以后，在费用函数构建及模型参数拟合上开展了大量工作：秦肖生、曾光明（2001）将目标函数线性化，利用单纯形法求解非线性的水质规划目标的费用函数[21]；刘振中、李越（2006）运用 BP 网络的非线性函数逼近功能，以沉淀池的计算表面积与计算体积为网络的输入，沉淀池的费用值为网络的输出，对单体构筑物（沉淀池）的费用模型进行了探讨[22]；林澎、黄平（2007）采用遗传算法，用收集到的若干污水处理厂的设计建设费用，进行污水处理厂费用函数的参数估计，并用牛顿法及其改进方法与其进行比较[23]；邵玉林（1999）利用天津市工业污染治理设施运行的数据，研究了厂级污染费用函数和边际削减费用函数[24]；何秉宇、阿屯古丽等（2001）针对干旱区的实际，进行了干旱区水污染控制工程费用函数的分析计算[25]；曹东等（1999）对于工业污染排放和削减费用进行了预测[26]；方国华（2004）对水污染费用计算与水环境保护效益费用分析技术进行了研究[27]；黄凯、郭怀成等（2007）将模糊综合评价和 pearl 生长曲线法引入流域水污染防治的效益分析中，建立了流域水污染防治的生态效益分析方法[28]。

综观水污染控制函数形式，主要以幂指函数居多，所涉参量有处理规模、污染物去除率、废水浓度、污染负荷以及污水处理厂相关指标等。

首先，费用函数研究大多局限在某个行业（如城市污水处理）或者某些特定区域开展，最重要的工业行业污染治理的费用函数研究较少，缺乏适用于全国不同行业和地区的费用函数；研究目的和应用层次上也主要限于单元过程的优化和特定设施的技术改造上。其次，缺少系统的污染控制技术经济决策方法研究，关于费用效益和费用效果分析的理论方法研究多，转化为应用成果的具体实践少。

计量经济模型建立的基础是大量具有统计意义的数据支撑，包括生产的工艺技术、污水处理量、污水处理工艺、处理设施的投资及投资组成、运行成本及成本组成、进出浓度、排放标准等技术和经济方面的信息，这些数据要求具有可比性、一致性、时效性、准确性、代表性等，数据质量具有很高的要求，由于受各种条件的限制，我国缺乏固定的机构和技术人员长期从事该项工作，缺乏稳定的数据渠道，尚未建立出一个系统、完整并具有时效性的投资和费用函数数据库。

1.3.3　小结

废水和污染物的产生量和排放量的预测方法与需水量的预测方法有一定的相似性。因此，与需水预测相似，废水和污染物的产生量和排放量的预测也要做到定性和定量相结合，除考虑工业总产值的因素外，不能忽视结构调整的因素，此外，还要考虑环境压力的因素。充分重视政策因素，从国家"十一五"节能减排政策及效应可以看到政策对于污染物排放量有很大调节作用，废水和污染物预测中采用情景预测法，可以考虑不同政策因素下不同的排放结果。

与单一孤立的预测不同，本书是从污染物产生量到排放量做系统预测，要做到多种方法的合理取舍和有效结合，合理地选择一种或几种预测方法，并收集所需的数据进行预测。

结合部门和行业自身的实际情况，合理地选取适当的预测模型。另外，还要注意各种预测结果相互验证，提高预测的精确性。

对于工业行业的废水治理投资和运行费用的预测来讲，关键是选取适当的模型。另外，由于我国尚未成立一个系统地、完整地具有统计意义的与废水处理费用以及投资规模相关的因素的信息库，因此选取的变量也并非越多越好，首先要保证影响因子信息的可得性以及其本身预测的精确性。

1.4 总量分配技术

1.4.1 总量分配方法研究进展

水污染物总量控制已成为许多国家广泛采用的行政性污染物管理手段，从上述各国污染物总量管理实践可以看出，各国采用的管理方法与该国的管理体制、政策背景等综合因素相关，由于总量管理实践方式不同，各国学者对水污染物总量分配技术的研究侧重点有所不同。国外重视流域水体污染物总量管理，所采用的分配方法基本是面向流域的，我国的水污染物总量控制是采用国家确定、层级下达的形式，有国家级分配、流域级分配，也有区域、地区级分配，目前尚未考虑农业面源污染问题，但国内研究的视角主要还是关注于流域层面到地区分解以及区域总量分解，国家层面的则几乎没有。

1.4.1.1 国外研究现状

总体来说，国外学者在进行水污染物总量分配技术研究过程中多是基于经济优化原则建立的最优化数学模型。即以最小削减费用或最大负荷量为目标的。Ronalda Chadderton 等分析评价了 8 种比较流行的污染负荷分配方法后发现，在水体污染物总量分配研究初期，模型约束条件多为确定性水质约束，随着随机理论在水环境领域的广泛应用，模型约束条件也由确定性水质约束转向不确定性的概率水质约束[29]。Ruochuangu 等利用确定性水质分析模拟模型，研究了美国艾奥瓦州 Desonines 河沿岸点源和非点源污染负荷的分配[30]。Ecker、Converse 等以确定性水质条件为约束条件，以区域污水处理费用之和最小为目标函数建立优化模型，再由线性规划、动态规划或整数规划等优化技术，实现污染物在排污口间的优化分配[31,32]。而 Revelle、Thomann 等则在将污水处理费用，即目标函数线性化后，运用线性规划方法对确定性条件下优化模型进行分配计算[33,34]。自从 USEPA 实施 TMDL 计划以来，美国许多机构及高校都承担了许多 TMDL 项目，如加州大学 Santa Barbara 分校环境科学与管理学院承担的 "Nutrients TMDL for Napa River Watershed" 项目等[35]。这些项目都取得了很好的效果，为后来的研究者提供了宝贵的经验，项目本身也带动了各种水质模型以及污染负荷分配方法的研究和发展。此外，USEPA 及相关的研究机构就如何更好地推广 TMDL 以及如何提高 TMDL 的水平进行了大量研究，并提供了一系列建议和资料支持。Kampas 运用 4 种 "破产博弈" 分配法则，即约束等损失规则、约束等获取规则、pineles 规则、调整比例规则，对农业污染的控制进行研究[36]。

由于确定性模型不能够反映水环境系统随机波动性的本质特征，国外不少学者也研究了不确定性条件下的水质规划中的总量分配问题。Lohani 等在河流水质规划研究中建立了概率约束的规划模型[37]。Fujiwara 等以区域污水处理费用之和最小为目标函数，运用概率约束模型对给定水质超标风险条件下河道排污负荷分配问题进行了研究，研究中只将河水流量视为已知概率分布的随机变量[38]。Donald 等考虑了水质现象等随机波动性，并用一阶不确定分析方法将随机变量转化为等价的确定性变量来构建优化模型，计算排污口允许排放量[39]。Donald 等还基于水文、气象和污染负荷等不确定性因子的多重组合情况，提出了河流允许污染负荷分配模式[40]。Li 等在考虑了河流断面横向混合不均匀性基础上，运用优化模型确定各排污口在给定水质标准下的允许排放量[41]。Ellis 采用嵌入概率约束条件的方式构建出一个新的随机水质优化模型，该模型中，不仅河水流量是随机变量，河段起始断面 BOD 和 DO、废水中 BOD 和 DO、耗氧系数、复氧系数等也被视为随机变量，这是和以往水质优化模型的最大区别[42]。Lee 等运用多目标规划的方法，对一个流域的水质管理进行了研究，规划模型中同时包括了经济和环境因素在内的 3 个目标（河流的水质、污水处理费用和河流的同化能力），此研究在改善水体质量的同时，确定了污水处理的费用并分配了允许污染负荷的排放方式[43]。另外，Cardwell 等也对污染物分配问题进行了研究。

1.4.1.2　国内研究现状

由于我国的总量管理制度是层级形式的，有国家层次、流域层次和地区层次之分，因此，目前国内对水污染物总量分配研究也主要着重于流域、区域和地区的总量分配方法研究，这些研究主要集中在以水环境容量或目标总量控制为基础，分配的思路一般是通过选择一定的分配原则和角度（公平、效率或绩效、贡献率等）和分配方法将污染物总量（容量总量或目标总量）分配到地区或者污染源，不同研究者对分配因子的关注点和分配方法的选取有很大不同。所采用的方法主要有均等分摊允许纳污量、等比例削减现有排污量、区域内排污总量最小、区域内治理投资费用最小和公平分配允排量和削减量、按水污染排放绩效分配、按地区污染贡献率来分配等。可粗略归为以下几类。

（1）基于效率的总量分配方法。基于效率的总量分配方法，也即如何实现总量分配结果的经济优化问题，所建立的水污染物削减量或允许排放总量优化分配模式的目的是使总量分配在实现一定环境目标的前提下，区域污染治理费用最低。国内已有的研究方法主要有线性规划法、非线性规划法、整数规划法、动态规划法、离散规划法，灰色规划以及模糊规划法等，由于对效率的认识不同，在分配方法的选取上有较大差别。

胡康萍等在研究珠江三角洲地区江门市两个河段水环境容量问题中，以水体功能区划、水环境容量计算和区域水资源水环境规划为基础，提出了总量分配的 3 种可行方法，并建立了相应的总量分配数学模型：①尊重历史方法，出发点是充分考虑既成事实，将总量分配前形成的排污状况合法化；②最小处理费用方法，即分配方案使所研究小区内污染物削减费用最小；③边际净效益最大方法。提出水污染物总量分配的研究是基于不同预定目标的资源优化分配模式，但其中尊重历史方法只能适用于水污染控制初期排污量的初始分配中，否则必将影响各排污源的治污积极性[44]。

曹瑞玉等以流域（或区域）各污染源的污染物削减总量为约束条件，以污水处理厂经济费用最小为目标函数，建立污染物优化分配数学模型[45]。由拉格朗日极值法求得最小治理费用和最佳处理效果组合，由处理效率与允许排放量关系式得到各排污源相应的削减量。尹军等也以给定削减总量所需总费用最小为目标函数，建立污染物削减优化分配模型[46]。许洪余、王照之等认为离散规划在多目标多条件约束选择中存在局限性，提出并应用组合规划法与 GIS 方法相结合的研究路线解决多点源污染负荷分配问题[47]。

李开明等在多河段水质规划中，根据河段水质目标存在一个相应变化范围而不是固定数值的特点，运用最优化原理建立了区域水环境容量优化分配模型[48]。该模型以各河段水环境容量之和极大为目标函数，以河段水质要求和引水流量限制为约束条件构成，由单纯形算法求得各河段最大水环境容量，也即相应河段最大允许排污量。王有乐则以多目标组合规划模式对相关问题进行了研究，提出了水污染控制多目标规划思路，把治理投资、运行费用、收益和污染物削减量作为规划目标，建立多目标规划的数学模型进行优化分配[49]。

郑英铭等以淮河南段为研究对象，应用总量控制方法对流域水质管理问题进行研究，提出了 3 种水污染物优化分配的模式：①按污水排放量比例分配的模式，即以河段允许排放量最大为目标，以水域水质要求和污水排放量比例关系为约束建立优化分配模型。②按污染物排放量比例分配的模式，也以河段允许排放量最大为目标，以水域水质要求和污染物排放量比例关系为约束建立优化分配模型。③按河流自净能力比例分配的计算模式，该模式除具有与上述两种模式相同的目标函数和水域水质约束外还考虑了各河段自净能力大小的比例关系[50]。

上述分配模型，研究的都是确定性条件下的优化分配问题，也有人试图从不确定性角度进行研究，如夏军和张祥伟等分别利用河流水质灰色非线性优化理论和灰色动态规划理论对多河段水环境系统污染物削减分配问题进行了研究[51-52]。陈治谦运用模糊集合理论分析了如何进行污染物优化分配[53]。

总结相关文献可看出，无论使用何种优化分配方法，基于效率的分配方法一般是以治理费用作为目标函数，以环境目标值作为约束条件，使系统的污染治理投资费用总和最小，求得各地区分配的污染物总量或者区域内污染源的允许排放负荷。

（2）基于公平的分配方法。毛战坡等阐明了公平合理的污染物削减分配方案应满足的条件，在此基础上，提出污染物分配的非线性规划法、满意度法、基于多人合作对策思想基础的协商仲裁法等分配模式，并给出各自求解方法[54]。李志耀等以经济最优性、公平合理性和经济发展连续性方案为基点，给出了污染物总量分配的群体决策分配模型；徐华君则从公平协调思想出发，以原始允许排放量和最小处理费用分配，探讨了兼顾效率与公平的新的负荷总量分配思路[55]。林高松在公平准则的基础上充分考虑了排污者合理利用自然降解能力的权利，并结合排污者之间的差异以及多个水质控制断面的共同作用，提出了一套完整的、定量化的分配方法，将污染物允许排放量公平合理地分配给诸排污方[56]。

徐鸿德首先依据经济优化原则（或效率原则）建立污染物优化分配模型。考虑到同一江段内多个污染源间污染物分配的公平性，提出在各河段优化分配结果的基础上，同一河段内实施"一刀切"的协调优化方法[57]。李嘉等从一维河流单种污染物的水质控制问题出发，以合作治理污染为指导思想，在充分考虑各污染源对水环境容量资源竞争等因素后，推导并建立了河段各污染源排污量限制和排污浓度限制的协同控制模型。再由这一典型的合作博弈模型，对污染物在河段的每个污染源间进行公平合理地分配，以使各污染源达成协同控制污染的意愿[58]。淮斌等应用离散规划方法对天津滨海新区排海废水污染物总量控制方案进行了优化分析，得到了不同削减率下的最优方案，并对近岸海域海水水质进行了模拟预测[59]。

苏惠波则采用前稀释倍数法改进后的数学模型对排污总量进行分配[60]。王西琴等基于改进的经济、环境、资源、污染治理投入产出模型，建立区域水环境经济多目标优化规划模型，对行业间污染物排放分配问题进行研究[61]。贾桂林依据排污单位的经济、环境和社会效益及其对水域功能的影响大小，确定分配原则，并采用权系数 K 值法确定排污单位应承担保护水环境的义务和有偿享受水环境资源的权利[62]。李如忠研究了基于经济、社会和环境系统诸要素影响，设计了一种定性与定量相结合描述判断矩阵的多指标决策层次分析法来进行排污总量分配[63]。研究结果表明，该方法与等比例分配等一般的数学优化方法相比，所考虑的因素更为全面，由此所得的分配方案更趋科学、合理。该方法克服了等比例分配方法的不公平性，又兼顾了各分区的差异，但在层次结构模型中指标选取的合理性对分析结果有重要影响，具有较强的主观性，且层次结构模型中判断矩阵的构造与求解比较复杂困难，造成实际操作性不强。

孟祥明等将广泛应用于经济学领域评价公平性的基尼系数引入环境领域，引出环境基尼系数这一概念，确定出水环境基尼系数的指标体系，制定出环境基尼系数的应用规则、技术路线及计算方法，并通过研究基尼系数的计算过程开发出环境基尼系数计算软件，使计算过程程序化以利于该方法的推广和应用[64-65]。将该分配方法应用于海河天津"十一五"水污染防治规划中，进行污染物总量分配（确定各区域水污染物削减任务）。将最终确定的分配方案通过征求各区县意见及与各区县的污染治理现状对比发现，该方法能够在满足国家总量目标的前提下较好地结合各区域的实际情况解决分配过程中的环境公平性问题，分配结果得到各区域认同。该方法为水污染物总量分配提供了一种全新的思路。吴悦颖等也运用基尼系数概念，使用基尼系数法（洛伦茨曲线法）分析了人口、国内生产总值、水资源量、环境容量等指标对全国七大流域的水污染物总量分配的影响，构建了流域间水污染物总量分配方案合理性的评估方法[66]。结果表明：基于水资源量的洛伦茨曲线正确反映了我国水污染形势严峻的流域，为污染物总量削减方案提供了一种依据。

从以上的文献来看，基于公平的分配方法一般是在所考虑的区域范围内，承认各污染源排放现状或历史排放变化的基础上，将总量控制系统内的允许排放总量等比例地分配到污染源，考虑不同的分配要素将各污染源分担等比例排放责任。

（3）基于多因子分配要素考虑的因素法。杨玉峰等认为国家宏观污染物排放总量分配应该考虑区域经济、人口、资源、环境方面的差异，将各个区域的经济发达水平、人口质量、资源拥有量、地表水体的污染承受能力、水污染综合指数作为综合反映地区差异的标志[67-68]。在总量分配因素中选取的区域差异类型分配考虑因子中经济差异指标包括人均国民生产总值（GNP）、地区人均国内生产总值、地区人均收入水平（城镇与农村）、居民人均消费水平；人口差异指标包括人口总数、人口自然增长率、大专及大专以上人口比率、文盲率；资源差异指标包括自然资源人均拥有量综合指数、水资源总量、地表水资源总量、地下水资源总量；水环境污染差异与水体的污染承受能力指标选择了万元产值废水排放总量、万元工业产值工业废水排放总量、直接排入地表水体的废水量占地表水资源总量的比率以及工业废水综合污染指数。

数据包络分析（Data Envelopment Analysis，DEA）是由美国运筹学家 Chames 和 Copper 等学者在"相对效率评价"的基础上发展起来的一种系统分析方法。以相对效率概念为基础对象进行分析评价。郑佩娜等从提高资源环境的利用效率出发，将 DEA 方法引入用于分配减排指标，建立了区域削减指标分配模型，综合分析了 2005 年全国 31 个省、自治区、直辖市的水资源利用量和 COD 排放量，得到了全国各地区节水减排的削减指标分配表[69]。王学东等在小清河（济南段）水污染物总量削减规划分配研究中，根据环境、技术和经济约束，应用离散规划方法将污染物允许排放量分配到源[70]。李如忠等也从经济、社会和环境系统整体效益出发，综合考虑社会、经济、水环境、水资源效率选取了 12 项指标，并设计出了一种定性与定量相结合描述判断矩阵的多指标决策的排污总量分配层次结构模型。利用专家咨询法得到合肥市各分区相对于区域允许排污总量这一总目标的权重之比，作为各分区允许排污量之比，然后按此比例在各分区间进行排污总量分摊。兼顾了各分区间的实际差异，也在一定程度上克服了等比例分配的不公平性[63]。

（4）各种权值分解方法。权值分解方法主要有主观赋权法和客观赋权法两种。

主观赋权法

主观赋权法主要有两种方法：①采用专家赋值，用统计专家组打分数，把指标得分率作为指标权重；②层次分析法，即按指标重要性进行两两比较，按 1～9 标度建立判断矩阵，再用层次分析 AHP 求排序向量，则求得归一化后排序向量的各个分量为相应的指标权重。主观赋权法是一种定性分析方法，它基于决策者主观偏好或经验给出指标权重。优点是体现了决策者的经验判断，权重的确定一般符合现实。缺点是权重的确定与评价指标的数字特征无关，权重仅是对评价指标反映内容的重要程度在主观上的判断，没有考虑评价指标间的内在联系，无法显示评价指标的重要程度随时间的渐变性。本研究需要对预测期不同年份指标的影响因素进行分解，分解指标的权数应该随各因素贡献度不同而有所变化，因此主观赋权法不适合本研究的需要。

客观赋权法

客观赋权法是一种定量分析方法，它基于指标数据信息，通过建立一定的数理推导计算出权重系数。客观赋权法有效地传递了评价指标的数据信息与差别，但其仅以数据说话，忽视了决策者的知识与经验等主观偏好信息，把指标的重要性同等化了。客观赋权法主要方法有熵值法、主成分分析和因子分析法、变异系数法和类间标准差法、均方差和离差法等。

➤ 熵值法：熵值法是根据各项指标观测值所提供的信息大小确定指标权重。熵是系统无序程度的度量，可以用于度量已知数据所包含的有效信息量和重要性。通过对"熵"的计算确定权重，就是根据各项监测指标值的差异程度，确定各指标的权重。当各评价对象的某项指标值相差较大时，熵值较小，说明该指标提供的有效信息量较大，其权重也应较大。反之，若某项指标值相差较小，熵值较大，说明该指标提供的信息量较小，其权重也应较小。当各被评价对象的某项指标值完全相同时，熵值达到最大，这意味着该指标无有用信息，可以从评价指标体系中去除。

熵值法能够深刻反映出指标信息熵值的效用价值，所给出的指标权重值比层次分析法和专家经验评估法可信度高，适合对多元指标进行综合评价[71-73]。信息熵的客观赋权不足之处在于，赋权时仅对指标序列的组间信息传递差异进行了调整，而且对于异常数据太过敏感，实际应用中有时某些非重要指标经此法计算得出的客观权重过大，导致综合权重不切实际。避免这一缺陷的对策是利用熵权系数时必须给每个指标的客观权附加一个范围限制。

➤ 主成分分析和因子分析法：主成分分析法通过因子矩阵的旋转得到因子变量和原变量的关系，然后根据各主成分的方差贡献率作为权重，给出一个综合评价值。其思想就是从简化方差和协方差的结构来考虑降维，即在一定的约束条件下，把代表各原始变量的各坐标通过旋转而得到一组具有某种良好的方差性质的新变量，再从中选取前几个变量来代替原变量。

因子分析法是主成分分析法的推广，其基本思想是根据相关性大小对原有变量分组，使得同组变量相关性较高，不同组变量相关性较低，每组变量代表一个公共因子，对于所研究的问题通过最少个数的公共因子的线性组合来表示。相比主成分分析，其有利于明确各公因子的实际含义，同时可以考察每个因子数据的内部结构，并通过适用性检验来检测变量组的设定是否合理。

因子分析法和主成分分析法的步骤：①数据的预处理。为了消除不同变量在量纲上的影响，使各指标具有可比性，并有利于公因子的解释，需要对原始资料进行标准化处理，标准化后的数据服从标准正态分布。②求相关系数矩阵 R 的特征值以及贡献率。将各项评价指标的原始数据标准化后建立变量的相关系数矩阵 R 并计算各因子的贡献率及其累计贡献率。一般所提取因子的累计贡献率大于等于80%即可。③计算因子载荷矩阵。当初始因子不能典型代表变量的含义时，应对因子载荷矩阵进行旋转，从而对因子的意义做出更合理的解释，并结合因子载荷矩阵给出各因子的命名。④计算因子得分。通常在计算因子得分时以单个公因子的贡献率作为权数来给出评价模型。

主成分分析和因子分析法的局限性在于这两种方法仅能得到有限的主成分或因子的权重，而无法有效获得各个独立指标的客观权重，而且当构成因子的指标之间相关度很低时，因子分析将不适用。

> 均方差和离差法：客观赋权的重要原则在于通过指标数据信息差异反映权重的变动，将指标数据的实际信息反映到评价函数的综合权重中。离差、均方差决策方法的基本原理为：若 G_j 指标对所有决策方案而言均无差别，则 G_j 指标对方案决策与排序不起作用，这样的评价指标可令其权系数为 0；反之，若 G_j 指标能使所有决策方案的属性值有较大差异，这样的指标对方案的决策与排序将起重要作用，应给予较大的权数。也就是说，在多指标决策与排序的情况下，各指标相对权重系数的大小取决于在该指标下各方案属性值的相对离散程度。各方案在某指标下属性值的离散程度越大，则其权系数也越大。若某指标下各方案的属性值离散程度为 0（即属性值相等），则该指标的权系数为 0。为此，假定每个指标 G_j（$j=1$，2，$\cdots$，m）为一随机变量，各方案 A_i（$i=1$，2，$\cdots$，n）在指标 G_j 下经过无量纲化处理后的属性值为该随机变量的取值。反映该随机变量离散程度的指标可用最大离差或均方差表示，故可用离差或均方差方法求多指标决策权系数。

离差、均方差方法的共同特点是概念清晰、计算简便、客观性强，具有一定的推广应用价值。但这两种方法又有一定的差别，其主要差别是计算的指标权系数精确度不同。由于离差反映随机变量的离散程度不如均方差准确，因而，用离差计算的指标权系数也没有以均方差计算的权系数准确。所以，离差决策法一般适用于要求不太严格的情况，而均方差决策法一般适用于综合评价要求严格的情况。另外，离差决策方法对属性值的无量纲化有一定的要求，它不适应于用无量纲化方法，因为这时各指标的最大值和最小值均为 1 和 0，这样，得出的各指数的权系数均相同，且为指标个数的倒数，此时求得的指标权系数意义不十分明确；而均方差决策方法则无此限制，可适用于任何场合。

1.4.2　国际实践进展

许多国家，包括美国、日本、欧盟一些国家均实施了污染物排放总量控制为核心的水环境管理制度，对确保流域和区域水环境质量起到了积极作用，同时，由于各国的环境管理制度不同，也形成了各具特色的总量管理模式。

1.4.2.1　美国水污染物总量管理和分配

美国的水环境总量控制是通过制订并严格执行水质规划来实现的，水质规划有流域水质规划和区域水质规划。严格意义上说，美国全国意义上的污染物排放总量控制是不存在的，即使大气污染物总量控制中最为成功的酸雨计划和氮氧化物预算计划都是在一定排放源下的总量控制。水污染物总量控制则没有国家—流域的总量分配管理模式，也没有国家—地区和国家—行业分配的总量管理模式。主要管理单元是基于流域水环境质量考虑的 HDML 法，即在满足水质标准情况下，水体能够接受的某种污染物的最大日负荷量。包括污染负荷在点源和非点源之间的分配，同时允许排污量在一年内的不同季节有所变化，可根据水量、水温、pH 值等因素在各季节的差异来确定。然后利用水污染物传输及归宿的数学模型来确定点源污染物分配量，排放总量控制目标明确，是一定数量排放源的累加排放总量控制，并与排污许可证相结合来实施。TMDL 计划总的目标就是用来识别具体污染区域和土地利用状况，并且考虑对这些具体区域点源和非点源污染物浓度和数量提出控制措施，从而引导整个流域执行最好的流域管理计划。1983 年 12 月，美国正式立法开始实施以水质限制为基点的排放总量控制。TMDL 计划在整个美国得以广泛实施，在点源和非点源污染综合控制方面成效显著。USEPA 一直致力于完善 TMDL 计划以改善全美水体水质，2001—2002 年短短的两年时间里，超过 5 000 个 TMDL 项目被批准和实施[74-75]。每年的项目数从 1999 年的 500 例增加到 2002 年的 3 000 例。今后 10～15 年，美国拟将对全国范围内的 2 000 个水体实施并批准 4 000 个 TMDL 评估，足见美国实施 TMDL 的决心。TMDL 使美国水资源保护由过去的单纯污染源控制转变为根据生态健康和生态功能来决定控制污染，这一转变给从事环境管理问题研究的科学家带来了新的挑战。

1987 年美国《清洁水法》修正案中考虑了对有毒物和非点源污染的控制，并把来自城区和工业设施的雨水排放包括在国家污染物排放削减系统许可证方案（NPDES）中，从而大大扩展了污染物排放总量控制的范围。为更有效地分配已经确定的污染负荷总量，美国有些州还推行在污染源之间进行污染负荷对换制度。包括"点源对换法"和"点源—非点源兑换法"，也就是排污交易方法。前者允许将部分分配给某个排污者的污染负荷转换给其他难以用比较经济的手段达到要求削减量的排污者，后者允许用非点源控制方法来替代点源的进一步控制，因为非点源污染控制的投资比工业点源和城市污水处理厂的投资少而有效得多。采用以上各种总量控制方法可大大减少污染控制的费用。从采取水污染物排放总量控制制度至今，美国的水环境污染控制取得了明显的成效。

1.4.2.2　日本水污染物总量管理和分配

日本对水体污染物总量管理采用的是流域污染物目标总量控制模式，也没有实施国家—地区和国家—行业分配的总量管理模式，并用排污许可证制度配合总量分配管理。

1960 年代末，日本为改善水环境质量状况，提出了污染物排放总量控制问题。在 1973 年制定的《濑户内海环境保护临时措施法》中，首次提出在废水排放管理中实施总量控制并以 COD 指标限额颁发许可证。1977 年提出了"水质污染总量控制"方法，通过采取统一的、有效的措施，把流入一定水域的污染负荷总量控制在一定的数量之内，降低流入水域的污染负荷总量，改善水域水质，使其达到预先所规定的目标。1978 年，日本政府在修改的《濑户内海环境保护临时措施法》中第 4 条、第 18 条明确制定了实施总量控制的管理制度。在以后的东京湾、大阪湾、伊势湾、琵琶湖等封闭性水域的污染防治法规中相继制定了一系列实施总量控制标准的适用范围和实施总量控制的基本方法。从 1979 年开始，日本政府先后 3 次制订并实施对封闭性水域的总量控制管理方案。1984 年，日本将总量控制法正式推广到东京湾和伊势湾两个水域，并严禁无证排放污染物，以 1989 年为目标年的第二次总量控制中的削减目标量是以人口、产业动向、自然社会条件为基础，充分考虑污水治理技术水平、下水道装备等各种条件的前提下设定的。日本经过多年的总量管理实践，基本形成较为有效的总量控制制度。在实施的程序上，日本首先以政府令的形式指定污染负荷削减项目，其次指定实施总量控制的水域和地域，然后由内阁总理大臣审定总量控制基本方针，确认指定地域的指定项目及削减目标量。根据这一基本方针，都、府、县知事拟订总量控制计划。污染负荷量的总量削减是根据目标年度内不同污染源、各都、府、县的削减目标量以及其他基本事项决定的。削减目标量的确定要考虑指定地区的人口与工业发展状况、污水处理水平、下水道整改等因素，要在切实可行的范围内进行削减。同时还规定了不同污染源削减目标量、削减方法以及与总量削减有关的其他事项。自日本实施水体污染物总量控制近 20 年来，各控制水域的污染物排放量在逐年减少，水质达标率在逐年增加。东京湾、大阪湾、伊势湾、濑户内海水域的水质得到改善。

1.4.2.3 欧盟污染物总量管理和分配

多瑙河是欧洲最大的国际流域区，横跨欧盟 10 个成员国和 9 个邻国。19 世纪 80 年代，多瑙河开始了环境方面的国际合作。当时，多瑙河及其流域环境面临巨大挑战，包括管理不善的工业联合企业产生的工业污染、未完全处理的城市污水、战争损害、污染物意外泄漏、来自农业的径流以及排放。所有这些活动均造成了重金属、有毒有机污染物、有机物质（COD）和营养物质的严重排放。除不同形式的污染外，多瑙河流域在防洪和湿地保护方面也面临挑战。

为应对上述环境问题，1985 年，多瑙河流域国家在布加勒斯特签署了《多瑙河水管理合作宣言》，旨在对多瑙河进行协调性水管理。但是，由于该地区当时的政治和经济形势，该宣言未能有效实施。19 世纪 80 年代末中欧和东欧发生政治变革后，在 1991 年 6 月举行的首届联合国欧洲经济委员会（UNCEC）"欧洲环境"会议上，提出了制定《多瑙河保护公约》（DRPC）的理念。在此基础上，24 个国家、全球环境基金（GEF）、联合国开发计划署（UNDP）、欧盟（EC）和非政府组织（NGO）联合签署了《多瑙河流域环境规划》（EPDRB），这是水管理地区合作方面的一个框架性倡议，它将启动优先级研究和行动，以支持《多瑙河保护公约》的制定。《多瑙河流域环境规划》主要由欧盟法罗斯（Phare）多国环境计划署和联合国开发计划署管理和提供主要的资金。《多瑙河流域环境规划》是这两个组织批准的第一个地区性规划。

多瑙河流域国家成为 1992 年 3 月在赫尔辛基签署的《联合国欧洲经济委员会保护和利用跨界河流和国际湖泊公约》（也称为《赫尔辛基公约》）的缔约国。该公约要求各方预防对河道的跨界影响，鼓励它们通过流域管理协议进行合作。《赫尔辛基公约》成为《多瑙河保护公约》的基础。1994 年 6 月，11 个多瑙河流域国家（奥地利、保加利亚、克罗地亚、捷克共和国、德国、匈牙利、摩尔多瓦、罗马尼亚、斯洛伐克、斯洛文尼亚和乌克兰）和欧盟签署了《多瑙河保护公约》，该公约于 1998 年生效。1998—2000 年，多瑙河保护国际委员会（ICPDR）与全球环境基金/联合国开发计划署和欧盟合作实施了《多瑙河流域环境规划》。

欧盟在这些阶段的参与是必不可少的，因为它被看做是能够保证平衡多瑙河上游国家和在经济上较弱的下游国家之间利益的中立方。很多处于转型期的国家还把欧盟的参与看做是将把它们纳入欧盟未来扩张的一个明确信号，这些考虑增加了它们参与的积极性。

表 1-9　《多瑙河流域管理规划》的 3 个协调等级[76]

等级	协调机构/责任机构	协调工作量
多瑙河流域级	国际多瑙河保护委员会是协调机构，而不是责任机构	仅限于绝对必要时（流域问题）
双边/多边级	各国、双边或多边协议	大量
国家级	指定机构	大量（与实施有关的所有问题）

《多瑙河保护公约》是按照《欧盟水框架指令》（WFD）进行合作的一个先行者，实施该指令过程中的主要任务之一是制定流域管理规划（RBMP），《多瑙河流域管理规划》是根据《欧盟水框架指令》，在第一轮流域管理（RBM）框架内进行细化而成的，目标日期为 2015 年。第一轮过后，还有两轮，这两轮分别在 2021 年和 2027 年达成。

鉴于该流域的规模和复杂程度，国际多瑙河保护委员会和多瑙河国家决定在不同的地理规模基础之上开展工作，尤其注重在全流域中的亚流域层面开展工作。除通过国际多瑙河保护委员会开展合作外，多瑙河流域各国之间还签署了双边和多边协议。局部性问题仍由所在国解决。通常，合作尽可能在最低层次展开。

为保证必要的协调，促进《多瑙河流域管理规划》的实施，引进了一些协调要素和工具：

> 制订《多瑙河流域管理规划》的一个战略：在一份战略文件中对第一阶段所确定的问题以及该战略进行了记录，该战略 2002 年 6 月经国际多瑙河保护委员会批准。2005 年对其进行了修订和扩展以便覆盖更多问题。

> 工作计划：流域管理专家组（RBM EG）为编写《多瑙河流域管理规划》制订了一份工作计划。工作计划中描述的基本概念编入一份路线图中，路线图是引领和实施必要步骤的一个工具。

> 专家组的支持：为集中精力于某些目标，流域管理专家组请其他专家组承担与他们的工作领域有关的任务，如与基准情景定义和分类有关的任务。为开发多瑙河地理信息系统（GIS）和专题测图，成立了 GIS 专家小组。

> 问题文件：这些文件处理在多瑙河流域需要特别注意的问题，这些问题需要对不同方法进行协调来保证结果具有可比性，并且需要作为流域管理规划中最重要的部分来处理。问题文件在第二阶段和第四阶段的公众参与过程中起了重要作用。它们是由国际多瑙河保护委员会的起草小组或专家组编制的。通过欧盟相关工作组的多瑙河成员来保证与 GIS 工作组进行信息交流。

> 调查表和模板：用调查表来获得对要求有详尽技术知识的特殊问题的大致了解。例如，为建立多瑙河地理信息系统，必须收集与多瑙河国家在用地理信息系统及数据可得性方面的详细信息，也包括数据所有权等法律方面的信息。另一个重要的工具是用模板来编写重大问题报告。用模板以独特的格式收集多瑙河国家数据，以便在流域层面对这些数据进行分析。为描绘水体和评价失败风险或识别和确定地下水体特征制作了模板。另外还用这种方法编写了物种和栖息地保护区目录。

> 研讨会：通过举办研讨会进行培训和信息交流，主要在第二阶段和第四阶段进行。通过研讨会解决一些技术问题，尤其是为保证结果可比性，需要在不同技术方法间进行协调。

> 项目的财政支持：实施《欧盟水框架指令》对于多瑙河国家是一个巨大挑战。资金和时间限制会引起很多问题，特别是对于下游国家。为支持非欧盟成员国实施《欧盟水框架指令》而启动的项目包括 UNDP/GEF（联合国开发计划署/全球环境基金）多瑙河地区项目、欧盟/ISPA 示范流域项目和 PHARE/Twinning 项目。UNDP/GEF 多瑙河地区项目（2001—2007 年）为《欧盟水框架指令》实施方面的具体问题提供了有针对性的支持，包括开发多瑙河地理信息系统和制定公众参与措施。

> 国家报告：多瑙河国家定期向国际多瑙河保护委员会报告《欧盟水框架指令》在其国家的实施进展。随着实施阶段的不同，报告重点也有所差异。

重大水管理问题是《多瑙河流域管理规划》和联合行动计划（JMP）中的重点，对于每个重大水管理问题，都制定了愿景和可操作的管理目标。联合行动计划包括面向既定的 2015 年愿景和管理目标、对流域有重要作用的措施。联合行动计划建立在国家行动计划基础上，应在 2012 年 12 月前投入使用；计划描述了 2015 年前水状态的改善目标。联合行动计划不仅仅是一个国家的行动列表，它还估计和提供了这些行动对多瑙河流域影响的规模。

联合行动计划的数据与压力方面的信息同时收集，联合行动计划考虑并解决来自城市群、工业和农业的重大污染压力。为估计流域层面的具体有机污染减排措施效果，使用了情景分析法。情景分析方法对于分析点源的有机物污染和营养物质污染非常重要。从某种程度上来说，情景分析对于降低有害物质排放也十分重要。

情景方法描述多瑙河流域的废水处理现状（基准情况）及其在不同假设下，3 个不同情景下的发展趋势。基准情景概括了多瑙河流域的水处理和处理效率现状，同时考虑了法律要求欧盟成员国采取的措施（基本上是履行《城市废水处理指令》UWWT）和非欧盟成员国到 2015 年前应采取的其他措施。两个额外的包含采取进一步措施应对有机污染的情景被开发出来，其中一个即情景被开发出来，包括所谓的中期情景，是指非成员国贯彻《城市废水处理指令》所采取的措施；另一个是愿景情景，是指在成员国和非成员国实施最佳可用技术。

为了实现整个多瑙河流域与有机污染控制有关的目标，设计了不同情景来估计不同措施的影响。在这个特殊案例中，为实现降低有机物污染的目标，需要实现愿景情景，但是实现这个情景在经济、管理和技术上均不具备可行性。

1.4.3　中国实践进展

我国的水环境污染总量控制试点研究始于 20 世纪 80 年代末，以制定第一松花江 BOD 总量控制标准为先导，进行了最早的探索和实践。"六五"国家环境保护科学技术攻关项目开展了"主要污染物水环境容量研究"，进行了"松花江有机物的水环境容量研究""湘江重金属的水环境容量研究""深圳河有机物的水环境容量研究""沱江水环境容量研究"

等工作，这一时期的研究与水污染控制规划相结合，成果显著。在"六五"期间，以沱江为对象，进行了水环境容量、污染负荷总量分配的研究和水环境承载力的定量评价，试点地区实行污染物总量控制的方法和形式依据各地条件和各地问题的不同有所改变。各地都根据本地区的地理特点、规划布局、经济发展、环境状况的各种因素，分别采取了相应的控制方式。沈阳市化工行业污染物流失量的控制；沈阳市西部污水系统的总量控制；辽宁省的点源排放总量指标管理；松花江水系的污染物总量控制；天津市的重金属排放总量控制等。这其中有区域总量控制、水系总量控制、行业总量控制，也有特定污染物的总量控制。这些探索和试点经验，为全国开展这方面的工作提供了宝贵的经验。

"七五"国家环境保护科学技术攻关项目在水环境容量理论的研究深度、研究广度和应用研究都取得重大进展，出现了多目标综合评价模型、潮汐河网地区多组分水质模型、非点源模型、富营养化生态模型、大规模系统优化规划模型等，污染物研究对象也从一般耗氧有机物和重金属，扩展到氮、磷负荷和油污染，并编制出水环境污染物总量控制实用系列化计算方法，这些研究课题有力推动了污染物总量试点实践。"七五"期间，水环境容量的研究成果陆续在长江、黄河、淮河的一些河段和白洋淀、胶州湾、泉州湾等水域，以总量控制规划为基础，进行了水环境功能区划和排污许可证发放的研究。

20 世纪 90 年代原国家环保局组织编制了《污染物总量控制总体方案》《淮河流域水污染防治规划和"九五"计划》，我国的水质规划与总量控制研究工作逐步进入政府领导下的有效实施阶段，并提出了落后工艺淘汰指标和工业结构调整方案，为中国的水环境总量控制制定了先按达标排放控制污染总量，再按水质目标规定允许排污总量的基本模式。特别是 1996 年国务院正式批复的《淮河流域水污染防治规划和"九五"计划》，表明我国的水质规划和污染物总量控制进入了一个新的阶段，揭开了向"三河""三湖"水污染进军的序幕，同时也为我国的水质规划与总量控制提出了更为艰巨的任务：在水质规划的可操作性和排污总量监督管理的有效性方面提供有实质性的新成果。"十五"期间继续实行"三河""三湖"水污染防治"十五"计划。

1997 年 6 月 10 日，国家环保局发布了《"九五"期间全国主要污染物排放总量控制实施方案（试行）》，该文件与《国务院关于环境保护若干问题的决定》一起构成了"九五"期间总量控制的政策内容。试行方案指出"九五"期间全国主要污染物排放总量控制计划已经国务院批复，并下达到各省、自治区、直辖市，其中排放总量基数是根据环境统计数据和排污系数确定的，是一种国家宏观控制指标。各省、自治区、直辖市分解落实国家总量控制计划，要以实现污染源达标排放、"三河""三湖""两区"的环境保护规划目标、47 个环保重点城市环境功能区达标方案（或计划）以及严格控制建设项目的污染物增量和削减老污染源的排放量为原则，保证总量控制计划的完成。要求各地实施总量控制计划时应把指标值层层分解，落实到源，各省、自治区、直辖市根据国家下达的总量控制指标，确定 COD 排放总量分配权重或影响系数，下达到辖区内各地、市或行业。分解下达考虑的因素包括：①地、市行政区域面积；②人口状况；③经济和社会发展规划；④产业、产品结构；⑤城市基础设施建设情况；⑥污染物排放总量现状；⑦环境质量现状和目标；

⑧环境质量功能区类别；⑨污染源达标排放标准要求；⑩环境背景值（本底值）；⑪环保工作基础。其中，"三河""三湖""两区"的总量控制目标以国家规划为准。原国家环保总局从 1998 年起对各省、自治区、直辖市的总量控制工作进行年度考核，考核指标为主要污染物排放总量的年度实际变化量、达标排放计划和限期治理计划的完成情况。各省、自治区、直辖市应及时跟踪和管理污染物排放总量的变化情况，建立台账，于下一年度 3 月 31 日之前按要求报国家环保总局。

在《国家环境保护"十五"计划》中，总量控制也是主要内容之一。"主要计划指标"中第一项就是"主要污染物排放总量控制指标，并确定了七大重点流域的总量控制减排目标。"十五"期间，国家科技攻关计划项目也开展了相关研究，"十五"国家科技攻关计划项目"重大环境问题对策与关键支撑技术研究项目也设置了流域水污染物总量控制技术与示范研究，对流域水污染物总量控制的相关技术进行了系统集成，技术体系主要包括水环境功能区、水环境容量计算与核定、排污总量统计与分配、总量监控等，针对不同水体河流型流域、湖泊型流域，不同类型污染物质，形成了一整套规范化、系统化总量控制技术规范体系，为进一步落实我国实行的总量控制制度提供更加科学的方法体系。并依据区域自然环境特征，研究所面临的环境问题，制定不同的总量控制对象、总量控制标准，实施差异性的污染控制策略。

"十一五"我国继续实施总量控制管理，根据《"十一五"期间全国主要污染物排放总量控制计划》，"十一五"期间，全国主要污染物排放总量控制计划对 COD、SO_2 两种主要污染物实行排放总量控制计划管理单列，排放基数按 2005 年环境统计结果确定。计划到 2010 年，全国主要污染物排放总量比 2005 年减少 10%。在国家确定的水污染防治重点流域、海域专项规划中，还要控制氨氮（总氮）、总磷等污染物的排放总量，控制指标在各专项规划中下达，由相关地区分别执行。主要污染物排放总量控制指标的分配原则是：在确保实现全国总量控制目标的前提下，综合考虑各地环境质量状况、环境容量、排放基数、经济发展水平和削减能力以及各污染防治专项规划的要求，对东、中、西部地区实行区别对待。

水体污染物总量控制经过多年的发展，已经形成了浓度控制与总量控制相结合的双轨制污染控制模式，这也成为我国目前环境管理体制过渡阶段的产物。目前国家到省级分配，主要采用平均法，并结合考虑东、中、西部城市以及流域内各省市和地区的差异性，总体上 COD 削减 10%的总量任务对东、中、西部分配基数采取了不同的考虑，分别在原来的基础上削减 5%、10%、15%。

1.4.4　小结

（1）国外总量管理制度和我国有很大差别，造成了总量管理和分配研究的视角和重点有所不同。水污染物总量控制是许多国家广为采用的方法，国外的水体污染物管理主要是基于区域和流域层面，既有采用容量总量管理模式的，也有实践目标总量管理模式的，且以容量总量管理模式为主。因此，国外学者基本没有开展过国家—流域、国家—区域分配方法的研究，在进行水污染物总量分配技术研究过程中多是基于经济优化原则，通过建立最优化数学模型来探讨如何把通过水质模型预测得到的容量总量优化分配到污染源，涉及污染物公平分配的也主要是和行政管制相关的排污指标配额分配的管理。我国在国家层面实施的是目标总量削减管理模式，在一些区域和流域也采用了容量总量管理模式，但以目标总量削减为主，因此，国内开展了不少关于总量分配技术方法的探讨，有基于公平的平方比例削减法、按贡献率分配法、基尼系数法、排放绩效（强度）分配法、多元线性规划法、非线性规划法、层次分析法、多目标加权评分分配法、博弈论成本分配法等，但归纳起来，主要可分为从公平、效率以及综合考虑多因子的分配方法三大类[77]。

（2）尽管国内开展了一系列研究，但是总体看来研究数量较少，综合考虑分配要素的科学性、系统性、代表性、合理性、操作性在内的研究还十分欠缺。在如何选择适当的分配准则、分配因子、分配模型方法上仍需加大探讨力度。

（3）从已有的从"公平"原则视角的总量分配研究来看，由于对"公平"认识存在差异，分配方法、分配要素的确定存在很大差异。传统的等比例分摊及等比例削减方案是基于水环境容量或总量目标进行"一刀切"，该方法承认排污现状，此方法优点是简便易行、操作方便、管理简单；一般是政府的强制手段，易于政府实施。但是，这种分配方法貌似公平，实则有失偏颇。一方面认可了排放量较大的区域排放量的合理性，虽然从污染物削减量来看，排放基数大的地区将承担更多的削减任务，但排放基数大的地区将占有更多的水环境容量资源；另一方面，容易出现鞭打快牛的局面，一些环境绩效较好的地区，排放污染物已经相对较少，其进一步减排的空间比较小，则按照同比例削减分配方案会给这些地区带来更大的压力。但该方法操作简便、易于各方接受仍可供参考。基于个人发展权公平的分配的基础是人人都有相同的享有某种环境质量和排放某种污染物的权利。实质上强调人与人的绝对平等，从而按人口数量均等分配。然而，实际操作中，该分配方法受到资源禀赋、环境承载力区域差异的限制，特别是对于排放基数比较大的区域和流域难以开展。总体上看，基于公平性原则的总量分配方法，要么停留在理论研究上，仅给出坚持公平性原则需要遵循的原理和要考虑的因素，并没给出一套较完整的体系；要么给出了一套体系，但过于理论化使得变量的选择难以定量化、分配方案过于复杂而难以在实际中加以应用，最终难以达到预期目的；或者片面强调某一方面的公平性，忽略了其他方面而造成貌似公平实际并未真正体现公平性的假象。

（4）从已有的从"效率"原则视角的总量分配研究来看，基于效率原则的污染物总量分配方法，往往仅从经济角度出发，建立模型求解，片面追求经济成本最小化，忽视了总量分配过程涉及的社会、技术、管理、资源等其他因素的影响，往往导致使治理得力的污染源对分配方案充满争议，挫伤其治理积极性，研究结果难以应用于国家总量管理工作，在现有水污染控制体制和管理模式下，许多基于效率原则所制定的污染物优化分配方案往往难以有效地付诸实施。

（5）建立一套兼顾公平和效率原则、有理有据、能被各级政府部门普遍接受、易于定量化、便于实施的分配技术方法和分配实施方案是该问题研究的重点和方向。做好该研究工作，需统筹考虑 4 个方面：①应坚持统筹考虑公平与效率，坚持公平优先兼顾效率，以避免各级政府对分配结果存在较大争议，为此需要考虑各地区和各流域的差异性，可考虑首先进行公平性分配，再根据各地的差异性特征进行调整；②分配的方法选择应尽量避免采用主观因素较大的层次分析法、专家咨询法等，分配优化方法的选择应尽量减少主观因素的影响；③应该认真考虑区域和流域差异性，所选取的分配因子应突出体现区域和流域的差异性和典型性、代表性，对差异性的考虑是优化分配的前提；④要考虑国家—区域—流域层级总量分配的对接，保证总量分配方法和结果的上下统筹。

1.5　水污染治理对社会—经济的影响研究

本书主要采用环境经济投入产出模型和可计算的一般均衡模型（CGE），利用情景和政策模拟的方法对水污染治理的社会经济影响进行定量研究，并根据模拟结果提出相关建议。

（1）投入产出分析模型。投入产出分析法是由 Wassily Leontief 教授于 20 世纪 30 年代末开发的一个分析框架。它的基本目的是评定经济中各产业间的相互依赖关系。

投入产出法的主要内容是编制棋盘式的投入产出表和建立相应的线性代数方程体系，构成一个模拟现实的国民经济结构和社会产品再生产过程的经济数学模型，以便综合分析和确定国民经济各部门间错综复杂的联系和再生产的重要比例关系。投入产出表显示了部门间的相互依赖关系，各行描述了部门的产出在整个经济中的分配，而各列则描述了部门的投入组合[78]。相应的线性代数方程体系以数学形式描述了部门产出在整个经济中的分配，即以中间投入的形式卖给生产部门或作为最终使用。

基于投入产出模型对资源环境相关问题的研究要追溯到 20 世纪 60 年代末期，一些专家扩展了投入产出分析，将其应用于考察资源及相关环境问题。目前这方面的研究已有不少成果。Lenzen 和 Foran 分析了澳大利亚的水资源利用情况，研究表明澳大利亚 30%的水需求是满足国内食品生产的需要；30%是满足出口需要；7%用于居民直接消费，净出口隐含水为 4 000 g[79]。Wang 等研究了我国张掖市生产行为与水资源消费之间的关系[80]。Velázquez 分析了西班牙南部城市安达卢西亚各部门与水资源消费的关系[81]。Llop 研究了西班牙生产部门替代水资源政策情景的经济影响[82]。Zhao 等基于 2002 年数据分析了我国的水足迹[83]。Duarte 等研究了西班牙的水资源消费情况[84]。Okadera 等预测了重庆市的水资源需求和废水排放[85]。

因传统投入产出技术不能反映占用与产出之间的关系，无法反映土地资源等在内资源在投入产出分析中的作用。在传统投入产出技术的基础上，中国科学院数学与系统科学研究院的陈锡康等人 1989 年在国际上首次提出和建立投入占用产出技术，并把投入占用产出方法应用在粮食生产预测[86,87]、水资源价格计算和预测[88,89]、能源强度[90]、水利等方面[91]。从 1980 年开始陈锡康等人利用投入占用产出技术对农业生产进行了深入的经济分析，分析农作物生产过程中的投入（化肥、种子、动力、农业服务等），占用（耕地、水、劳动力）等对农作物产量的影响，并每年向国务院提供粮食产量预测，预测误差小（1.4%左右）。同时，陈锡康等人首次提出了中国九大流域水利投入占用产出模型及中国九大流域水利投入占用产出表的编制方法。应用中国九大流域水利投入占用产出表计算了九大流域的用水系数、全部生产用水及工业用水的影子价格，提出了投资对增加值的后向总效应和后向净效应的概念及其计算方法，并计算了水利基建投资对国民经济的后向总效应和后向净效应[92]。

（2）可计算一般均衡模型。可计算一般均衡模型源于 Walras 的一般均衡理论。它用一组联立方程描述了宏观经济系统中各行为主体之间的相互作用关系。其基本思想是：生产者根据利润最大化或成本最小化原则，在资源约束下进行最优投入决策，确定最优的供给量；消费者根据效用最大化原则，在预算约束下进行最优支出决策，确定最优的需求量；均衡价格使最优供给量与需求量相等，资源得到最合理的使用，消费者得到最大的满足，经济达到稳定的均衡状态。

目前 CGE 模型已成为一种规范的政策分析工具，被广泛地应用于税收、贸易、收入分配、能源、环境、农业等方面的分析与研究中。CGE 模型的优点在于：它能够描述多个市场和机构的相互作用，可以评估政策变化带来的直接和间接的影响以及对经济整体的全局性影响；它具有清晰的微观经济结构，刻画了宏观与微观变量之间的连接关系，对因果关系和行为机制进行了描述；它以非线性函数替代了传统的许多线性函数，将生产、需求、国际贸易和价格有机地结合在一起，从而能够对经济系统进行更综合、全面的分析。此外，CGE 模型中主体具有优化决策的设定使得模型具有反馈调整和自发性决策两个本质特征。

目前，国内外在运用 CGE 模型进行环境相关问题的研究方面已有不少研究。例如，Roe 等研究了摩洛哥灌溉水管理政策的影响[93]。Berrittella 等研究了限制水供给对经济的影响[94]。Heerden 等研究了水政策措施对南非经济的影响[95]。在关于中国环境问题的研究中，Xie 等利用 CGE 模型研究了污染排放税、减排补贴对我国废水排放、固体废弃物和烟尘等减排和经济的影响[96]。武亚军和宣晓伟运用一个多部门 CGE 模型分析了在我国实行硫税对我国的宏观经济、能源消费和二氧化硫排放产生的影响[97]。在水资源问题的分析中，夏军和黄浩分析了海河流域水污染及缺水对经济发展的影响[98]。邓群等对北京市水资源经济政策进行了模拟和分析[99]。赵永等系统总结了 CGE 模型在水资源价格、水资源优化配置、水市场和水权交易的应用[100]。

第2章　国家经济—水资源—水环境预测方法与模型

经济系统与环境系统是相互作用、相互联系的。社会经济活动的规模和范围决定着未来水环境的状态，因此，把经济系统与水环境系统结合起来，研究水环境系统的预测方法，具有重要的理论和现实意义。本章在论述经济—水资源—水环境预测总体思路的基础上，对本书水资源和水环境预测的情景设计思路和依据进行详细说明，并对经济—水资源—水环境预测的方法进行重点研究。

2.1　总体思路

基于社会经济发展与水资源环境之间的关系，本书以社会经济发展水平的规划和预测为基础，以2007年为数据基准年，对2010—2030年国家社会经济、水资源与水环境污染形势进行预测，具体思路如下。

（1）开发国家中长期经济与水环境综合预测系统，主要包括经济预测子系统、环境预测子系统两个部分。在国家中长期经济与水环境综合预测系统中，社会经济活动起着主导作用，经济总量、结构、增长速度和产业布局对水环境有着决定性的影响，生产、消费行为既对水环境产生压力，同时也提供了水污染治理和保护水环境的能力。未来对水环境的需求将主要来自于社会经济领域，而对水环境的改善也依赖于经济结构、生产和消费结构的调整来实现。可以说，社会经济活动的规模和范围决定着未来水环境状态。因此，通过计量经济模型建立社会经济活动与水环境状态之间的联系，并通过对未来社会经济活动规模、速度和范围的预测，进而预测与之相关联的水环境的变化和态势，是本书研究的起点和依据，也是基本技术路线（图2-1）。

（2）采用自上而下分解、自下而上案例验证、参数指标逐步调整的思路，建立国家—区域—流域中长期经济与水环境综合预测系统。先提出国家预测结果分解到区域和流域的方法，根据区域和流域水环境预测关键指标以及基于部门的国家宏观预测结果，将国家预测结果分解到31个省（市、自治区）和10大流域；然后，选取1个流域和1个省级地区利用自下而上的方法进行案例区的经济与水环境预测，其预测方法同国家中长期经济与水环境的预测思路；最后，通过两种方法预测结果的比较，对分解方法和指标进行修正，构建国家—区域—流域中长期水环境预测耦合模型以及国家—区域—流域中长期经济与水环境综合预测系统。

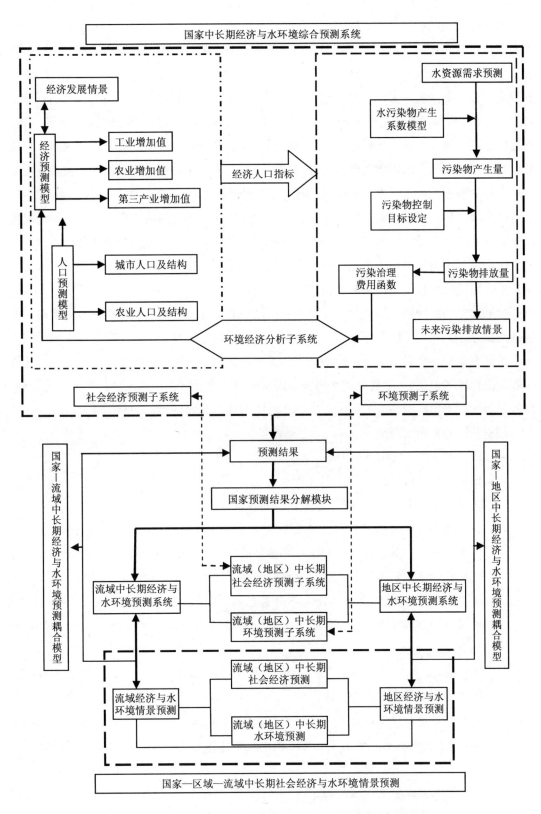

图 2-1　国家中长期社会经济与水环境情景研究技术路线图

（3）利用国家—区域—流域中长期经济与水环境综合预测系统和基于行业的国家宏观经济和水环境预测结果，开展国家以及区域经济发展和水环境形势预测分析。首先，利用投入产出模型和经济分析和人口预测分析子系统预测 2010—2030 年我国宏观社会经济以及人口和城镇化发展趋势，包括相关产品产量、行业产出、城镇化率和人口增长率等，得到预测目标年的经济和人口总量，这部分预测研究属于社会经济子系统的内部运行规律。其次，利用水资源消耗预测模型预测未来需水量，即根据经济部门的经济增长和用水系数，对各经济部门的用水量、新鲜水取量、重复用水量进行预测，根据未来城市和农村人口增长以及城市、农村生活用水系数，对城市和农村生活需水量进行预测；根据畜禽及灌溉耕地和单位灌溉面积用水量的变化情况，对农业生产需水量进行预测，同时估算生态需水量。然后，利用水环境污染预测模型分两种情景，预测农业、工业和第三产业的废水和污染物产生量，并根据两种污染削减情景方案，完成废水和污染物排放量的情景预测。再次，利用水污染治理预测模型预测不同情景方案下的治理投资和运行费用需求。最后，开展国家中长期水环境形势模拟预测综合分析。

（4）建立环境经济分析系统，开展水污染治理对社会—经济的影响研究。该系统主要包括两部分：①利用环境经济投入产出模型和投资乘数加速乘数原理，研究国家和区域水污染治理投资和运行费用支出对经济产出和结构的影响；②通过水污染治理措施的可计算一般均衡模型（CGE），定量分析水污染治理措施对宏观经济、重点工业行业、居民福利、收入、就业、进出口贸易等的影响，提出水污染治理优化经济增长的科学途径。

预测基准与范围如下：

➤ 预测基准年：2007 年。

➤ 预测期：2011—2030 年，预测时点为 2015 年、2020 年和 2030 年。

➤ 地理范围：全国 31 个省、自治区、直辖市、10 大流域。

➤ 行业范围：大类包括农业、工业和生活（第三产业），其中农业分为种植业和畜禽养殖业；工业包括《中国统计年鉴》的 39 个工业部门；由于第三产业和生活的废水和污染物排放量在实际中难以分离，因此本书不单列第三产业，生活包括城镇生活和农村生活两部分。本书共包括 41 个产业部门和 2 个生活部门，即种植业、畜禽养殖业、39 个工业行业、城镇生活和农村生活。具体行业分类见表 2-1。

➤ 预测指标：①国家和 43 个部门的增加值及其增长速度，未来人口增长率和城市化率，以及投资、消费、净出口、就业、财政、收入等经济总量，其中，畜禽养殖业经济增加值需转化为具体的畜禽养殖量（生猪、奶牛、肉牛、蛋鸡、肉鸡五大类）；②用水量、取水量、重复用水量；③废水产生量、排放量、回用量，污染物产生量、去除量、排放量，其中工业污染物包括 COD 和氨氮（NH_3-N），农业、第三产业和生活污染物除以上两种外还包括总氮（TN）和总磷（TP）；④废水治理投资和运行费用。

表 2-1　预测的行业范围

第一产业	1.种植业	
	2.畜牧业	
第二产业	1.煤炭开采和洗选业	21.医药制造业
	2.石油和天然气开采业	22.化学纤维制造业
	3.黑色金属矿采选业	23.橡胶制品业
	4.有色金属矿采选业	24.塑料制品业
	5.非金属矿采选业	25.非金属矿物制品业
	6.其他采矿业	26.黑色金属冶炼及压延加工业
	7.农副食品加工业	27.有色金属冶炼及压延加工业
	8.食品制造业	28.金属制品业
	9.饮料制造业	29.通用设备制造业
	10.烟草制品业	30.专用设备制造业
	11.纺织业	31.交通运输设备制造业
	12.纺织服装、鞋、帽制造业	32.电气机械及器材制造业
	13.皮革毛皮羽毛（绒）及其制品业	33.通信计算机及其他电子设备制造业
	14.木材加工及木竹藤棕草制品业	34.仪器仪表及文化办公用机械制造业
	15.家具制造业	35.工艺品及其他制造业
	16.造纸及纸制品业	36.废弃资源和废旧材料回收加工业
	17.印刷业和记录媒介的复制业	37.电力、热力的生产和供应业
	18.文教体育用品制造业	38.燃气生产和供应业
	19.石油加工、炼焦及核燃料加工业	39.水的生产和供应业
	20.化学原料及化学制品制造业	
生活	1.城镇生活	
	2.农村生活	

2.2　情景设计

水资源需水量由高、中、低 3 种情景组成。农业需水情景通过单位用水系数指标进行高、中、低 3 种情景的设定。工业需水情景由工业用水系数和重复用水率两个系数共同设定，工业用水系数和重复用水率高低情景相互组合，形成高、中、低 3 种工业需水情景（表2-2）。其中，高工业用水系数和低重复用水率组合形成高工业需水情景，即按照历史发展水平进行情景设定；高工业用水系数和高重复用水率组合形成中工业需水情景，在历史发展水平的基础上，提高了水资源的利用效率；低工业用水系数和高重复用水率组合形成低工业需水情景，在提高了水资源利用效率的基础上，加大了工业生产的工艺改进力度。生活需水由生活用水系数和回用率两个系数决定，生活用水系数和回用率也分别设定高低两种情景，进行相互组合，形成高、中、低 3 种生活需水情景。

废水和污染物排放量由产生量和去除量决定，设定了高低两种产生量情景和高低两种去除量情景，通过产生量情景和去除量情景组合，形成高、中、低 3 种排放情景。其中，废水和污染物排放量的高情景是在高产生量情景和低去除量情景下设定，即按照历史发展趋势,进行废水和污染物处理的情景设定;废水和污染物排放量的中情景是在高产生量情景和高去除量情景组合下设定的,即在历史发展趋势的基础上,加大了政策治理投资力度,参考发达国家,提高了废水和污染物的处理率,实现相对较低的废水和污染物排放;低排放情景是在低产生量情景和高去除量情景的组合下设定,即假设工业和生活由于技术进步,农业由于畜禽养殖进口依存度提高的情况下,导致废水和污染物产生量减少,并采用与中情景相同的废水和污染物处理率作为低情景。

表 2-2　情景设计组合

		高情景	中情景	低情景
水资源	农业	高单位用水系数	中单位用水系数	低单位用水系数
	工业	高用水系数+低重复用水率	高用水系数+高重复用水率	低用水系数+高重复用水率
	生活	高用水系数+低回用率	高用水系数+高回用率	低用水系数+高回用率
水环境	农业	高污染处理系数	低污染处理系数	低污染处理系数+进口依存度
	工业	高产生系数+低处理系数	高产生系数+高处理系数	低产生系数+高处理系数
	生活	高产生系数+低处理系数	高产生系数+高处理系数	低产生系数+高处理系数

2.2.1　农业水环境预测情景设定

农业需水量包括种植业灌溉需水量和畜禽养殖需水量,种植业灌溉需水量是农业需水量的主体。种植业需水量的预测情景通过不同的灌溉用水率的提高进行设定。分别以我国水资源利用率提高的现状条件、接近农业灌溉技术发达国家的水资源利用率和达到农业灌溉技术发达国家的水资源利用率设定了 3 种农业灌溉用水率,通过不同的灌溉用水率,结合各省灌溉用水率提高的潜力,计算出我国未来不同省份单位面积灌溉用水量(表 2-3),进而预测出不同情景的种植业需水量。规模化畜禽养殖需水量的预测情景通过不同畜禽的规模化率和畜禽用水系数两个指标进行设定。

农业污染物排放量包括种植业导致污染物排放量和规模化畜禽养殖导致的污染物排放量,规模化畜禽养殖的污染物排放量是农业污染物排放量的主体,重点对规模化畜禽养殖的污染物排放量分高、中、低 3 种情景进行预测。畜禽养殖的废水和污染物排放通过不同的粪便处理率、畜禽养殖的废水处理利用率和畜禽进口依存度进行设定。其中,高、中情景主要通过畜禽粪便处理率和废水处理率进行设定,低情景是在中情景的畜禽粪便处理率和废水处理率情况下,提高未来畜禽进口依存度,假定未来我国将通过进口畜禽肉蛋,减少农业面源污染的产生量。种植业污染物排放量的预测情景通过不同的污染物源强系数进行设定。其中,高污染物排放量的预测情景假设农业面源污染物的源强系数不变。中、低污染物排放量的预测情景假设农业面源污染物的源强系数随着化肥利用率的提高而降低(表 2-4)。

表 2-3　农业需水及废水排放量预测情景设定表

农业情景设计		基准年	高情景			中情景			低情景		
		2007 年	2015 年	2020 年	2030 年	2015 年	2020 年	2030 年	2015 年	2020 年	2030 年
单位用水量/（m³/hm²）		393	382	374	355	366	351	323	358	344	313
用水系数/ {kg/[头（只）·a]}	奶牛	72.4	72	71.7	71.3	—	—	—	71.8	71.6	71
	肉牛	31.7	31.2	30.9	30.8	—	—	—	31.2	30.8	30.8
	猪	19.8	19.3	18.9	18.3	—	—	—	19.1	18.8	18.2
	蛋鸡	0.61	0.61	0.61	0.61	—	—	—	0.61	0.61	0.61
	肉鸡	0.62	0.61	0.61	0.61	—	—	—	0.61	0.61	0.61
废水处理 利用率/%	奶牛	11.4	16.4	21.4	29.4	—	—	—	19.4	27.4	39.4
	肉牛	14.1	19.1	24.1	32.1	—	—	—	22.1	30.1	42.1
	猪	38.5	43.5	48.5	56.5	—	—	—	46.5	54.5	66.5
	蛋鸡	6.9	11.9	16.9	24.9	—	—	—	14.9	22.9	34.9
	肉鸡	10.1	15.1	20.1	28.1	—	—	—	18.1	26.1	38.1
规模化 比例/%	奶牛	16.6	26.6	36.6	52.6	—	—	—	24.6	32.6	42.6
	肉牛	20.8	27.8	34.8	44.8	—	—	—	25.8	30.8	37.8
	猪	50.5	56.5	62.5	70.5	—	—	—	54.5	58.5	64.5
	蛋鸡	35.9	43.9	51.9	63.9	—	—	—	41.9	47.9	56.9
	肉鸡	71.1	75.1	79.1	87.1	—	—	—	73.6	76.1	82.1

表 2-4　农业污染物排放量预测情景设定表

农业情景设计		基准年	高情景			低情景		
		2007 年	2015 年	2020 年	2030 年	2015 年	2020 年	2030 年
总氮源强系数/ [kg/（亩·a）][1]	水田	0.96	0.96	0.96	0.96	0.85	0.80	0.68
	旱地	0.68	0.68	0.68	0.68	0.60	0.56	0.48
	园地	0.77	0.77	0.77	0.77	0.68	0.64	0.55
总磷源强系数/ [kg/（亩·a）]	水田	0.08	0.08	0.08	0.08	0.07	0.06	0.05
	旱地	0.05	0.05	0.05	0.05	0.04	0.04	0.03
	园地	0.07	0.07	0.07	0.07	0.06	0.06	0.05
氨氮源强系数/ [kg/（亩·a）]	水田	0.18	0.18	0.18	0.18	0.16	0.15	0.13
	旱地	0.06	0.06	0.06	0.06	0.05	0.05	0.04
	园地	0.08	0.08	0.08	0.08	0.07	0.07	0.06
规模化比例/%	奶牛	16.6	26.6	36.6	52.6	24.6	32.6	42.6
	肉牛	20.8	27.8	34.8	44.8	25.8	30.8	37.8
	猪	50.5	56.5	62.5	70.5	54.5	58.5	64.5
	蛋鸡	35.9	43.9	51.9	63.9	41.9	47.9	56.9
	肉鸡	71.1	75.1	79.1	87.1	73.6	76.1	82.1
粪便处理率/%	奶牛	54.7	60.7	66.7	76.7	62.7	70.7	82.7
	肉牛	47.8	53.8	59.8	69.8	55.8	63.8	75.8
	猪	46.6	52.6	58.6	68.6	54.6	62.6	74.6
	蛋鸡	56.1	62.1	68.1	78.1	64.1	72.1	84.1
	肉鸡	46.4	52.4	58.4	68.4	54.4	62.4	74.4
进口依存度		0.00	0.00	0.00	0.00	0.15	0.20	0.40

注：1 亩＝1/15 hm²。

2.2.2　工业水环境预测情景设定

工业水资源需求量通过总用水系数和重复用水率两个指标进行情景设定；工业废水排放量是通过工业废水产生系数和工业废水回用率两个指标设定；工业废水处理量则通过废水产生系数与工业废水处理率得到；工业污染物的排放量由污染物产生系数和污染物削减率设定情景。每个指标都有高、低两种情景。

总用水系数、废水和污染物的产生系数主要与前端的生产工艺技术水平有关，高情景是假设在现有的工业行业的生产工艺水平下，用水系数、废水和污染物的产生系数保持现有变化趋势；低情景是在高情景的基础上，假设随着工业生产工艺的改进，未来我国工业的用水系数、废水和污染物的产生系数将呈更大幅度的下降。

结合国家节水规划目标，高情景模式假设工业重复用水率保持现有变化趋势；低情景模式则假设工业重复用水率在未来 20 年内持续上升，达到发达国家的水平（表 2-5），主要用水行业的重复用水率的增速按照各自的增速潜力分别设定。

废水处理率、废水回用率以及污染物削减率主要取决于末端治理的技术和政策力度，高情景假设废水处理率、回用率和污染物削减率按照现有的规律变化，低情景则是在客观增长规律的基础上，考虑了主观规划目标的政策干涉方案，加大了末端治理的投入力度（表 2-5、表 2-6）。

表 2-5　我国工业水资源需求量及废水排放量预测情景设定表

工业情景设计		基准年	高情景			低情景		
		2007 年	2015 年	2020 年	2030 年	2015 年	2020 年	2030 年
总用水系数/(t/万元)	农副食品加工业	167.7	92.6	88.0	80.0	92.6	85.0	70.0
	纺织业	163.8	146.4	141.3	128.6	140.6	120.0	80.0
	造纸及纸制品业	949.3	830.9	750.7	592.8	800.9	650.0	480.0
	石油加工、炼焦及核燃料加工业	579.5	488.5	443.7	419.5	488.5	443.7	300.0
	化学原料及化学制品制造业	904.2	784.0	679.9	672.0	750.0	600.0	500.0
	黑色金属冶炼及压延加工业	1333	998.4	910.1	854.0	998.4	910.1	700.0
	电力、热力的生产和供应业	1478	879.6	673.1	599.0	879.6	600.0	450
重复用水率/%	农副食品加工业	50.7	51.5	53	58	54.9	60.9	70
	纺织业	28	32	40	45	35.2	51.9	60
	造纸及纸制品业	34.3	39	44	50	46.6	50	60
	石油加工、炼焦及核燃料加工业	82.9	83.2	84.4	86.2	85.3	87.9	90
	化学原料及化学制品制造业	84.4	85.7	86.5	89	86.4	88	92
	黑色金属冶炼及压延加工业	92.5	92.5	92.5	92.5	93.4	94.4	95
	电力、热力的生产和供应业	42.6	45.4	48	55	53.2	57.5	65
废水产生系数/(t/万元)	农副食品加工业	35.0	25.0	15.0	10.0	20.0	10.0	5.0
	纺织业	58.8	50.0	41.7	33.5	40.0	30.0	15.0
	造纸及纸制品业	262.9	180.0	150.3	107.7	150.0	80.0	45.0
	石油加工、炼焦及核燃料加工业	56.8	45.0	40.0	30.0	40.0	30.0	20.0
	化学原料及化学制品制造业	101.9	50.8	30.2	22.4	40.0	20.0	8.0
	黑色金属冶炼及压延加工业	261.5	180.0	120.0	80.0	150.0	80.0	45.0
	电力、热力的生产和供应业	156.7	107.4	83.9	59.1	80.0	60.0	35.0

工业情景设计		基准年	高情景			低情景		
		2007 年	2015 年	2020 年	2030 年	2015 年	2020 年	2030 年
废水处理率/%	农副食品加工业	89	89	89	89	91	92	95
	纺织业	68	70	75	80	74	80	90
	造纸及纸制品业	85	87	88	90	88	90	93
	石油加工、炼焦及核燃料加工业	46	50	55	60	54	62	75
	化学原料及化学制品制造业	95	95	95	95	96	97	98
	黑色金属冶炼及压延加工业	55	60	65	70	63	71	85
	电力、热力的生产和供应业	17	25	40	61	32	47	71
废水回用率/%	农副食品加工业	15.2	20	30	50	35	60	85
	纺织业	9	15	20	35	30	50	80
	造纸及纸制品业	13.8	20	30	40	40	60	80
	石油加工、炼焦及核燃料加工业	44.8	50	60	70	60	70	88
	化学原料及化学制品制造业	57.8	65	70	80	75	80	85
	黑色金属冶炼及压延加工业	92.9	92.9	92.9	92.9	95	97	99
	电力、热力的生产和供应业	88.5	90.2	91	93	92.5	95	98

表 2-6　我国工业污染物排放量预测情景设定表

工业情景设计		基准年	高情景			低情景		
		2007 年	2015 年	2020 年	2030 年	2015 年	2020 年	2030 年
COD 产生系数/(kg/万元)	农副食品加工业	313.1	198.9	132.6	114.4	198.9	100.6	50.4
	食品制造业	414.9	293.1	270.4	234.8	293.1	270.4	234.8
	饮料制造业	704.9	600.6	464.8	417.2	550.6	400.8	200.8
	纺织业	312.2	256.2	206.8	164.1	200.2	190.8	100.6
	造纸及纸制品业	2 885	2 080	1 793	1 206	1 900	1 501	500.3
	化学原料及化学制品制造业	186	135.3	104.2	85.9	120	80.5	50
	医药制造业	315	238.1	200.8	147.9	238.1	200.8	147.9
氨氮产生系数/(kg/万元)	农副食品加工业	5.82	4.3	3.3	1.9	4.1	3.3	1.5
	食品制造业	20.48	13.6	12.1	10.3	12	10	8
	纺织业	7.66	5	3	2	4	2	1
	造纸及纸制品业	24.47	15	10	6	12	8	5
	石油加工、炼焦及核燃料加工业	34.84	25	18	10	22	15	8
	化学原料及化学制品制造业	43.23	30.2	23.6	19.2	28.8	23.6	15.5
	黑色金属冶炼及压延加工业	3.71	2.7	2.4	1.9	2.7	2.4	1.9
COD 削减率/%	农副食品加工业	62.9	65.3	70.6	76	70	78	85
	食品制造业	80.6	82.6	84.6	86.6	85	90	95
	饮料制造业	81.6	83.2	86.1	90	86.7	91.7	95.7
	纺织业	76	79	83.2	88	85	88.3	92.3
	造纸及纸制品业	70.8	73.9	76.2	80	85.5	90.5	94.5
	化学原料及化学制品制造业	67.1	71.9	75.2	79	80.9	85.9	89.9
	医药制造业	80.1	82.1	84.1	86.1	85	90	95
氨氮削减率/%	农副食品加工业	31.6	40	55	65	45	60	70
	食品制造业	71.4	75	80	85	80	85	90
	纺织业	54.2	65	70	75	70	75	80
	造纸及纸制品业	33.8	45	55	65	50	60	70
	石油加工、炼焦及核燃料加工业	90.1	91.4	91.7	92.3	92	94	96
	化学原料及化学制品制造业	60.1	70	80	85	75	85	90
	黑色金属冶炼及压延加工业	61.6	68	75	80	72	80	85

在低情景下，重点提高了主要行业的废水和污染物处理和削减力度。除电力生产和黑色金属冶炼行业外，废水回用率的变化规律与重复用水率基本相同。

2.2.3 生活水环境预测情景设定

城镇生活人均用水量设定两种情景，高情景方案参照目前发达国家人均日用水量 240 L 的基准，预测到 2030 年我国城镇居民人均日用水量将提高到 240L，低情景方案考虑到未来几年内，节水设施和器具的推广和使用，预计到 2015 年城镇人均日用水量开始下降。随着农村居民生活水平的提高，未来农村居民的生活用水量必然呈上升趋势，预计到 2030 年，农村人均日用水量达到 180L。城镇生活的需水量情景根据不同的城镇生活废水回用率比例进行设定。

城镇生活污染物的排放量受产生系数、污水处理率、污水回用率、废水处理能力比例以及污染物去除率的影响。对于各个系数分别设定高、低两种情景。高情景按照目前的污水处理率，废水处理能力的比例发展的趋势预测，低情景则考虑加大污染治理力度，设定了污水处理率，废水处理能力的比例。具体情景设定见表 2-7。

表 2-7 生活水环境预测情景设定表

生活情景设计		基准年	高情景			低情景		
		2007 年	2015 年	2020 年	2030 年	2015 年	2020 年	2030 年
生活用水系数/[L/（人·d）]	城镇	211	225	230	240	225	222	220
	农村	71	121	140	180	121	140	180
产生系数/[g/（人·d）] COD	城镇	74.5	75.3	77.0	79.0	75.3	60.2	50.0
	农村	35.8	39.5	41.7	45.4	39.5	35.7	30.5
处理率/% 氨氮	城镇	6.14	6.35	6.45	6.80	6.30	6.40	6.60
	农村	3.08	3.40	3.59	3.90	3.40	3.00	2.80
总磷	城镇	0.88	0.90	0.92	0.94	0.90	0.88	0.80
	农村	0.35	0.38	0.40	0.44	0.38	0.39	0.42
总氮	城镇	13.00	13.02	13.05	13.07	13.00	12.08	12.02
	农村	4.82	5.31	5.60	6.09	5.31	5.58	6.07
废水处理率	城镇	49	80	85	95	85	95	100
沼气化率	农村	10	15	20	30	20	25	35
回用率/% 回用率	城镇	4.4	8.0	10.0	12.0	10.0	15.0	25.0
回用率	农村		3.0	7.0	10.0	8.0	10.0	15.0
各级处理能力比例/% 一级		9.0	5.0	0.0	0.0	0.0	0.0	0.0
二级		87.6	87.0	85.0	75.0	89.0	75.0	65.0
三级		3.4	8.0	15.0	25.0	11.0	25.0	35.0

2.3　国家经济—水资源—水环境预测方法

2.3.1　经济社会预测

社会经济发展预测的基本思路是：

（1）预测的主要指标。GDP、人口（农村、城镇）、城镇化率、各行业增加值。

（2）预测的主要方法。

> 复杂方法：建立大规模联立方程，用 Eviews 软件求解。要点：主要经济变量的基准年数据的录入、全要素生产率的确定、计量经济方程的重新建立和完善、投入产出表的整合（按新的行业部门）、投入产出直接消耗系数的计算。具体参阅曹东等编著的《经济与环境：中国 2020》。

> 简单方法：在现有各工业行业增加值基础上，通过不变价调整，算出现有各行业增加值增长率，通过趋势外推，并作适当调整，得出各项指标的增加值预测值（增长率）。本研究采用简单方法进行预测。

2.3.2　水资源消耗预测

2.3.2.1　总体预测思路

（1）预测指标。用水量、新鲜水取水量、重复用水率。

（2）需水量预测思路与方法。包括：①农业需水量预测。农业需水主要包括种植业和畜禽养殖两部分，其中，种植业需水量根据有效灌溉面积和单位面积灌溉用水量进行测算，畜禽养殖需水量根据不同畜禽养殖的数量与单位畜禽养殖的用水系数进行测算。然后利用灌溉需水量和规模化畜禽养殖占农业总需水量的比例测算农业总需水量。②工业需水量预测。工业需水量利用各行业增加值和各行业的单位增加值需水量测算（分新鲜水取水量和用水量两个指标预测）。③生活需水量预测。生活需水包括城镇居民和农村居民生活需水两部分，分别通过城镇居民、农村居民人口数和城镇居民、农村居民生活用水系数进行测算。④生态需水量的预测。根据生态需水量占其他 3 类主要需水量的比例估算生态需水量。

以上 4 类需水量的预测方法见表 2-8，各技术参数的预测依据和预测方法见表 2-9。

表 2-8　用水量的预测方法

	行业	预测方法
农业	种植业	农田灌溉需水量＝有效灌溉面积×单位灌溉面积用水量
	规模化畜禽养殖	规模化畜禽养殖需水量＝畜禽养殖量×规模化养殖比例×规模化畜禽养殖用水系数
	农业	农业需水量＝（农田灌溉需水量＋规模化畜禽养殖需水量）/农田灌溉需水与规模化养殖需水占总农业用水量的比例
工业		工业总用水量＝Σ（行业增加值×行业用水系数）
		工业新鲜水需水量＝工业总用水量×（1－重复用水率）
生活	农村居民	农村居民需水量＝农村居民人口×农村居民人均用水量×（1－处理率×回用率）
	城镇居民	城镇居民用水量＝城镇居民人口×城镇居民人均用水量×（1－处理率×回用率）

表 2-9　用水量预测中技术参数的预测方法与依据

行业	指标	预测方法与依据
农业	有效灌溉面积	有效灌溉面积总体呈上升趋势，在 2001—2007 年统计数据的基础上，采用时间序列的趋势外推法，预测得到未来的有效灌溉面积
	单位灌溉面积用水量	参考其他国家的灌溉水利用率，通过提高我国灌溉水利用率，预测单位灌溉面积用水量
	规模化畜禽养殖量	利用世界粮农组织提供的不同国家肉蛋奶消费数据，采用聚类类比法，找出与未来中国经济发展水平、肉类消费结构和消费量类似的国家，以此为依据，预测我国中长期的畜禽养殖量；同时根据我国畜禽养殖发展规划以及国外规模化养殖的发展趋势，得到我国规模化畜禽养殖比例，据此计算得到我国未来的规模化畜禽养殖量
工业	行业增加值	经济预测模块提供
	行业用水系数	根据 2003—2007 年各行业的用水系数，进行趋势外推预测得出，增长过程一般符合幂函数的模型，其预测模型为 $R_{iw(n)(i)} = a \cdot x^b$
	行业重复用水率	从国内外工业用水再用率统计资料来看，其增长过程一般符合生长曲线模型，宜于用庞伯兹公式来预测，其预测模型为：$R_{iwr(i)} = R_{iwrs(i)} \cdot \exp(-be^{-kt})$（具体方法见《经济与环境：中国 2020》），同时以各行业较高工艺水平的重复用水率作为未来预测值的上限
生活	城镇和农村居民人口	人口预测模块提供
	城镇居民人均日用水量	2007 年，我国城镇居民人均日用水量为 211L，近 6 年基本维持在这一水平，国外发达国家的人均日用水量为 240L，据此预测到 2030 年我国城镇居民人均日用水量将提高到 240L
	农村居民人均日用水量	根据 2007 年的中国水资源公报，2007 年农村居民的人均日用水量为 71L，随着农村居民生活水平的提高，未来农村居民的生活用水量必然呈上升趋势，预计到 2030 年达到 180L
生态	生态用水量占其他 3 类主要用水量的比例	根据 2003—2007 年的中国水资源公报，近 4 年这一比例从 1.52% 提高到了 1.8% 左右，预计未来这一比例将呈上升趋势，到 2030 年达到 5%

2.3.2.2　农业水资源消耗预测

农业水资源消耗的预测包括 3 个部分：种植业灌溉需水量、规模化畜禽养殖需水量以及农业总需水量。其中，对灌溉需水量和规模化畜禽养殖需水量进行详细预测，然后利用这两部分需水量占总农业需水量的比例来测算总农业需水量。

（1）单位灌溉用水系数的预测。我国是一个水资源短缺的国家，人均水资源不到世界的 1/4，居世界第 109 位，是全球 13 个最缺水的国家之一。但我国灌溉水利用率仅为 45% 左右，而以色列的灌溉用水率达到 90%，美国也达到了 70% 左右。"十一五"时期我国农业节水的目标是：灌溉水利用率由 45% 提高到 50% 左右。因此，未来我国单位灌溉用水系数将会呈下降趋势。参考美国的农业灌溉用水率和我国实际情况，本书分别以灌溉水利用率提高 10%、19% 和 22% 为情景，对单位灌溉用水系数进行预测。高情景的预测结果为：2007 年、2015 年、2020 年和 2030 年我国单位灌溉面积用水量分别为 393.4 m³/亩、381.6 m³/亩、374 m³/亩、355.3 m³/亩。中情景的预测结果为：2015 年、2020 年和 2030 年我国单位灌溉面积用水量分别为 366 m³/亩、351 m³/亩、323 m³/亩，低情景的预测结果为 358 m³/亩、344 m³/亩、313 m³/亩。

（2）有效灌溉面积的预测。有效灌溉面积是在全国 31 个省、自治区、直辖市 1997—

2008 年有效灌溉面积数据的基础上，建立对数函数、幂函数的回归方程进行预测。2015年、2020 年、2030 年 31 个省、自治区、直辖市的有效灌溉面积如表 2-10 所示。未来我国耕地面积虽呈下降趋势，但总体来看，大部分地区的有效灌溉面积呈上升趋势，仅北京等少数地区有微幅下降。预测结果显示，2015 年、2020 年、2030 年我国有效灌溉面积分别为 8.65 亿亩、8.74 亿亩和 8.89 亿亩（表 2-10）。

表 2-10　各省、自治区、直辖市预测年有效灌溉面积　　　单位：亿亩

省　份	2007 年	2015 年	2020 年	2030 年	省　份	2007 年	2015 年	2020 年	2030 年
北　京	0.026	0.026	0.024	0.022	湖　北	0.314	0.314	0.314	0.314
天　津	0.052	0.053	0.053	0.053	湖　南	0.404	0.405	0.405	0.406
河　北	0.687	0.688	0.691	0.696	广　东	0.197	0.207	0.206	0.204
山　西	0.188	0.180	0.182	0.186	广　西	0.228	0.230	0.231	0.232
内蒙古	0.422	0.456	0.473	0.500	海　南	0.025	0.026	0.026	0.026
辽　宁	0.224	0.239	0.243	0.249	重　庆	0.095	0.101	0.103	0.105
吉　林	0.246	0.273	0.284	0.302	四　川	0.375	0.384	0.386	0.390
黑龙江	0.443	0.451	0.477	0.517	贵　州	0.117	0.120	0.123	0.128
上　海	0.031	0.033	0.032	0.031	云　南	0.228	0.233	0.237	0.242
江　苏	0.575	0.589	0.589	0.590	西　藏	0.023	0.026	0.026	0.027
浙　江	0.215	0.214	0.215	0.215	陕　西	0.193	0.195	0.194	0.194
安　徽	0.510	0.520	0.526	0.535	甘　肃	0.159	0.166	0.168	0.172
福　建	0.143	0.143	0.143	0.144	青　海	0.026	0.029	0.028	0.028
江　西	0.276	0.275	0.274	0.272	宁　夏	0.064	0.066	0.068	0.069
山　东	0.726	0.725	0.726	0.727	新　疆	0.520	0.515	0.523	0.534
河　南	0.743	0.763	0.773	0.787	总　计	8.478	8.645	8.744	8.898

注：本表预测数据不包含香港特别行政区、澳门特别行政区，以及台湾省的数据，下同。

　　（3）规模化畜禽养殖单位用水系数。畜禽养殖需水量预测的一个关键参数是单位用水系数，国内关于畜禽养殖单位用水系数的系统研究较少。表 2-11 以《畜禽养殖业污染物排放标准》（GB 18596—2001）中对集约化畜禽养殖业水冲和干清粪工艺（湿法和干法）规定的最高允许排水量为用水系数计算得出的猪、鸡、牛场两种工艺的单位用水系数。表 2-12为北京市规模化畜禽养殖场的单位用水系数。比较两表可知，表 2-11 养猪和养鸡场的用水系数和表 2-12 的相差不大，养牛场的则差别较大。由于奶牛场挤奶车间地面清洁用水、挤奶设备和盛奶器具的清洁用水量较大，因此，奶牛场的用水系数远远高于肉牛场，约为肉牛的 2 倍。

表 2-11　集约化畜禽养殖业的单位用水系数　　　单位：kg/[头（只）·d]

用水系数	养猪场	养鸡场	养牛场
湿法	30	1	250
干法	15	0.6	185

注：根据畜禽养殖业污染物排放标准整理计算得出。

表 2-12　北京市规模化畜禽养殖场的单位用水与废水产生系数　　　单位：kg/[头（只）·d]

种类	猪		肉牛	奶牛	蛋鸡	蛋鸡和肉鸡
清粪方式	湿法	干法	—	—	湿法	干法
单位用水系数	25	15	40	80	1	0.6

注：摘自徐谦《北京市规模化畜禽养殖场污染调查与防治对策研究》。

由表 2-11 和表 2-12 的数据可知，湿法和干法两种清粪工艺的用水系数差别很大，两种工艺的采用比例对畜禽养殖业最终的用水系数影响较大。在我国这样一个水资源匮乏但劳动力充足且低廉的国家，未来畜禽养殖场的粪便处理方式应提倡多采用干法工艺。本书以畜禽养殖业污染物排放标准为依据，根据全国第一次污染源普查的 31 个省、自治区、直辖市畜禽养殖的湿法和干法工艺比例，计算出 2007 年我国各省、自治区、直辖市不同畜禽的规模化养殖综合用水系数（表 2-13）。在此基础上，对各地区不同畜禽种类的规模化养殖干湿工艺比例进行预测，得到 2010—2030 年不同畜禽种类的综合用水系数。即在湿法工艺比例大的省份，养猪场每年湿法工艺比例减少 1.5%，其他养殖场湿法工艺比例每年减少 1%。湿法工艺比例小的省份，干湿工艺比重保持不变。

表 2-13　2007 年各省、自治区、直辖市集约化养殖场单位用水系数　　　单位：t/[头（只）·a]

省份	猪	奶牛	肉牛	蛋鸡	肉鸡	省份	猪	奶牛	肉牛	蛋鸡	肉鸡
北京	16.0	70.1	30.3	0.6	0.62	湖北	21.9	71.5	32.1	0.65	0.63
天津	16.8	71.0	30.1	0.61	0.62	湖南	24.5	81.2	32.2	0.63	0.65
河北	19.0	70.5	30.3	0.61	0.61	广东	26.7	75.5	32.9	0.62	0.61
山西	20.4	70.9	30.6	0.61	0.61	广西	22.2	75.2	30.6	0.60	0.60
内蒙古	17.2	70.5	31.5	0.61	0.6	海南	20.9	70.4	30.6	0.60	0.62
辽宁	19.7	72.0	31.1	0.61	0.61	重庆	21.1	76.1	33.7	0.61	0.61
吉林	17.5	70.6	30.5	0.6	0.6	四川	22.3	74.2	32.4	0.65	0.63
黑龙江	16.3	70.2	30.1	0.6	0.63	贵州	20.9	75.7	33.4	0.61	0.63
上海	16.0	70.1	33.4	0.61	0.61	云南	19.0	71.4	31.8	0.60	0.62
江苏	19.6	72.7	33.2	0.61	0.62	西藏	21.1	72.8	32.1	0.63	0.62
浙江	18.7	72.4	33.3	0.6	0.6	陕西	20.5	71.7	30.7	0.61	0.66
安徽	22.0	74.7	33.6	0.61	0.6	甘肃	16.7	70.6	30.8	0.61	0.62
福建	22.8	73.0	34.9	0.6	0.6	青海	18.3	70.2	30.0	0.61	0.61
江西	22.2	75.8	31.5	0.61	0.61	宁夏	16.4	70.2	30.0	0.60	0.61
山东	18.6	71.8	31.5	0.61	0.6	新疆	16.8	70.1	30.1	0.60	0.60
河南	21.4	71.8	31.5	0.62	0.61	全国平均	19.8	72.4	31.6	0.61	0.62

（4）畜禽养殖量预测。畜禽养殖种类和养殖量受人们的消费需求的影响，而消费需求又与经济发展水平相关。根据发达国家的经验，当居民人均国民总收入达到 1 000 美元时，人们对牛肉和牛奶的消费量将迅速上升。2008 年中国人均国民收入已达 2 360 美元[101]，我国牛肉和牛奶消费量已进入快速上升阶段。根据世界粮农组织数据，中国居民对牛肉消费需求量从 1990 年的 3 g/（人·d），上升到 2005 年的 14 g/（人·d）。但与其他国家相比，

我国居民牛肉消费量还相对较低，2005 年美国的牛肉人均消费量达到 116 g/（人·d），法国为 73 g/（人·d），英国为 58 g/（人·d）。同时，2005 年，我国的牛奶人均消费量为 50 g/（人·d），属于牛奶消费量较低的国家，美国的牛奶消费量为 334 g/（人·d），德国为 200 g/（人·d），法国为 159 g/（人·d），日本为 116 g/（人·d），印度的经济发展水平虽低于我国，但其牛奶消费量却高于我国，为 102 g/（人·d）。因此，未来一段时期内，我国居民牛肉和牛奶的消费量将会呈较快增加趋势。

相对其他国家而言，我国属于猪肉消费量较大的国家。2005 年，我国猪肉消费量为 101 g/（人·d），美国为 82 g/（人·d），法国为 96 g/（人·d），英国为 72 g/（人·d），日本为 55 g/（人·d）。随着人们对健康饮食结构认识的提高，预计未来猪肉比重会呈现下降趋势。

2005 年，我国禽肉消费量为 31 g/（人·d），而美国禽肉消费量为 143 g/（人·d），日本禽肉消费量为 43 g/（人·d），德国禽肉消费量为 40 g/（人·d），法国禽肉消费量为 64 g/（人·d）。我国的鸡蛋消费量为 53 g/（人·d），而美国为 40 g/（人·d），日本为 52 g/（人·d），德国为 33 g/（人·d），法国为 38 g/（人·d），韩国为 28 g/（人·d），我国属于鸡蛋消费量较大的国家，因此，预计未来肉禽养殖量继续增加，蛋禽养殖量基本保持不变。

基于对我国不同种类畜禽养殖量未来可能变化趋势的判断，本书采用聚类类比法对我国不同种类畜禽未来养殖量进行预测。具体步骤为：

第一，预测中国 2010—2030 年的人均 GDP。采用本项研究经济模块预测的经济增长（GDP）和人口数据，计算 2010—2030 年我国人均 GDP。并将预测的人均 GDP，根据世界银行提供的各国按购买力平价的人均 GDP 国际现价美元数据（PPP）进行折算，以便进行国际对比。经过折算，中国 2007 年、2015 年、2020 年、2030 年的人均 GDP 分别为 6 010PPP、12 854PPP、15 887PPP、23 979PPP。

第二，遴选当前人均收入与中国 2020 年和 2030 年预期人均收入的接近的发达国家（表 2-14）。

表 2-14　世界各国 2003 年 PPP　　　　　　　　　　　　　　　单位：美元

国　　家	PPP	国　　家	PPP
俄罗斯联邦	8 950	法　　国	27 640
阿　根　廷	11 410	英　　国	27 690
韩　　国	18 000	日　　本	28 450
新　西　兰	21 350	澳大利亚	28 780
意　大　利	26 830	加　拿　大	30 040
德　　国	27 610	美　　国	37 750

数据来源：世界银行。

第三，利用世界粮农组织提供的每个国家 1990—2005 年各年份各种肉类和鸡蛋、牛奶人均需求量数据，其中牛肉需求见表 2-15。用 SPSS 软件进行聚类分析，判断出与中国人均收入大致相等，且牛肉、牛奶、猪肉、禽肉、鸡蛋的需求量相近的国家。聚类结果表明，在中国未来的经济水平，居民对各种肉类、鸡蛋和牛奶消费与目前的日本、韩国和德国相近，其中日本和韩国对肉类、奶制品的消费偏好与中国类似。

表 2-15 世界各国不同时间的人均牛肉消费量　　　　单位：g/（人·d）

国　家	1990 年	1995 年	2005 年	国　家	1990 年	1995 年	2003 年
美　国	118	118	116	瑞　典	74	68	65
日　本	24	29	22	澳大利亚	124	110	115
德　国	58	44	33	新西兰	91	110	63
法　国	89	76	73	俄罗斯	78	60	49
加拿大	96	91	92	阿根廷	179	152	153
英　国	57	45	58	韩　国	20	28	30

数据来源：世界粮农组织。

第四，以韩国、日本等国家居民对肉类、鸡蛋和牛奶人均年消费量为我国居民在预测年的消费标准，预测出未来我国每年的人均肉蛋类消费量（表 2-16）。

表 2-16　中国各种肉类、牛奶、鸡蛋年消费量预测　　　　单位：kg/（人·a）

消费量	2007 年	2015 年	2020 年	2030 年
牛肉	4.62	6.21	8.40	10.22
猪肉	32.26	34.68	33.58	32.85
鸡肉	13.66	14.60	14.97	15.70
牛奶	9.91	20.08	29.20	36.50
鸡蛋	19.09	19.71	18.98	18.62

根据预测的人均消费量，与预测年的人口相乘，得到未来我国各种肉类的消费量，再考虑各种肉类的进出口后，计算出未来我国各种畜禽的出栏量（表 2-17）。

表 2-17　中国不同年份各种畜禽的出栏量　　　　单位：万头（万只）

年份	肉牛	猪	肉鸡	奶牛	蛋鸡
2007	4 121	56 162	721 758	456	246 431
2015	5 903	64 337	822 856	984	271 285
2020	8 247	64 373	870 963	1 478	269 766
2030	10 330	64 791	939 817	1 901	272 216

由于牛和猪预测的是出栏量，需要转化为存栏量。本书通过不同年份的牛、猪、鸡的存栏和出栏比，计算出不同畜禽存栏和出栏比的均值（表 2-18）。同时，根据预测的不同年份的全国总的畜禽存栏量，以各省各种畜禽存栏量占全国总存栏比重为权重，计算出各省不同年份的畜禽存栏量。

表 2-18　猪、牛、羊和鸡的存栏和出栏之比

年份	牛	猪	鸡
1999—2000	3.2	0.82	0.56
2000—2001	3.12	0.81	0.57
2001—2002	2.91	0.81	0.59
平均	3.08	0.81	0.57

2.3.2.3　工业行业水资源消耗预测

工业水资源消耗的预测包括 3 个部分：总工业用水量、新鲜水取水量和重复用水量。总用水量等于新鲜水用水量与重复用水量的加和。工业总用水量的预测利用各行业单位增加值和单位用水系数测算，工业新鲜水用水量由总用水量与（1–重复用水率）的乘积得到。

（1）工业用水系数的预测。目前我国主要工业行业的单位产品取水量指标，除纯碱、合成氨与国外同类先进指标值相当外，其余绝大多数高出同类先进指标值 2～3 倍。因此，从我国工业用水量的长期发展趋势来看，从管理和工艺节水两种途径出发，我国的工业用水系数还有较大的下降空间。

环境统计年鉴中提供了 1997—2007 年工业各行业的总用水量，取水量以及重复用水量，其中环统年鉴中的工业新鲜水取水量与中国统计年鉴中的相比偏小，本书以中国统计年鉴的总工业新鲜取水量数据为基准，根据环统年鉴以及国家统计局内部统计的分行业用水结构进行了调整，使得工业行业新鲜取水总量与国家统计局公布的数据相等。以各工业行业的用水量与各行业工业增加值相除得到的各行业用水系数，得到 39 个工业行业1997—2007 年的单位用水系数时间序列，采用时间序列的趋势外推法预测未来年份的工业用水系数。

由于各个工业行业发展水平和阶段的差异、政策因素的影响，其用水系数可能有不同的发展变化规律，根据对 39 个行业 1997—2007 年数据的分析，用水系数的变化表现出以下 3 类规律：指数函数变化，对数函数变化以及幂函数变化规律，此外还有部分行业受不确定因素的影响，无明显的变化规律。

将 39 个工业行业分为 3 个类型进行预测：第一个类型是工业行业中的 6 个主要用水行业，即将电力、黑色金属、化工、石油加工、炼焦及核燃料加工业、造纸行业作为预测的重点对象。对于这 6 个行业，结合其行业发展规划、节水规划、政策因素、工业行业用水总的变化规律以及行业本身的用水变化规律建立模型，分高、低两种情景进行综合分析预测；第二个类型是用水系数变化规律较为明显的行业，如食品制造业、木材加工业等行业，根据其变化规律建立模型进行预测；第三个类型是用水系数变化规律不明显的行业，对于有节水目标规划的行业，用水系数的预测一方面考虑与规划目标相结合，另一方面假设其用水系数变化规律与相似行业用水系数变化规律保持一致，以此为依据建立模型。

进行分行业的工业用水系数预测后，将各个行业的预测值加总得到预测年的工业总用水量，然后根据产业用水结构的调整方向、工业用水的约束条件、水资源的承载力等因素对预测结果进行客观分析，将分析结果反馈到分行业的预测中，调整预测结果。主要工业

行业的用水系数预测结果见表 2-5。

（2）重复用水率的预测。重复用水率的高低直接影响到工业企业取水量的多少，也是未来水资源节约利用的关键因素，本书结合国家节水规划目标，预测了两种情景模式，第一种情景模式假设工业重复用水率保持现有变化趋势；第二种情景模式则假设工业重复用水率在未来 30 年内持续上升，达到发达国家的水平（表 2-5），各个行业的重复用水率的增速按照各自的增速潜力分别设定。

2.3.2.4 生活水资源消耗预测

2007 年，城镇生活人均用水量为 210L，农村生活人均用水量为 71L，国外发达国家的人均日用水量为 240 L，据此预测高情景方案下，到 2030 年我国城镇居民人均日用水量将提高到 240 L，低情景则考虑了节水器具的推广和使用，预计我国城镇居民人均日用水量从 2015 年开始下降。根据 1999—2007 年的中国水资源公报，2007 年，农村居民人均用水量为 71L，随着农村居民生活水平的提高，未来农村居民的生活用水量必然呈上升趋势，预计到 2030 年，农村人均日用水量达到 180L。耗水系数也将随着生活水平的提高而减少，由于预计农村的生活用水将大幅提高，因此，耗水系数下降幅度也快于城镇生活。

2.3.3 废水和污染物预测

2.3.3.1 总体预测思路

（1）预测指标。废水、COD、氨氮（NH_3-N）、总氮（TN）、总磷（TP）等的产生量和排放量，具体预测方法见表 2-19。

表 2-19 废水和污染物的预测方法

行业		预测方法
农业	种植业	种植业废水产生量＝种植业废水排放量＝种植业用水量×（1-种植业生产耗水系数） 种植业污染物产生量＝种植业污染物排放量＝污染物源强系数×农田播种面积
	规模化畜禽养殖	规模化畜禽养殖废水产生量＝规模化畜禽养殖量×规模化养殖畜禽单位废水产生系数 规模化畜禽养殖废水排放量＝规模化畜禽养殖量产生量×（1-畜禽养殖废水处理利用率）×流失系数 规模化畜禽养殖污染物产生量＝规模化畜禽养殖量×规模化养殖畜禽排泄系数 规模化畜禽养殖污染物排放量＝规模化畜禽养殖污染物产生量×（1-畜禽粪便处理利用率）×流失系数
工业	废水	废水产生量＝工业增加值×废水产生系数 废水排放量＝废水产生量×（1-废水回用率） 废水处理量＝Σ[行业废水产生量×（废水处理率或废水应处理率）]
	污染物（COD、NH_3-N）	污染物产生量＝Σ（行业增加值×行业污染物产生系数） 污染物排放量＝Σ（各行业污染物产生量×污染物去除率）
生活	城镇生活	城镇生活废水产生量＝城镇生活用水量×（1-城镇居民生活耗水系数） 城镇生活废水排放量＝城镇生活废水产生量×（1-城镇生活回用率） 城镇生活污染物产生量＝城镇人口×城市居民生活污染物产生系数×365 城镇生活污染物排放量＝城镇生活污染物产生量×（1-污染物削减率）
	农村生活	农村生活废水产生量＝农村生活用水量×（1-农村居民生活耗水系数） 农村生活废水排放量＝农村生活废水产生量×（1-沼气化率） 农村生活污染物产生量＝农村人口×农村居民生活污染物产生系数×365 农村生活污染物排放量＝农村生活污染物产生量×（1-沼气化率）

（2）预测情景方案。废水的处理量和排放量的预测以及污染物的排放预测在考虑客观变化趋势的同时，还应当考虑政策和资源的约束因素。预测污染物的排放分高、中、低 3 种情景进行预测，一种考虑客观发展目标，即在当前工艺水平下，低废水处理率和污染物削减率，按照当前的排放趋势进行高情景预测。中情景是在当前工艺水平下，结合了产业用水结构的调整以及污染物的环境承载力等各种因素的基础上，考虑了政策调控作用所提出的主观控制目标，即高废水处理率和污染物削减率的控制目标。低情景是在提高了生产工艺，降低了污染物产生系数，并考虑了政策调控作用所提出的主观控制目标等双重约束下，进行低情景设计。

2.3.3.2　农业废水和污染物预测

（1）种植业废水和污染物预测。种植业废水产生量由用水量和种植业生产耗水率决定，其中种植业生产耗水率为 0.655。污染物产生量则主要取决于农田污染物源强系数和灌溉面积。

源强系数

种植业中计算的污染物主要为 TN、TP、NH_3-N。其中，3 种污染物的源强系数数据来源于第一次全国污染源普查数据（表 2-20），污染物源强系数的大小与化肥流失率成正比。预计未来随着生态农业、有机肥料的大力普及，我国农业种植的化肥利用率将会呈上升趋势，即农田污染流失系数呈下降趋势。2007 年我国化肥的利用率约为 35.6%，流失率约为 64.4%。预测 2010 年流失率为 60%，2020 年达到 55%，2030 年达到 50%。以化肥流失率为主要考虑因素，对预测年污染物源强系数进行计算，得出预测年 31 个省、自治区、直辖市的污染物源强系数。

表 2-20　2007 年各省、自治区、直辖市总氮、总磷和氨氮的源强系数　　　单位：kg/（亩·a）

省　份	总氮			总磷			氨氮		
	水田	旱地	园地	水田	旱地	园地	水田	旱地	园地
北　京	0.55	0.81	0.86	0.05	0.04	0.05	0.23	0.03	0.02
天　津	0.61	0.81	1.13	0.04	0.04	0.07	0.31	0.03	0.03
河　北	0.63	0.77	0.88	0.04	0.04	0.05	0.31	0.03	0.02
山　西	0.57	0.43	0.75	0.05	0.02	0.04	0.26	0.03	0.02
内蒙古	0.23	0.21	0.43	0.02	0.01	0.03	0.10	0.02	0.02
辽　宁	0.28	0.21	0.16	0.02	0.01	0.01	0.12	0.02	0.02
吉　林	0.26	0.16	0.15	0.01	0.01	0.01	0.12	0.02	0.02
黑龙江	0.25	0.13	0.13	0.01	0.01	0.01	0.12	0.02	0.02
上　海	1.33	1.73	1.24	0.06	0.15	0.11	0.21	0.24	0.15
江　苏	1.21	1.37	1.09	0.05	0.10	0.09	0.23	0.14	0.13
浙　江	1.05	1.15	0.82	0.07	0.11	0.08	0.18	0.13	0.10
安　徽	1.07	1.08	0.91	0.06	0.07	0.07	0.16	0.09	0.11
福　建	1.11	0.94	0.61	0.11	0.11	0.07	0.21	0.11	0.08
江　西	0.98	1.12	0.82	0.10	0.10	0.08	0.18	0.15	0.13
山　东	0.61	0.92	0.87	0.06	0.05	0.05	0.27	0.03	0.02
河　南	0.59	0.87	0.91	0.04	0.04	0.05	0.29	0.03	0.02

省 份	总氮			总磷			氨氮		
	水田	旱地	园地	水田	旱地	园地	水田	旱地	园地
湖 北	1.13	1.12	0.88	0.07	0.09	0.09	0.16	0.14	0.17
湖 南	1.03	1.12	0.86	0.09	0.11	0.09	0.19	0.17	0.16
广 东	1.12	1.22	0.89	0.13	0.13	0.10	0.25	0.16	0.13
广 西	1.12	1.00	0.81	0.12	0.09	0.08	0.26	0.10	0.11
海 南	1.12	0.94	0.83	0.14	0.10	0.09	0.25	0.12	0.12
重 庆	0.91	0.91	0.71	0.06	0.11	0.09	0.13	0.17	0.13
四 川	1.14	0.95	0.79	0.07	0.09	0.09	0.15	0.16	0.14
贵 州	1.11	0.87	0.68	0.08	0.08	0.08	0.12	0.11	0.12
云 南	1.20	0.86	0.68	0.10	0.09	0.08	0.21	0.12	0.12
西 藏	1.01	1.18	1.38	0.10	0.08	0.13	0.27	0.09	0.34
陕 西	0.59	0.65	0.66	0.04	0.05	0.06	0.14	0.06	0.05
甘 肃	0.24	0.32	0.55	0.02	0.02	0.04	0.05	0.02	0.02
青 海	0	0.32	0.58	0	0.02	0.04	0	0.05	0.02
宁 夏	0.23	0.33	0.71	0.03	0.02	0.06	0.09	0.02	0.02
新 疆	0.25	0.35	0.61	0.02	0.01	0.05	0.04	0.01	0.02

注：青海因无水田，所以其水田的污染物源强系数为 0。

播种面积预测

由于污染物流失量与耕地属性有密切的关系，因此，本书分别预测了水田、旱地和园地未来的可能变化趋势。为确保我国粮食安全，我国提出 18 亿亩耕地的红色警戒线，未来我国耕地总面积变化不会很大，但各省之间由于经济、人口和社会发展水平的差异，耕地面积的变化趋势有所不同。我们利用 1997—2008 年 12 年间播种面积数据，采用对数、幂函数形式的回归模型，对 31 个省、自治区、直辖市的水田、旱地和园地播种面积进行了预测（表 2-21）。

表 2-21　31 个省、自治区、直辖市预测年水田、旱地和园地面积　　　　单位：万亩

省 份	水田			旱地			园地		
	2015 年	2020 年	2030 年	2015 年	2020 年	2030 年	2015 年	2020 年	2030 年
北 京	0.4	0.3	0.1	212.4	194.0	169.4	128.3	131.6	136.7
天 津	11.7	9.7	7.4	361.8	347.3	326.6	58.3	59.0	60.0
河 北	104.7	97.1	86.7	8 670.8	8 509.2	8 274.0	1 678.8	1 695.4	1 720.5
山 西	2.1	1.8	1.4	4 424.2	4 395.3	4 352.7	398.3	394.0	387.7
内蒙古	111.8	107.1	100.4	7 160.5	7 276.5	7 446.0	64.0	60.4	55.4
辽 宁	952.4	978.5	1 018.8	3 558.2	3 537.5	3 506.8	438.8	425.5	406.3
吉 林	1 103.1	1 150.1	1 224.0	5 760.6	5 879.4	6 061.1	101.9	96.7	89.5
黑龙江	3 011.0	3 112.1	3 269.4	11 752.6	11 994.7	12 365.0	51.5	49.1	45.8
上 海	135.6	125.3	111.3	54.5	48.1	40.1	46.7	51.7	60.1
江 苏	3 072.5	3 038.9	2 989.6	3 897.8	3 791.8	3 639.1	346.2	358.2	377.0
浙 江	1 167.4	1 065.7	930.3	471.7	429.8	374.2	738.2	760.3	794.4
安 徽	3 164.7	3 159.5	3 151.8	6 605.6	6 701.4	6 846.7	342.4	346.0	351.5
福 建	1 206.7	1 143.6	1 055.5	573.4	543.2	501.0	1 057.6	1 059.3	1 062.0

省　份	水田			旱地			园地		
	2015 年	2020 年	2030 年	2015 年	2020 年	2030 年	2015 年	2020 年	2030 年
江　西	4 629.9	4 656.5	4 696.4	427.1	402.3	368.0	566.6	590.8	639.2
山　东	177.0	170.5	161.2	9 256.3	9 051.0	8 753.4	1 003.5	980.0	945.9
河　南	845.9	861.3	884.7	13 155.2	13 205.7	13 281.3	695.9	708.5	727.7
湖　北	2 775.7	2 721.1	2 641.7	2 566.6	2 484.6	2 367.2	689.1	708.0	737.2
湖　南	5 473.8	5 433.0	5 372.8	1 243.2	1 201.5	1 141.9	842.3	873.8	923.0
广　东	2 820.1	2 725.6	2 590.4	831.9	798.0	750.1	1 627.9	1 648.9	1 680.8
广　西	3 315.1	3 282.7	3 235.1	1 394.3	1 342.9	1 269.6	1 477.8	1 520.6	1 586.9
海　南	442.8	430.7	413.2	171.4	162.9	151.1	328.9	360.6	413.5
重　庆	1 033.3	1 017.8	995.0	2 338.8	2 269.9	2 170.9	399.5	438.1	502.5
四　川	3 020.8	2 998.3	2 965.1	6 333.6	6 226.5	6 070.1	1 152.4	1 255.3	1 426.1
贵　州	1 046.0	1 038.2	1 026.7	3 458.7	3 456.3	3 452.7	344.2	373.7	422.4
云　南	1 644.0	1 666.7	1 701.0	4 812.9	4 848.9	4 903.1	830.8	871.0	934.7
西　藏	1.5	1.5	1.5	254.9	250.6	244.4	1.3	1.2	1.1
陕　西	190.5	186.8	181.4	4 285.1	4 170.5	4 005.4	1 452.5	1 504.1	1 584.3
甘　肃	7.2	6.9	6.5	3 768.8	3 722.4	3 654.3	588.6	606.8	635.0
青　海	0.0	0.0	0.0	348.0	332.5	310.6	6.6	6.4	6.2
宁　夏	110.8	111.8	113.3	1 120.2	1 121.7	1 124.0	95.4	100.4	108.3
新　疆	99.6	98.2	96.2	2 001.1	1 977.9	1 943.7	1 090.6	1 278.2	1 619.4
总　计	41 678.2	41 397.3	41 028.9	111 272.1	110 674.4	109 864.8	18 644.7	19 313.6	20 441.0

（2）畜禽养殖业废水和污染物预测。畜禽养殖业污染大多属于面源污染，目前我国研究面源污染的资料较为短缺，国内外关于畜禽产生量和排放量的估算方法有两种：①试验测定法，在当地选择有代表性的养殖场，用模拟和直接监测的方法对排出的粪尿进行试验，测量其入水量，得到粪尿的入水系数，然后用养分总量乘以入水系数得到入水总量。②源强系数估算法，也叫排污系数法，它是一种基于各种面源污染的数量以及排污系数的估算方法。其中，源强系数估算法不必考虑面源污染的内在机制，形式简单，参数较少，应用性强，是当前宏观估算来自畜禽养殖、生活排污等面源污染最常用的方法；试验测定法比较适用于微观面源污染排放量的测算。

废水产生系数

废水产生系数和清粪工艺密切相关，如果某一地区主要采用湿法清粪工艺，则废水产生量大，废水中污染物的浓度和废水产生系数高；相反，干法清粪工艺的废水产生量小，废水污染物浓度低，废水处理工艺也相对简单。我国地域辽阔，清粪工艺差异大，根据第一次全国污染源普查资料，废水产生系数的区域差异也较大（表 2-22）。其中，我国南方地区清粪工艺中，湿法工艺所占比重较高。如猪清粪的湿法工艺所占比重高的省份是广东（77.7%）、湖南（63.3%）、福建（52.1%）、四川（48.5%）、广西（47.9%）、江西（47.8%）等。奶牛清粪的湿法工艺所占比重高的省份是湖南（56.2%）、重庆（30.4%）、江西（28.8%）等。我国属于水资源短缺而劳动力丰富的国家，未来我国畜禽清粪工艺中湿法工艺的比重必然会趋于下降趋势。基于此，本书对废水产生系数高的省份，预计 2030 年，这些省份的湿法工艺可下降近 10 个百分点。

表 2-22　各省、自治区、直辖市各种畜禽的废水产生系数　　　　单位：m³/[头（只）·a]

省　份	猪	奶牛	肉牛	蛋鸡	肉鸡	省　份	猪	奶牛	肉牛	蛋鸡	肉鸡
北　京	2.03	5.63	10.99	0.03	0.06	湖　北	4.07	11.54	18.56	0.11	0.36
天　津	6.32	10.81	9.67	0.04	0.03	湖　南	4.10	25.73	56.12	0.08	0.11
河　北	2.61	9.35	8.55	0.05	0.06	广　东	8.60	37.35	11.96	0.07	0.09
山　西	2.86	16.95	7.06	0.09	0.02	广　西	5.36	53.06	7.07	0.01	0.01
内蒙古	2.53	23.91	25.32	0.31	0.09	海　南	3.02	21.86	5.93	0.05	0.02
辽　宁	3.12	12.24	28.75	0.06	0.01	重　庆	4.35	39.65	12.70	0.03	0.03
吉　林	2.19	25.07	16.15	0.00	0.00	四　川	2.92	8.58	7.94	0.09	0.05
黑龙江	3.00	50.11	22.85	0.02	0.01	贵　州	4.30	24.23	12.90	0.04	0.07
上　海	1.54	12.32	3.32	0.01	0.01	云　南	2.58	6.19	3.90	0.01	0.04
江　苏	3.10	14.90	12.53	0.06	0.06	西　藏	9.62	0.12	0.00	0.00	0.00
浙　江	3.07	8.50	7.77	0.02	0.01	陕　西	3.59	11.14	7.61	0.05	0.04
安　徽	5.66	17.21	12.08	0.60	0.21	甘　肃	1.57	5.64	3.67	0.02	0.02
福　建	6.34	21.66	9.89	0.01	0.01	青　海	1.00	1.12	0.17	0.03	0.01
江　西	4.96	14.10	4.77	0.00	0.01	宁　夏	3.97	16.64	13.87	0.08	0.11
山　东	3.60	30.24	6.47	1.72	0.16	新　疆	2.18	39.99	8.77	0.13	1.77
河　南	3.12	87.16	6.12	0.22	0.06	均　值	3.78	21.39	11.72	0.13	0.11

数据来源：第一次全国污染源普查。

污染物排放系数

　　污染物排放系数是指单位畜禽的平均粪便排放量，它主要与畜禽的种类、品种、养殖方式、饲料和天气条件等因素有关，本书畜禽粪便的产生量通过不同畜禽种类的污染物排放系数来估算。在畜禽污染物排泄系数中，COD 的含量最高，其次为 TN 和 TP（表 2-23）。畜禽的种类不同，污染物排放系数中的污染物含量也差异较大。在 COD 排泄系数中，奶牛为 1 713.1 kg/（头·a），肉牛为 874.2 kg/（头·a），猪为 116 kg/（头·a），肉鸡为 9.2 kg/（只·a），蛋鸡为 7.4 kg/（只·a）。同时，不同地区畜禽养殖的污染物排放系数也有一定差异（图 2-2），以 COD 为例，我国南方地区的奶牛排泄系数相对较高，而西北地区相对较低。因畜禽的污染物产生系数随时间变化不大，在预测中假定其保持不变。

表 2-23　不同畜禽各种污染物排泄系数　　　　单位：kg/[头（只）·a]

畜禽种类	COD	氨氮	总氮	总磷
猪	116.4	2.2	10.5	1.6
奶牛	1 713.1	2.5	73.5	11.8
肉牛	874.2	2.7	35.4	4.5
蛋鸡	7.4	0.0	0.4	0.1
肉鸡	9.2	0.0	0.4	0.1

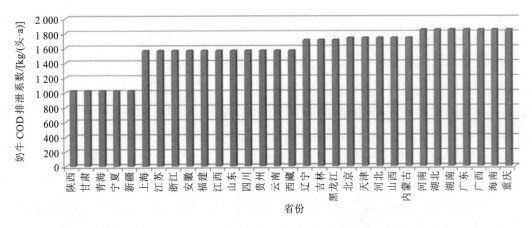

图 2-2　全国不同地区奶牛 COD 排放系数

数据来源：第一次全国污染源普查。

粪便处理利用率

根据第一次全国污染源普查数据，我国畜禽养殖业粪便产生量 2.43 亿 t，尿液产生量 1.63 亿 t。我国现在 80%的规模化畜禽养殖场没有污染治理设施，畜禽粪便处理利用率相对较低。根据第一次全国污染源普查数据，我国畜禽粪便处理利用率约为 40%。就区域而言（图 2-3），青海的粪便处理利用率最低（13.9%），河南最高（59.6%）。随着技术的发展和我国对发展生物质能源和面源污染问题的日益重视，我国畜禽粪便处理利用率将会呈增加态势。根据《关于加强农村环境保护工作的意见》，2010 年，我国拟提高畜禽粪便处理利用率 10 个百分点，本书以此为基础，预计畜禽粪便处理利用率每 5 年以 10%的速度不断提高，预计 2015 年、2020 年和 2030 年我国猪的粪便处理利用率分别为 60%、71%、85%，奶牛的粪便处理利用率分别为 60%、70%、84%，肉牛的粪便处理利用率分别为 53%、62%、77%，蛋鸡的分别为 61%、71%、85%，肉鸡的分别为 44%、54%、70%。

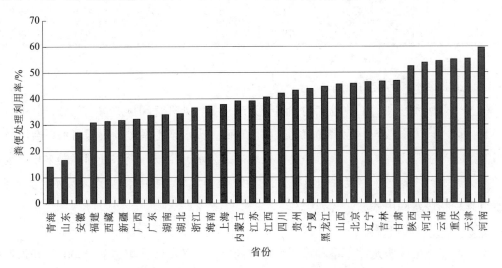

图 2-3　全国不同地区 2007 年畜禽粪便处理利用率

数据来源：第一次全国污染源普查。

规模化养殖比例

我国畜禽养殖分为散养、养殖小区和规模化养殖 3 种模式,散养一般属于农户层面的小规模养殖,畜禽粪便产生量少,且一般与农村居民生活污染物一同处置,因此,本书将散养畜禽污染纳入农村生活部门的测算范围,将养殖小区和规模化养殖都作为规模化养殖处理。参考畜牧业年鉴中各种畜禽所采用的统计范围,农业部与 2007 年污染源普查有关规模化畜禽养殖的定义,本书对规模化养殖的定义为:按存栏量计,猪≥100 头,蛋鸡≥2 000 只,肉鸡≥10 000 只,奶牛≥20 头,肉牛≥50 头。

由于自然资源和科技水平的约束,畜产品生产系统的生产要素投入一定,畜产品生产的进一步发展只能通过资源的集约使用来实现,因此,未来规模化养殖的比例还会继续提高。结合各种畜禽的规模化养殖比例现状,分 3 种情景进行设定。高排放情景下,2007—2015年,猪、肉牛、奶牛、肉鸡和蛋鸡的规模化养殖比例每年分别递增 1.8%、1.5%、2%、1%和 2%,2016—2020 年每年将递增 1.2%、1%、2%、0.8%和 1.8%,2021—2030 年每年将递增 0.8%、0.8%、1.5%、0.3%和 1%。低排放情景下,2007—2015 年,猪、肉牛、奶牛、肉鸡和蛋鸡的规模化养殖比例将分别每年递增 1.5%、1.2%、1.5%、0.8%和 1.8%,2016—2020 年每年将递增 1%、0.8%、1.5%、0.5%和 1.5%,2021—2030 年每年将递增 0.5%、0.5%、1.2%、0.2%和 1%(表 2-24)。

表 2-24　预测年各种畜禽的规模化养殖比例　　　　　　　　　　　　　单位:%

畜禽种类	基准年	高情景			低情景		
	2007 年	2015 年	2020 年	2030 年	2015 年	2020 年	2030 年
奶牛	16.6	26.6	36.6	52.6	24.6	32.6	42.6
肉牛	20.8	27.8	34.8	44.8	25.8	30.8	37.8
猪	50.5	56.5	62.5	70.5	54.5	58.5	64.5
蛋鸡	35.9	43.9	51.9	63.9	41.9	47.9	56.9
肉鸡	71.1	75.1	79.1	87.1	73.6	76.1	82.1

2.3.3.3　工业废水和污染物预测

(1)工业废水预测。工业废水的预测分为产生量、处理量和排放量 3 部分,其中废水产生量由废水产生系数与行业增加值的乘积而得到,废水产生系数则根据用水系数以及用水量和废水产生量之间的比例获得;废水处理量为废水产生量与废水处理率的乘积;废水排放量为废水产生量与(1-废水回用率)的乘积。因此,本节的预测重点为废水产生系数、废水处理率和废水回用率。

废水产生系数的预测

废水产生系数为废水产生量和行业增加值的比值,环境统计年鉴从 2000 年开始不再对废水产生量进行统计。本书以 2007 年的污染源普查数据为基数,根据废水产生量与用水量的比值基本恒定的规律,对主要废水产生行业,分高、低两种情景,预测出 2015 年、

2020 年以及 2030 年的废水产生系数，在此基础上进行废水产生量的预测。产生系数主要与前端的生产工艺技术水平有关，高情景是假设在现有的工业行业的生产工艺水平下，用水系数、废水和污染物的产生系数保持现有变化趋势；低情景是在高情景的基础上，假设随着工业生产工艺的改进，未来我国工业的用水系数、废水和污染物的产生系数将呈更大幅度的下降。主要行业的预测结果见表 2-5。

废水处理率的预测

废水处理率的预测设定两种情景方案，高排放情景假设废水的处理率按照现有的规律变化，低排放情景则是在客观增长规律的基础上，考虑了主观规划目标的政策干涉方案，假设到 2030 年，废水排放量较大的 6 个重点工业行业：农副、纺织、造纸、石油加工、化工、钢铁和电力行业的废水处理率均保证达到 70%以上，如石油加工行业由 2007 年的 46%上升到 2030 年的 75%，钢铁行业由 2007 年的 55%上升到 2030 年的 85%，结果如表 2-5 所示。

废水回用率的预测

废水回用率的预测也采用了情景方案预测法，除火电和钢铁行业外，废水回用率的变化规律与重复用水率基本相同。与废水产生系数、废水处理率的预测思路一致，高排放情景是假设废水回用率按照现有的趋势变化，低排放情景则是在客观增长规律的基础上，考虑了主观规划目标的政策干涉方案，加大了工业行业的废水回用率，尤其是重点废水排放行业的废水回用率，预计到 2030 年，重点废水排放行业的回用率均达到 80%以上，其中农副食品加工行业从 2007 年的 15%上升到 2030 年的 85%，纺织行业从 2007 年的 9%上升到 2030 年的 80%，造纸行业从 2007 年的 14%上升到 2030 年的 80%，石油加工行业从 2007 年的 45%上升到 2030 年的 88%，化工行业从 2007 年的 58%上升到 2030 年的 85%。表 2-5 为不同情景方案下的重点工业行业废水回用率的预测结果。

（2）工业污染物预测。工业的污染物预测包括 COD 和 NH_3-N 两种。

采用环境统计年鉴 1996—2008 年 13 年的数据，建立数学模型进行预测。工业废水中的污染物产生系数和生产工艺、原材料耗用量等因素有关，随着清洁生产水平和全民环保意识的不断提高，未来污染物产生系数将呈下降趋势。同时，基于单位物耗水平在近期下降较快、远期趋于平缓的基本判断，此处采用幂函数模型来对废水中的污染物产生系数进行拟合预测。

在建立预测模型前，首先对原始数据进行了离群分析。在去掉离群数据点之后，采用乘幂回归方程进行近远期污染物产生系数的预测。对主要工业污染产生行业分高、低两种情景进行 COD 和 NH_3-N 产生系数和削减率的预测，结果如表 2-5 所示。

2.3.3.4　生活废水和污染物预测

城镇生活废水和污染物预测。城镇生活废水产生量根据城镇生活用水量与城镇居民生活耗水系数计算获得，城镇生活污染物产生量根据城镇人口与污染物产生系数计算获得，其中，城镇人口由经济社会预测模块提供。因此，城镇生活废水和污染物产生量预测的主要相关因子为城镇居民生活耗水系数与污染物产生系数。

（1）居民生活耗水系数。耗水系数是居民生活废水产生量的主要相关变量，根据水资源公报的统计数据，2007 年城镇居民生活的耗水系数为 0.30，随着生活水平的提高，预计在未来几年内，城镇居民耗水系数将持续下降，到 2030 年，耗水系数可下降到 0.24（表 2-25）。

目前我国广大的农村地区仍然缺少供水设施，农村居民生活的大部分用水仅用于满足吃喝等基本生活要求，据 1998—2007 年的水资源公报，农村居民的生活耗水系数从 0.877 下降到 0.84。因此，与城市生活耗水系数相比，农村居民的生活耗水系数有更大的下降空间，预计 2030 年将达到 0.35，具体取值见表 2-25。

表 2-25　城镇和农村生活耗水系数的变化

年份	2007	2015	2020	2030
城镇	0.30	0.26	0.25	0.24
农村	0.84	0.62	0.48	0.35

（2）污染物产生系数。城镇生活污染物 COD 和氨氮的产生系数通过城镇污染物产生量除以人口计算获得。其中，城镇生活污染物产生量根据环境统计年鉴中城镇生活污染物排放量和去除量计算获得。与发达国家相比，我国城镇生活废水的污染物产生系数偏低，这与我国居民的生活水平和生活习惯有关。随着人民生活水平的不断提高和节水、中水回用设施的不断完善，我国城镇污水的污染物产生系数将不断提高。具体结果见表 2-6。

（3）城镇废水和污染物排放量相关参数。城镇生活 COD 的排放量受到产生量、污水处理率、污水再利用率、废水处理能力比例以及废水处理能力即污染物去除率的影响。结合目前城镇生活污染物处理的实际情况，设定了低削减情景和高削减情景两种治理目标。低削减情景按照目前的污水处理率，废水处理能力的比例发展的趋势预测，高削减情景则考虑加大污染治理力度，设定了污水处理率，废水处理能力的比例（表 2-6）。

2.3.4　水污染治理投入预测

水污染治理投入包括治理投资和运行费用两部分，总体预测思路见表 2-26，各项技术参数的预测方法与依据见表 2-27。

2.3.4.1　畜禽养殖业治理投入预测

（1）单位废水治理投资系数。由于干法工艺主要靠人工拣粪完成，不需要治理设施，因此，畜牧业的废水治理投资仅考虑湿法工艺所产生废水的治理投资。根据养猪场的废水治理投资，本书计算出不同畜禽的单位废水治理投资系数（表 2-28）。

表 2-26　废水治理投资和运行费用的预测方法

项目		预测方法
治理投资	工业	治理投资＝新增设计处理能力×单位废水治理投资系数； 新增设计处理能力＝当年设计处理能力－上年设计处理能力＋当年报废处理能力； 当年报废处理能力＝设备折旧率×上年设计处理能力
	城镇生活	治理投资＝新建改建污水处理厂投资＋污水处理厂配套管网建设投资＋污泥处理处置设施投资＋污水再生水利用设施投资； 新建改建污水处理厂投资＝新增污水处理能力×新建改建投资系数； 污水处理厂配套管网建设投资＝新增污水处理能力×单位污水处理能力所需配套管网长度×单位长度管网投资系数； 再生水设备投资＝再生水新增量×单位再生水设备投资系数
	农村生活	沼气池的建设投资＝单位沼气池的建设投资×新建沼气池数
运行费用		运行费用＝废水实际处理量×单位废水运行费用系数； 废水处理量＝废水产生量×废水处理率

表 2-27　废水治理投资和运行费用预测中技术参数的预测方法与依据

行业	指　标	预测方法和依据
治理投资	当年设计处理能力	当年设计处理能力＝当年实际处理能力/处理设施正常运转率/运行安全系数＋上年设计处理能力×0.05； 当年实际处理能力＝当年废水处理量/365
	处理设施正常运转率	根据《中国环境统计年报 2007》及历史数据推算，2007 年工业废水处理设施的正常运转率为 60.96%，预计到 2020 年将达到 95%
	运行安全系数	根据一般废水治理设施的设计参数，该系数为 0.75
	新建改建污水处理厂投资系数	基于 2007 年污染源普查数据，采用对数函数线性模型，模拟污水处理投资与设计处理能力以及污染物处理效率的关系，变换得到单位污水处理的投资额，具体结果参照"水专项"主题六项目一课题 2 研究结果
	单位污水处理能力所需配套管网长度	20 km/（万 m³/d）①
	单位长度管网投资系数	新增配套管网建设平均造价设定为 125 万元/km（含泵站费用）②
	单位再生水设备投资系数	1 500 元/（t·d）③
运行费用	单位废水运行费用系数	基于 2007 年污染源普查数据，采用对数函数线性模型，模拟污水处理运行费用与污水处理量以及污染污处理效率的关系，变换得到单位污水处理的运行费用，具体结果参照"水专项"主题六项目一课题 2 研究结果

注：① 数据来源于建设部《全国城镇污水处理及再生利用设施"十一五"建设规划》，2005。
　　② 常杪，田欣，彭丽娟."十二五"时期城市污水处理设施建设资金需求分析[J]. 中国给水排水，2009（25）：20。
　　③ 根据建设部《全国城镇污水处理及再生利用设施"十一五"建设规划》的投资估算表中数据估算得到。

表 2-28　不同畜禽的单位废水治理投资系数　　　　　　　　　单位：元/t

畜禽种类	猪	肉牛	奶牛	肉鸡	蛋鸡
单位废水治理投资系数	2 500	3 500	4 000	1 000	1 000

（2）单位废水治理运行成本。由于干法和湿法工艺的处理方式截然不同，运行费用的差别也较大，因此，畜牧业废水的治理运行费用按两部分考虑。干法工艺的主要运行支出是人工费，根据有关成果可知猪场的干法工艺治理成本约为 10 元/（头·a），其他畜禽的干法工艺治理成本根据它们的排泄系数与猪的排泄系数比较得到。畜禽养殖湿法工艺的废水治理成本高于一般生活废水的治理成本，据估算，一般厌氧-好氧法治理畜禽废水的成本（包括折旧费用）约为 2.6 元/t，根据不同畜禽的废水产生系数和未来的清粪工艺比例即可计算得到预测年不同畜禽的废水治理成本（表 2-29）。

表 2-29　干法工艺的治理成本　　　　　　单位：元/[头（只）·a]

畜禽种类	猪	肉牛	奶牛	肉鸡	蛋鸡
干法工艺	10	100	100	0.8	0.8
湿法工艺	11.32	41.64	98.58	0.38	0.43

2.3.4.2　工业治理投入预测

对于单位运行成本，基于 2007 年污染源普查数据，采用对数函数线性模型，模拟污水处理运行费用与污水处理量以及污染物处理效率的关系，变换得到单位污水处理的运行费用，具体结果参照"水专项"主题六项目一课题 2 研究结果。

工业部门的废水治理投资系数与废水处理费用函数的系数取值，如表 2-30 所示。

表 2-30　工业部门的废水治理投资系数与废水处理费用函数的系数取值

工业部门	单位废水治理投资系数/[元/（t·a）]	单位废水治理运行成本/（元/t）
煤炭开采和洗选业	6.88	0.58
石油和天然气开采业	14.55	2.05
黑色金属矿采选业	2.63	0.92
有色金属矿采选业	9.13	0.64
非金属矿采选业	5.03	0.46
其他采矿业	5.03	0.98
农副食品加工业	12.66	1.72
食品制造业	12.66	1.97
饮料制造业	12.66	2.62
烟草制品业	12.66	1.05
纺织业	9.8	3.18
纺织服装、鞋、帽制造业	9.8	2.09
皮革毛皮羽毛（绒）及其制品业	11.2	2.02
木材加工及木竹藤棕草制品业	7.5	1.18
家具制造业	7.5	1.99
造纸及纸制品业	7.7	2.58
印刷业和记录媒介的复制	15.89	3.24
文教体育用品制造业	15.89	3.18

工业部门	单位废水治理投资系数/[元/（t·a）]	单位废水治理运行成本/（元/t）
石油加工、炼焦及核燃料加工业	13.34	1.73
化学原料及化学制品制造业	19.81	0.61
医药制造业	23.18	3.54
化学纤维制造业	8.46	2.64
橡胶制品业	8.84	0.95
塑料制品业	11.61	2.12
非金属矿物制品业	6.66	0.63
黑色金属冶炼及压延加工业	7.51	0.36
有色金属冶炼及压延加工业	12.92	1.14
金属制品业	14.77	3.25
通用设备制造业	12.25	1.90
专用设备制造业	12.25	0.75
交通运输设备制造业	12.25	3.30
电气机械及器材制造业	12.25	2.23
通信计算机及其他电子设备制造业	12.25	4.42
仪器仪表及文化办公用机械制造业	12.25	3.93
工艺品及其他制造业	4	1.37
废弃资源和废旧材料回收加工业	4	2.05
电力、热力的生产和供应业	8.05	0.42
燃气生产和供应业	7.15	3.85
水的生产和供应业	7.15	0.88

2.3.4.3　城镇污水治理投入预测

城镇污水管网建设和污水处理厂同步协调发展、重视污泥安全处置以及积极推广污水再生利用是未来污水处理厂建设的基本思路。对城镇污水处理的治理投入进行预测时，不仅要考虑污水处理厂的新建改建投资，更要考虑城镇污水管网的建设投资、污泥的安全处理处置投资以及污水再生利用设施的投资。

污水管网单位建设费用：根据《全国城镇污水处理及再生利用设施"十一五"建设规划》，平均单位污水集中处理能力的污水管道长度原则上要达到 20 km/（万 m³·d）左右。据有关调研，1 km 的污水管网建设费用约为 125 万元。

单位污水处理能力的污泥处理处置投资：单位污水处理能力的污泥处理处置投资在 30～450 元/t 污水[101]，其中填埋方法的污泥处理处置投资较低，为 30 元/t 污水，机械堆肥方式的污水处理设施投资约在 300 元/t 污水，干化焚烧的方法所需投资成本约在 350～450 元/t 污水，预计未来的污泥处理方式不再以简单填埋为主，因此，取污泥处理处置设施的单位投资为 300 元/t 污水。

污水再生利用设施的单位投资：根据《全国城镇污水处理及再生利用设施"十一五"建设规划》中的投资估算，污水再生利用设施的单位投资约在 1 500 元/t 再生水。

城镇污水处理厂新建改建投资系数和运行系数：现行污水处理运行成本是指污水排放和集中处理过程中发生的动力费、材料费、输排费、维修费、折旧费、人工工资及福利费和税金等（计价格[1999]1192 号）。城镇污水处理厂新建改建投资系数和运行系数的计算方法与工业污水处理厂新建改建投资系数和运行系数的计算方法一致，是依据全国第一次污染源普查数据建立计量模型，计算污水处理成本。

以目前中等规模的污水处理厂（设计处理能力在 5 万 t/d）为标准，城镇污水处理不同处理级别的单位治理投资系数和单位治理运行成本的结果见表 2-31。

表 2-31　城镇污水处理不同级别的单位治理投资系数和运行成本

指　标	一级	二级	三级
运行成本/（元/t）	0.90	0.95	1.07
单位治理投资系数/（元/t）	1 482	1 610	2 034

2.3.4.4　农村生活的污水处理投入预测

估算农村生活的污染治理固定资产投资主要以沼气池的建设为主，这里均以 8 m³ 的沼气池为计算单位，单位沼气池的建设投资费用约为 3 000 元/座。

经调研，沼气池的运行成本为 0。

2.4　国家—区域—流域环境经济预测分解方法

2.4.1　总量分解思路

为分析国家中长期宏观经济发展对水资源的需求，把握未来中国水环境变化趋势，本书在对中国未来中长期发展对水需求和水环境预测的基础上，探讨国家层面的中长期经济与水环境综合预测与省级层面有效对接的方法，了解和掌握全国各省份未来经济社会发展、水资源消耗和水环境污染趋势。具体采用自上而下分解、自下而上案例验证、参数指标逐步调整的思路，建立国家—区域—流域中长期经济与水环境综合预测系统。

建立国家—区域—流域中长期经济与水环境综合预测系统的关键是找到科学合理的总量分解方法。分解方法是否合理，不仅关系到各省份水环境经济预测结果的准确性，还关系到国家环境保护规划编制和各省份环境保护规划编制的科学性。本书在综合考虑各省份各种水环境指标的发展现状及影响因素和影响未来经济发展、水环境变化和污染物排放等各种因素的基础上，采用权重分解法，进行水环境预测值由国家尺度向省级尺度的分解。具体过程为选出适合的权值分解模型，确定各指标权重、把全国各种水资源需求量和水环境污染物产生量、排放量预测的结果分解到各省，对各省、自治区、直辖市各种水环境污染物进行预测。

2.4.1.1　影响要素分析

在各省、自治区、直辖市范围内，对经济社会、水环境现状与未来发展趋势进行分析，确定指标分解的影响因素；计算各因素的影响因子，即确定其权重；依据各影响因素分值计算各省、自治区、直辖市综合指数。考虑各省、自治区、直辖市未来发展趋势，对其近年的综合指数趋势外推；确定各省、自治区、直辖市综合指数以后，按照各省、自治区、直辖市综合指数比例，进行规划指标的分解。指标分解的基本过程如图 2-4 所示。

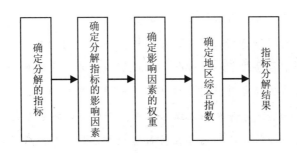

图 2-4　指标分解预测过程

在省、自治区、直辖市范围内，有很多影响目标指标分解的因素，应综合考虑对整个省、自治区、直辖市区域社会经济和水环境发展有较大影响的因素。指标选取时，应遵循以下原则：

（1）系统协调性。经济、社会、水环境构成协调统一的整体，选取的指标应尽可能地综合反映影响区域整体发展的重要因素。

（2）综合性原则。在指标筛选过程中尽量选取带有共性的指标和组合指标，而少用单一指标，以便深刻反映区域内空间结构、产业布局、水环境等实际情况。

（3）代表性原则。影响分解指标的因素有很多，而且各因素之间往往存在信息的重叠，因此应选那些信息尽量重复少、相对独立的、有代表性的指标。

（4）可操作性原则。指标内容应简单明了，来源可靠，容易理解，在评价区域内具有可比性。

2.4.1.2　分解思路和技术路线

（1）经济社会指标分解思路和技术路线。以李嘉图模型和赫克歇尔—俄林模型为理论基础，根据各地区的资源禀赋差异，构建区域产业结构预测模型。但这两个理论的分析框架都假设不同地区同产业有相同的增长速度，这一假设不符合我国的区域发展特性，因此，需要对模型各区域产业结构参数进行调整，具体调整步骤如下：

➤ 根据全国增加值未来增速和 2007 年各地区增加值计算未来主要年份增加值 X_{it}，以此作为初始值，其中 i 表示地区代码，t 表示年份；

➤ 根据资源禀赋、各类发展规划和近年表现调整未来年份增加值，调整量为 ΔX_{it}，即同初始值相比的增减量，具有优势的地区为正数，优势逐步消失的为负数；

➤ 将调整的数据向不同地区分配，为保证各地增加值相加之后同全国水平一致约束条件为：

$$\Sigma \Delta X_i = 0$$

➤ 得到调整后的未来年份增加值，以此重新计算该产业在不同年份的增长速度。

（2）水环境指标分解思路和技术路线。权重确定方法主要有两种，即主观赋权法和客观赋权法。因两种方法各有优缺点，比较科学合理的做法是把主观赋权法和客观赋权法结合起来，确定权重，特别是把层次分析法和熵值法结合起来进行综合评价的研究较多。本书采用客观赋权法中的熵值法和均方差法，这是因为：

➤ 本书预测的指标较多，既有经济方面的指标，又有环境方面的指标。且是对 31

个省、自治区、直辖市进行各指标的分解，即有 31 个方案，让专家对 31 个方案的优缺点或大小进行模糊评价，难度较高，分出的结果可靠性也较差。因此，本书采取客观赋权法进行权重赋值。客观赋权法的方法又有好几种，需进一步对客观赋权法方法优缺点进行对比分析，选出适合本书科学、合理的赋权方法。

➤ 因子分析法和主成分分析法不适合本书：因这两种方法都是通过对有相互关系的多个指标进行降维，找到与各指标都有关系，且具有代表性的公共指标。利用方差进行权重赋值。这两种方法的局限性在于仅能得到有限的主成分或因子的权重，而无法有效获得各个独立指标的客观权重，而且当构成因子的指标之间相关度很低时，因子分析将不适用。本书只是对 31 个省、自治区、直辖市进行各指标分解，目标是利用简单、科学的指标作为权重赋值的依据。因此，利用因子分析法和主成分分析法会把简单问题复杂化，不是本书的出发点和目标，且可能存在赋权结果不科学的风险。

➤ 离差法计算过于粗糙和简单，利用这种方法赋权会有结果不合理的风险。

➤ 熵值法和均方差权值法是权重赋值中常用的两种方法，较为科学合理，本书拟采用此方法进行权值分解。因本书是对预测值进行权重赋值，而利用单一年份的数据进行权重赋值时，可能存在信息不完整、数据的波动和不准确性等问题，使得经数据挖掘得到的信息有可能偏离真实的结果。而且，预测值利用过去的权重进行分析，即使数据准确、信息完整，也不能反映趋势变化。因此，本书利用熵值法计算各种水环境指标的多年权值，然后采用趋势外推法，得到各指标预测年的权值。

2.4.2 国家—区域环境经济预测模型与方法

（1）国家—区域水资源需求量预测方法。用水量包括农业用水量、工业用水量、生活用水量以及生态用水量。本书以各省、自治区、直辖市农业用水量、工业用水量、生活用水量和生态用水量作为影响各省、自治区、直辖市用水量的因子，采用熵值法，进行分解。具体分解的步骤如下。

➤ 原始数据矩阵归一化：设 m 个评价指标 n 个评价对象的原始数据矩阵 $A = (a_{ij})_{m \times n}$，设第 j 个指标下的第 i 个省的指标值权重为 P_{ij}，则归一化公式：

$$P_{ij} = \frac{r_{ij}}{\sum_{i=1}^{31} r_{ij}}, \quad j = 1, 2, 3, 4$$

➤ 定义熵：在有 m 个指标，n 个被评价对象的评估问题中，第 i 个指标的熵为：

$$h_j = -\frac{1}{\ln n} \sum_{j=1}^{n} f_{ij} \ln f_{ij}$$

式中：$f_{ij} = r_{ij} / \sum_{j=1}^{n} r_{ij}$

经计算 2007 年农业用水量、工业用水量、生活用水量以及生态用水量的熵值分别为 3.134、2.99、3.172、2.757。

➢ 定义熵权：记 $e_j = \dfrac{1}{\ln m} E_j (j=1,2,3,4)$，第 j 个指标的客观权重为：

$$\theta_j = \frac{1-e_j}{\sum\limits_{j=1}^{4}(1-e_j)}, \quad j=1,2,3,4$$

求得农业用水量、工业用水量、生活用水量以及生态用水量 4 个指标的客观权重为：(0.1768, 0.2643, 0.1559, 0.4030)。按照以上指标权重，利用以下公式，分别计算 2007 年、2006 年、2005 年、2004 年和 2003 年的各省份用水量综合指数，结果见表 2-32。

$$K_i = \sum_{j=1}^{4} P_{ij} \cdot \theta_j, \quad i=1,2,\cdots,31$$

利用这 5 年的综合指数值，建立基于时间序列的综合评价指数的回归预测模型，通过回归预测计算 2010 年、2015 年、2020 年和 2030 年的各省份用水量。

表 2-32　各省、自治区、直辖市用水量指标综合指数（2003—2007 年）

省　份	2003 年	2004 年	2005 年	2006 年	2007 年
北　京	0.011	0.011	0.010	0.012	0.015
天　津	0.004	0.005	0.005	0.005	0.005
河　北	0.017	0.028	0.028	0.023	0.025
山　西	0.007	0.008	0.008	0.008	0.008
内蒙古	0.015	0.015	0.038	0.043	0.039
辽　宁	0.011	0.018	0.019	0.023	0.024
吉　林	0.009	0.023	0.017	0.018	0.017
黑龙江	0.040	0.028	0.042	0.027	0.027
上　海	0.030	0.033	0.029	0.029	0.025
江　苏	0.142	0.136	0.086	0.107	0.128
浙　江	0.098	0.098	0.087	0.078	0.073
安　徽	0.021	0.026	0.031	0.033	0.034
福　建	0.026	0.027	0.028	0.028	0.029
江　西	0.024	0.027	0.027	0.026	0.031
山　东	0.027	0.028	0.029	0.031	0.032
河　南	0.034	0.041	0.040	0.041	0.043
湖　北	0.025	0.028	0.030	0.030	0.032
湖　南	0.038	0.049	0.049	0.049	0.047
广　东	0.081	0.081	0.080	0.077	0.081
广　西	0.043	0.042	0.045	0.045	0.051
海　南	0.007	0.004	0.004	0.004	0.004
重　庆	0.010	0.012	0.013	0.014	0.014
四　川	0.032	0.032	0.033	0.034	0.032
贵　州	0.012	0.013	0.015	0.015	0.014
云　南	0.016	0.017	0.017	0.017	0.021
西　藏	0.004	0.002	0.002	0.002	0.002
陕　西	0.007	0.011	0.011	0.012	0.011
甘　肃	0.010	0.010	0.024	0.024	0.021
青　海	0.004	0.004	0.004	0.004	0.004
宁　夏	0.006	0.007	0.007	0.007	0.008
新　疆	0.189	0.138	0.143	0.136	0.106

表 2-33　各省、自治区、直辖市用水量指标分解综合指数预测结果

省　份	2010 年	2015 年	2020 年	2030 年	省　份	2010 年	2015 年	2020 年	2030 年
北　京	0.014	0.015	0.015	0.016	湖　北	0.033	0.034	0.035	0.037
天　津	0.005	0.005	0.005	0.005	湖　南	0.052	0.055	0.056	0.058
河　北	0.028	0.030	0.031	0.032	广　东	0.078	0.077	0.076	0.075
山　西	0.009	0.009	0.009	0.009	广　西	0.050	0.051	0.052	0.054
内蒙古	0.051	0.060	0.066	0.073	海　南	0.003	0.003	0.002	0.002
辽　宁	0.027	0.031	0.033	0.036	重　庆	0.015	0.016	0.017	0.018
吉　林	0.021	0.023	0.024	0.026	四　川	0.033	0.033	0.033	0.033
黑龙江	0.024	0.021	0.018	0.015	贵　州	0.016	0.016	0.017	0.017
上　海	0.026	0.024	0.023	0.022	云　南	0.020	0.020	0.021	0.021
江　苏	0.098	0.088	0.081	0.072	西　藏	0.002	0.001	0.001	0.001
浙　江	0.069	0.060	0.055	0.047	陕　西	0.013	0.014	0.015	0.016
安　徽	0.038	0.042	0.044	0.047	甘　肃	0.028	0.032	0.035	0.039
福　建	0.029	0.030	0.031	0.031	青　海	0.004	0.004	0.004	0.004
江　西	0.031	0.032	0.033	0.035	宁　夏	0.008	0.009	0.009	0.009
山　东	0.033	0.034	0.034	0.035	新　疆	0.100	0.086	0.077	0.067
河　南	0.045	0.047	0.048	0.050					

（2）国家—区域废水和污染物预测方法。因"十一五"期间还未将农业废水和污染物纳入环境统计范围，本书只对工业和生活产生的废水和污染物进行分解。农业产生的废水和污染物直接以省为行政单元进行预测计算。

工业生产和生活产生的污染物主要有 COD 和 $NH_3\text{-}N$，需要分解 COD 和 $NH_3\text{-}N$ 的产生量、去除量和排放量。因产生量是去除量和排放量的总和，因此，本书只对去除量和排放量进行了分解。本书采用均方差法，分别计算了 1997—2008 年 31 个省、自治区、直辖市废水排放量、COD 去除量和排放量、$NH_3\text{-}N$ 去除量和排放量的综合指数。具体分解的技术路线如下：

➤ 对数据进行无量纲化处理：

$$z_{ij} = (e_{ij} - e_{\min}) / (e_{\max} - e_{\min}) \quad (i = 1, 2, \cdots, 31; \ j = 1, 2)$$

➤ 计算出废水排放量、COD 和 $NH_3\text{-}N$ 排放量和去除量的均值：

$$E(e_j) = \frac{1}{31} \sum_{i=1}^{31} z_{ij} \quad (i = 1, 2, \cdots, 31)$$

➤ 计算出废水排放量、COD 和 $NH_3\text{-}N$ 排放量和去除量的方差：

$$D(e_j) = \sqrt{\sum_{i=1}^{31} \left[z_{ij} - E(e_j) \right]^2 / 31} \quad (i = 1, 2, \cdots, 31)$$

➤ 计算出工业和生活废水排放量的权系数：

$$W(e_j) = \frac{D(e_j)}{\sum_{j=1}^{2} D(e_j)}$$

➤ 进行多指标决策：

$$k_i = \sum_{j=1}^{2} z_{ij} \cdot W(e_j) \quad (i = 1, 2, \cdots, 31)$$

利用上述方法，分别计算 1998—2007 年的各省、自治区、直辖市废水排放量和 COD、NH$_3$-N 等排放量和去除量的综合指数。同时，为反映未来各省份废水变化趋势，利用各省份 1997—2008 年的 COD 和 NH$_3$-N 的去除量和排放量的综合指数，建立基于时间序列的综合评价指数的回归预测模型，利用回归预测，计算 2010 年、2015 年、2020 年和 2030 年废水和污染物的权值。预测年份污水排放量和污染物去除量和排放量综合指数如表 2-34，表 2-35，表 2-36 所示。

表 2-34　各省、自治区、直辖市废水排放量分解综合指数预测结果

省　份	2010 年	2015 年	2020 年	2030 年	省　份	2010 年	2015 年	2020 年	2030 年
北　京	0.017 9	0.017 2	0.016 7	0.015 9	湖　北	0.042 2	0.040 0	0.038 4	0.036 3
天　津	0.010 7	0.010 8	0.010 8	0.010 9	湖　南	0.044 7	0.043 3	0.042 3	0.040 7
河　北	0.041 9	0.042 5	0.042 9	0.043 5	广　东	0.114 6	0.115 0	0.115 2	0.115 5
山　西	0.032 7	0.033 6	0.034 2	0.035 1	广　西	0.052 2	0.054 2	0.055 8	0.058 0
内蒙古	0.010 4	0.010 2	0.010 1	0.010 0	海　南	0.005 9	0.005 9	0.005 9	0.005 9
辽　宁	0.037 3	0.034 9	0.033 2	0.030 6	重　庆	0.030 5	0.031 4	0.032 1	0.033 0
吉　林	0.015 4	0.014 4	0.013 6	0.012 5	四　川	0.049 6	0.050 0	0.050 3	0.050 7
黑龙江	0.020 7	0.019 4	0.018 4	0.016 9	贵　州	0.008 9	0.008 2	0.007 7	0.007 0
上　海	0.033 9	0.031 3	0.029 3	0.026 4	云　南	0.014 6	0.014 2	0.014 0	0.013 6
江　苏	0.102 7	0.105 8	0.108 1	0.111 5	西　藏	0.000 4	0.000 4	0.000 3	0.000 3
浙　江	0.066 0	0.068 8	0.070 9	0.074 0	陕　西	0.015 5	0.015 4	0.015 2	0.015 0
安　徽	0.029 3	0.028 6	0.028 1	0.027 3	甘　肃	0.006 7	0.006 0	0.005 5	0.004 8
福　建	0.043 9	0.046 2	0.049 0	0.052 2	青　海	0.003 0	0.003 0	0.003 0	0.003 0
江　西	0.023 2	0.023 1	0.023 1	0.023 0	宁　夏	0.006 7	0.007 2	0.007 6	0.008 1
山　东	0.054 7	0.054 4	0.054 2	0.053 9	新　疆	0.011 2	0.011 1	0.011 1	0.011 0
河　南	0.052 7	0.052 9	0.053 0	0.053 2					

表 2-35　各省、自治区、直辖市 COD 排放量分解综合指数预测结果

省　份	2010 年	2015 年	2020 年	2030 年	省　份	2010 年	2015 年	2020 年	2030 年
北　京	0.005 7	0.005 1	0.004 6	0.004 0	湖　北	0.040 5	0.039 2	0.038 2	0.036 6
天　津	0.008 1	0.007 6	0.007 2	0.006 7	湖　南	0.064 7	0.067 8	0.070 1	0.073 7
河　北	0.050 9	0.049 4	0.048 2	0.046 5	广　东	0.067 4	0.067 9	0.068 2	0.068 5
山　西	0.026 5	0.025 9	0.025 5	0.024 8	广　西	0.095 6	0.100 3	0.103 6	0.108 4
内蒙古	0.023 4	0.024 3	0.024 9	0.025 8	海　南	0.005 2	0.005 1	0.005 1	0.005 0
辽　宁	0.042 3	0.041 0	0.040 1	0.038 7	重　庆	0.020 5	0.020 8	0.021 1	0.021 4
吉　林	0.028 7	0.028 4	0.028 2	0.027 8	四　川	0.063 2	0.063 0	0.062 8	0.062 4
黑龙江	0.032 7	0.031 9	0.031 3	0.030 4	贵　州	0.011 6	0.010 9	0.010 4	0.009 7
上　海	0.016 3	0.015 3	0.014 7	0.013 7	云　南	0.018 8	0.017 6	0.016 7	0.015 4
江　苏	0.064 6	0.067 0	0.068 8	0.071 4	西　藏	0.000 6	0.000 6	0.000 6	0.000 5
浙　江	0.043 8	0.043 2	0.042 8	0.042 0	陕　西	0.026 3	0.026 8	0.027 1	0.027 5
安　徽	0.029 6	0.029 2	0.028 9	0.028 4	甘　肃	0.011 6	0.011 9	0.012 2	0.012 5
福　建	0.024 7	0.025 1	0.025 4	0.025 8	青　海	0.004 7	0.005 4	0.005 9	0.006 8
江　西	0.030 2	0.031 0	0.031 7	0.032 5	宁　夏	0.013 2	0.014 0	0.014 6	0.015 6
山　东	0.051 6	0.047 3	0.044 3	0.040 1	新　疆	0.023 8	0.025 3	0.026 6	0.028 4
河　南	0.053 3	0.051 7	0.050 4	0.048 6					

表 2-36　各省、自治区、直辖市 NH_3-N 排放量分解综合指数预测结果

省 份	2010 年	2015 年	2020 年	2030 年	省 份	2010 年	2015 年	2020 年	2030 年
北 京	0.005 2	0.004 3	0.003 7	0.003 0	湖 北	0.051 1	0.048 2	0.046 2	0.043 5
天 津	0.012 2	0.012 7	0.013 1	0.013 6	湖 南	0.081 3	0.083 9	0.085 6	0.088 0
河 北	0.050 4	0.047 2	0.045 0	0.042 0	广 东	0.059 3	0.061 5	0.063 0	0.065 1
山 西	0.035 2	0.037 1	0.038 4	0.040 3	广 西	0.069 1	0.072 5	0.074 8	0.077 9
内蒙古	0.024 1	0.025 1	0.025 7	0.026 6	海 南	0.004 6	0.004 9	0.005 2	0.005 5
辽 宁	0.043 7	0.042 4	0.041 5	0.040 2	重 庆	0.022 7	0.022 7	0.022 7	0.022 6
吉 林	0.018 3	0.017 6	0.017 0	0.016 3	四 川	0.047 4	0.045 0	0.043 3	0.040 9
黑龙江	0.034 3	0.036 2	0.037 6	0.039 5	贵 州	0.009 8	0.009 9	0.009 9	0.009 9
上 海	0.017 1	0.016 8	0.016 5	0.016 2	云 南	0.012 7	0.012 8	0.012 9	0.012 9
江 苏	0.055 2	0.056 5	0.057 4	0.058 6	西 藏	0.000 6	0.000 7	0.000 7	0.000 7
浙 江	0.044 8	0.039 6	0.036 3	0.032 1	陕 西	0.018 9	0.020 4	0.021 4	0.022 7
安 徽	0.042 0	0.041 6	0.041 2	0.040 7	甘 肃	0.025 3	0.024 7	0.024 2	0.023 6
福 建	0.025 8	0.025 7	0.025 6	0.025 4	青 海	0.004 6	0.005 4	0.005 9	0.006 7
江 西	0.024 4	0.026 0	0.027 2	0.028 9	宁 夏	0.010 9	0.010 9	0.011 0	0.011 0
山 东	0.055 1	0.052 5	0.050 7	0.048 1	新 疆	0.015 8	0.016 9	0.017 6	0.018 6
河 南	0.077 8	0.078 3	0.078 6	0.078 9					

2.4.3　国家—区域—流域水环境预测模型与方法

在国家—区域环境经济预测分解的基础上，进行国家—区域—流域水环境预测分解。具体分解步骤如下：

（1）以水利部完成的《流域综合规划》中各流域对不同省份的水资源供水量为基础，确定各个省份不同流域的水资源供给比例。

（2）以各个省份不同流域的水资源供给比例作为各省份向不同流域分解的权值。

（3）利用此权值与各省份的各种水环境预测结果相乘，得到各省份不同流域的各种水环境预测结果。

（4）加总相同流域的水环境预测结果，可得到各流域最终的分解结果。

2.5　水污染治理对社会经济影响模拟分析方法

本书主要采用环境经济投入产出模型和可计算的一般均衡模型（CGE），利用情景和政策模拟的方法对水污染治理的社会经济影响进行定量研究。

2.5.1　水环境—经济投入产出模型与方法

根据 2007 年经济投入产出表及废水排放和治理量编制 2007 年环境投入产出表，据此分析废水治理投资的影响。

为了研究污染治理的投资和运行成本对经济的贡献度，本书在现行的国民经济核算体系中将污染治理的投资和运行成本从现有的投入产出表中单独分离出来，建立水环境—经

济投入产出模型，研究污染治理投资及设施运行对经济的贡献和影响。

表 2-37　一般价值型投入产出模型

产出 投入	中间消耗	最终使用	进口	总产出
中间投入	x_{ij}	F_0		X_0
初始投入	V_0			
总投入	X_0			

（1）一般投入产出模型。现行一般价值型投入产出模型结构如表 2-37 所示，其一般模式可表示为：

$$X_0 = (I - A_0)^{-1} F_0$$

式中：X_0——包括了污染治理的投资和运行成本情况下的各行业总产出向量；

A_0——投入产出直接消耗系数矩阵；

F_0——包括了污染治理的投资和运行费用引发的最终需求向量。

（2）污染治理投资对经济的影响模型。环境投入—产出表首先采用简化表，在经济投入产出表基础上加上产污矩阵，在对治污部门的投入与治污量进行调查，根据产污量＝排污量＋治污量的平衡关系，将中间投入、最初投入分离出来，形成产业部门投入及排污量矩阵和治污部门投入及治污量矩阵。对于环境投入产出模型：产业部门中间使用＋治污部门中间使用＋最终使用＝总产出；生产部门产污量＋消费部门产污量＝总产污。

为了研究污染治理投资对经济的影响，将污染治理投资从投入产出模型中的固定资产投资中分离出来，再运行模型，即在减去污染治理投资的情况下，计算各行业增加值的变动及其增长率的变动等。计算式如下：

$$F_1 = F_0 - F_p, \quad F_p = p \cdot S$$

式中：F_1——减去污染治理投资后的最终需求向量（含乘数效应）；

F_p——污染治理投资引发的最终需求变动量向量；

p——污染治理投资额；

S——污染治理投资消费系数向量。

$$X_1 = (I - A_0)^{-1} F_1$$

式中：X_1——减去污染治理投资后的各行业总产出向量；

F_1——减去污染治理的投资引发的最终需求向量。

$$V_1 = X_1 \cdot \lambda, \quad \lambda = 1 - \sum_{i=1}^{n} a_{ij}^0, \quad \Delta V_1 = V_1 - V_0$$

式中：V_1——减去污染治理投资后的各行业增加值向量；

ΔV_1——污染治理投资引发的各行业增加值变动量向量。

$$W_1 = W_0 - W_p$$

式中：W_0——包括了污染治理的投资和运行费用的各行业从业者的从业收入向量；

W_1——减去污染治理投资后的各行业从业者的从业收入；

W_p——污染治理投资引发的各行业从业者的从业收入变动量向量。

$$G_1 = G_0 - G_p$$

式中：G_1——减去污染治理投资后的各行业折旧变向量；

G_p——污染治理投资引发的各行业折旧变动量向量。

$$T_1 = T_0 - T_p$$

式中：T_0——包括了污染治理的投资和运行的各行业利税向量；

T_1——减去污染治理投资后的各行业的利税向量；

T_p——污染治理投资引发的各行业的利税变动量向量。

$$T_p = \Delta V_1 - W_p - G_p$$

（3）污染治理运行费用影响分析模型。为了研究污染治理运行费用对经济的影响，将污染治理运行的消耗从投入产出模型中的部门中间消耗中分离出来，再运行模型，即在减去污染治理运行成本情况下，计算各行业增加值的变动及其增长率的变动等。其主要计算式：

$$a_{ij}^1 = a_{ij}^0 - a_{ij}^w$$

式中：a_{ij}^1——减去污染治理运行成本后的投入产出直接消耗系数；

a_{ij}^w——污染治理运行成本引发的投入产出直接消耗系数变动量。

$$a_{ij}^w = \frac{w_{ij}}{X_j}, \quad F_2 = F_0 - F_w$$

式中：w_{ij}——污染治理运行的中间消耗；

F_2——减去污染治理运行成本后的最终需求向量；

F_w——污染治理运行成本引发的最终需求变动量向量。

$$X_2 = (I - A_2)^{-1} F_2$$

式中：X_2——减去污染治理运行成本后的各行业总产出向量；

A_2——减去污染治理运行成本后的投入产出直接消耗系数矩阵。

$$V_2 = X_2 \cdot \lambda, \quad \lambda = 1 - \sum_{i=1}^n a_{ij}^1, \quad \Delta V_2 = V_2 - V_0$$

式中：V_0——包括了污染治理的投资和运行成本的各行业增加值向量；

V_2——减去污染治理运行成本后的各行业增加值向量；

ΔV_2——污染治理运行成本引发的各行业增加值变动量向量。

$$W_2 = W_0 - W_w$$

式中：W_2——减去污染治理运行成本后的各行业从业者的从业收入向量；

W_w——污染治理运行成本引发的各行业从业者的从业收入变动量向量。

$$G_2 = G_0 - G_w$$

式中：G_2——减去污染治理运行成本后的各行业折旧向量；

G_w——污染治理运行成本引发的各行业折旧变动量向量。

$$T_2 = T_0 - T_w$$

（4）投资乘数效应。乘数理论是宏观经济学中的重要内容，是由英国经济学家卡恩首创的，由凯恩斯加以变化和推广。卡恩提出的乘数是就业乘数，用以测度新增投资引起的就业增量与总就业量之比。凯恩斯在《就业、利息和货币通论》中提出了投资乘数理论，从定量分析角度说明投资增量与收入增量之间的量变关系。凯恩斯认为，由于消费需求不足而造成的总需求不足，只能靠投资来弥补，投资需求在多大程度上能起到拉动经济增长的作用主要取决于投资乘数，投资乘数从数量上表明了投资对经济增长的促进和推动作用。

投资乘数的基本理论

在经济萧条的时候，社会有效需求不足，采用扩张性财政政策可以引致国民收入成倍增加。当支出增加时，就要增加支出所产生的投资需要的生产资料的生产，从而可以增加就业，增加企业和工人的收入，企业和工人把这些收入再用于生产和生活消费，又转化为另一些企业和工人的收入。这是一种无穷递推的连锁反应过程，如此周而复始。投资支出的增加可导致收入的成倍增加和消费需求的成倍增加，并刺激生产，增加就业，从而引致总产出的成倍增加。在这里，增加投资或政府支出会使收入和就业若干倍增加的理论就是投资乘数理论。

投资乘数的计算

国民总收入或国民总支出包括5部分，即投资、消费、政府支出、出口和进口。

$$GDP = C + I + G + EM - IM$$

式中：GDP——国民总支出，或国民总收入；

C——居民消费；

I——投资；

G——政府支出；

EX——出口；

IM——进口。

从经济学的基本原理看，出口一般由外国的需求决定，是外生的。政府支出由税收收入决定，税收增加就会减少居民的收入，挤出居民消费。消费和进口由国民收入决定，而进口越多拉动国外的生产越多，带动国内的生产就少。这一模型被称为四部门乘数模型。在这一模型中，投资增加会引起消费增加，消费会进一步拉动生产增加，所以投资乘数在边际消费倾向的作用下进一步扩大国民总收入，从而使新增的国民收入数倍于该笔投资。而国民总收入增加后税收也会增加从而减少居民国内消费，减低了投资乘数，同时，国民总收入增加会增加进口，也会降低国民收入水平，也会降低投资乘数。所以，投资乘数主要取决于边际消费倾向、边际税率和边际进口倾向等因素。如果边际消费倾向越大，则一笔投资能够刺激更多的消费，投资乘数也就越大，国内生产总值增长就会更快；如果边际税率越大，可支配收入下降，消费会下降，一笔投资对经济增长的拉动作用就小，因此投资乘数较小；如果边际进口倾向越大，即国内收入的增量中用于进口的比例上升，进口国外商品的支出会增加，更多的国民收入将外流，投资乘数也会变小。

在两部门乘数模型中，假设不考虑政府支出、税收和进口的情况，国内生产总值就等于投资加消费，消费仅与国民总收入有关，与其他因素无关。在这种情况下，投资乘数是在一定的边际消费倾向下，新增加的一定量的投资经过一定时间后，可导致收入数倍增加，或导致国内生产总值的数倍增加。

投资乘数是边际消费倾向的函数，与边际消费倾向成正比。投资乘数 K 的计算公式是：

$$K = \Delta Y / \Delta I$$
$$= \Delta Y / (\Delta Y - \Delta C)$$
$$= 1 / (1 - \Delta C / \Delta Y) = 1 / (1 - c)$$

式中：ΔI——投资的变动；

ΔY——收入（国民收入）的变动；

ΔC——消费的变动；

c——边际消费倾向；

$\Delta C / \Delta Y$——边际消费倾向（消费增量/收入增量）。

在四部门理论乘数模型中，如果综合考虑国民经济核算关系以及现实经济情况中经济变量之间的复杂关系，难以利用简单的假设和算术方法推导出投资乘数，必须利用计量经济模型。

投资乘数效应的应用

在四部门理论乘数模型中，不能利用简单的假设和算术方法推导出投资乘数，需要利用计量经济模型的联立关系进行计算。首先估计理论模型中各主要经济变量之间的关系，形成由若干联立方程组构成的宏观计量经济模型，用于宏观经济指标的模拟和预测。该模型还可以用于计算关系较为复杂的投资乘数效应。基本方法是：在计量模型运行时，人为赋予投资指标一定的投资新增量（如增加环境治理投资 1 000 亿元），然后让模型迭代求解，在此条件下，可以计算得到一组新的各项指标模拟数据，将此数据与没有投资新增量情况下，模拟得到的一组模拟数据进行比较，各指标之间的差额，即为投资增量带给各指标的投资乘数效应。本书利用《中国环境经济计量模型》中的宏观经济计量模型，计算出增加单位（1 000 亿元）环境治理投资和环境运行费用之后，对经济总量（GDP、消费、就业和社会总产出等）的影响，也就是投资乘数。

2.5.2　水环境—经济 CGE 模型与方法

以 CGE（可计算的一般均衡模型）模型为核心，建立中国环境政策分析模型（Chinese Enviromental Policy Analysis Model，CEPA）模型来研究不同 COD 削减目标对社会经济的影响。

2.5.2.1　模型结构

本研究考虑了 35 个部门（农林牧副渔，煤炭开采和洗选业，石油开采业，天然气开采业，黑色金属矿采选业，有色金属矿采选业，非金属和其他矿采选业，食品制造及烟草加工业，纺织业，纺织服装皮革羽绒业，木材加工及家具制造业，造纸印刷文教用品制造业，石油加工及核燃料业，炼焦业，化学工业，非金属矿物制造业，黑色金属冶炼及压延加工业，有色金属冶炼及压延加工业，金属制品业，普通机械制造业，专用设备制造业，交通运输设备制造业，电气机械及器材制造业，通信计算机及其他电子制造业，仪器仪表及文化办公用机械制造业，工艺品及其他制造业，废品废料，电力、蒸汽、热水的生产和供应业，燃气生产和供应业，水的生产和供应业，建筑业，城市公共交通运输，其他交通及仓储业，商业饮食业，其他服务业），两类居民（城镇居民和农村居民），以及政府的经济行为，包括生产模块、收入模块、支出模块、投资模块、外贸模块、环境模块 6 个基本模块。

为了进一步分析对居民福利的影响，在模型建立后增添一个福利模块，该模块不参与模型的求解，而用于模型解出后计算居民福利。

模型以 2007 年投入产出表为基准，并将数据校准到 2010 年。

（1）生产模块。生产模块描述各部门的生产行为。

本模型假设各生产部门均进行"无联合生产"，即假设每个部门只生产一种产品，每种产品只能为一个部门所生产，部门与产品间是一一对应关系。

各部门的生产遵循多层嵌套的常替代弹性（Constant Elasticity of Substitute，CES）函数，在规模报酬不变的生产技术约束下按成本最小化法则进行要素需求和产品供给（或称成本定价）决策。各部门的投入品包括劳动力，资本，能源，以及其他中间投入品。

在生产函数第 1 层，部门总产出由各种中间投入品和资本—能源—劳动合成品通过 leontief 函数形式组合得到，即假设各种中间投入品之间，以及中间投入品与资本—能源—劳动合成品之间不可互相替代。该层各种投入品的投入比例为部门总产出的固定份额。

在生产函数第 2 层，本模型假设劳动力（L）、资本（K）、能源（E）以（K/E）/L 形式组合成资本—能源—劳动合成品，它认为能源与资本之间是"拟互补"的关系，能源的使用通常会伴有相应的设备等资本投入。而资本与劳动力之间，能源与劳动力之间，替代弹性比较大，资本或能源的使用往往会伴随对劳动力的替代。

生产函数第 3 层，资本—能源合成品由资本投入和能源合成品投入组合得到。

在生产函数第 4 层，由于电力的生产通常要消耗化石能源，电力与化石能源之间的替代弹性应小于化石能源内部的替代弹性，因此，能源合成品由电力投入和化石能源合成品投入组合得到。

在生产函数第 5 层，化石能源合成品由煤、石油、天然气 3 种化石能源组合得到。

（2）收入与消费模块。收入与消费模块用于描述国民收入的初次分配和再分配。

居民收入来自劳动收入和企业的利润分配。居民在向政府缴纳各项税、费后得到居民可支配收入。居民可支配收入一部分用于居民储蓄，另一部分用于对各种商品的消费。居民储蓄由居民可支配收入乘以边际储蓄倾向得到。本模型假设边际储蓄倾向为居民可支配收入的一个固定份额，不随居民收入的变化而变化，通过基期数据校准得到。居民对各种商品的消费用扩展的线性支出系统（Extended Linear Expenditure System，ELES）来描述。

企业收入由企业资本回报和政府向企业的转移构成。企业向政府交纳企业所得税后得到企业税后净利润。企业税后净利润一部分用于企业储蓄，另一部分作为利润分配转移给居民。

政府收入由各项税费（关税，生产间接税费，居民和企业直接税费）以及世界其他地区向各级政府的转移构成。政府支出主要用于政府消费，政府储蓄，政府对居民和企业的转移，以及出口补贴。政府购买用线性支出函数（Linear Expenditure System，LES）刻画。而政府储蓄是政府在一定时期内的财政收入与政府各项消费性财政支出的差额。

（3）贸易模块。根据 Armington 假设国内消费者将选择一组进口品与国产品按照常替代弹性（CES）函数所组成的复合商品，生产者选择一组出口品与国产品按照常转换弹性（CET）函数所组成的复合商品。进口需求函数通过对 CES 形式的成本函数最小化推导而来，出口供给函数通过对 CET 形式的收入最大化推导而来。

（4）投资模块。投资模块确定对作为资本品的各种商品的需求。模型将总投资分为固定资本投资和存货投资（流动资本投资）两部分。模型假设各部门的存货投资是该部门总产出的一个固定份额（该份额由基期数据校准得到）。用总投资减去存货投资总额得到固定资本投资总额。固定资本投资总额乘以由基期数据校准的分解系数得到各部门的固定资本投资额。再根据各部门的资本组成系数，即可将各部门的固定资本投资额转化为各种商品作为资本品的需求量。

（5）环境模块。环境模块确定废水、COD 排放量。本研究根据各部门的排放系数乘以相应的活动水平确定排放量。

（6）宏观闭合模块。模型的闭合是指划定模型边界，区分模型的内生变量和外生变量。本模型包括政府预算平衡，国际贸易平衡，储蓄-投资平衡 3 类闭合法则。

（7）均衡模块。在均衡模块中出清商品市场，以及劳动力和资本两个要素市场。

➢ 商品市场出清：指在国内市场上各部门商品的总供给等于对该部门商品的总需求。各部门商品的总供给为国内生产的产品与进口产品的 Armington 组合。各部门商品的总需求包括对该商品的中间需求与各类最终需求（居民消费需求、政府消费需求、资本品需求、库存需求）。

➢ 劳动力市场：考虑到我国劳动力供大于求的现实状况，本模型假设劳动力市场相对过剩，工资外生给定。

➢ **资本市场出清**：本模型假设资本市场在外来冲击下能达到充分调整，资本供给外生给定，通过相对资本回报率调整资本在不同部门间的分配。市场出清要求各部门资本需求总和等于外生给定的资本供给总量。

（8）福利模块。采用希克斯等价变动（Hicksian equivalent variation）来测算政策实施变化前后居民福利的变化。希克斯等价变动是以实施某项政策前的各种商品价格为基础，以支出函数测算该项政策实施前后的效用变化。

2.5.2.2　模型数据与参数确定

本模型数据来源的基础是社会核算矩阵（Social Accounting Matrix，SAM）。模型的参数分为外生参数和内生参数两类。外生参数来自现有的研究成果。内生参数则是通过将 SAM 表与模型方程相结合校准得到。

（1）SAM 表。CGE 模型的数据基础是社会核算矩阵（Social Accounting Matrix，SAM）。社会核算矩阵是以矩阵形式反映的国民核算体系（System of National Accounts，SNA），是一定时期内（通常为一年）对一国（或一个地区）经济的全面描述。它是投入产出表和国民收入账户的一个综合。投入产出表描述了国民经济各部门生产的投入来源和使用去向，揭示了各部门间经济技术的相互依存、相互制约的数量关系，侧重于对生产活动的刻画。国民收入账户描述各部门（政府、居民、企业、世界其他地区）的收入来源和支出，侧重于对经济中收入分配的刻画。SAM 表把两者结合起来整合到一张表上，全面反映整个经济系统内部生产和收入分配之间的关系。

首先根据 2007 年投入—产出表构建本模型的 SAM 表（总控制表），然后在这个总控制表的基础上进一步详细区分不同的生产部门和居民类型，就可以得到分解的 SAM 表。分解的 SAM 表包括了除外生参数外的所有数据。其中 SAM 表中的中间需求、居民消费、投资及劳动与资本（要素）收益等数据直接来源于投入产出表。商品进出口数据依据海关的数据按照分解的 SAM 表中划分的部门进行汇总。进口税依据海关的进口数据推算。2007 年中国宏观 SAM 表，如表 2-38 所示。

表 2-38　2007 年中国宏观 SAM 表　　　　　　单位：万元

商品类别	商品	劳动	资本	居民	企业	政府	投资	生产间接税	关税	世界其他地区
商品	552 815			96 552.6		35 190.9	110 919		5635	95 541
劳动	110 047									
资本	117 478									
居民		110 047	8 093.2		23 611.4	16 378.43				2 892.63
企业			111 007.9			277.54				
政府				3 504.14	8 779.25			42 293.31	1 432.57	236 390.3
投资				60 966.2	78 894.78	234 918				−263 859
生产间接税	42 293.31									
关税	1 432.57					5 635				
世界其他地区	72 588		−1 623.3							

（2）参数估计。模型的参数分两类，一类参数的值可以利用社会核算矩阵，通过校准的方法求得，一类参数的值需要外生给定。

> 参数的校准：所谓模型参数的校准是利用已经构造好的社会核算矩阵中的数值，代入模型方程，求得方程中的参数。

> 外生参数：本模型中外生参数包括生产函数中各部门劳动与资本的替代弹性、贸易模块中各部门进口品与国产品的替代弹性、出口与国内消费的转换弹性和各部门资本回报率扭曲系数与工资的扭曲系数。其中贸易模块 CES 函数中的进口品与国产品的替代弹性、CET 函数中出口与国内消费的转换弹性和各部门的工资与资本回报率的扭曲系数参考相关参考文献，并经过调整得到。

第 3 章 国家经济—水资源—水环境预测数据来源和处理

经济—水资源—水环境预测系统需要经济系统和水环境系统等多个系统的数据支撑，所需数据量大，数据来源庞杂，很多数据需要进行预处理。因此，本章将对本书预测所需的各种数据来源一一列举，并对进行预处理的数据进行详细说明。

3.1 经济—水资源—水环境预测数据来源

（1）经济社会数据。模型所用的原始数据来源于中国统计年鉴、工业年报、1987年、1992年、1997年、2000年、2005年投入产出表。部分数据来自国家统计局的专门调查资料。

（2）水资源数据。模型预测所需水资源数据来自2001—2007年《中国统计年鉴》《中国农业统计年鉴》《中国畜牧业年鉴》《中国环境统计年鉴》《中国国土资源年鉴》《中国渔业统计年鉴》《中国城镇建设统计年鉴》、国家统计局的专题数据库，以及历年水资源公报等，所涉及的指标包括：农业、工业、生活和生态用水量、耕地面积、旱/水/园地面积、有效灌溉面积、复种指数、农作物播种面积、亩均灌溉用水系数、畜禽养殖当年出/存栏数、规模化养殖比例、畜禽单位用水系数、工业和城镇用水重复利用率等。

（3）废水产生排放数据。模型预测所需废水产生排放量数据主要来自1998—2008年的《中国环境统计年报》《中国环境统计年鉴》《中国城镇建设统计年鉴》《中国农业年鉴》《中国统计年鉴》，以及全国第一次污染源普查资料，所涉及的指标主要包括42个经济部门以及来自于生活的废水及主要污染物的产生量和排放量、污染物削减量、污水处理率、工业废水回用率、城镇污水管网普及率、畜禽养殖当年出/存栏数、规模化畜禽养殖比例、畜禽的单位废水产生系数、畜禽的单位污染物排泄系数、畜禽污染物处理利用率、畜禽污染物流失系数、农田的污染物源强系数、水田、旱地和园地面积、化肥施用量等；其他辅助性数据主要来源于世界粮农组织、世界银行网站、相关文献，所涉及的指标包括：世界主要国家各种肉类、牛奶和鸡蛋的人均年消费量、世界主要国家的人均PPP、化肥利用率、种植业的生产耗水系数。

（4）治理支出数据。模型预测所需治理成本相关原始数据主要来自2001—2007年的《中国环境统计年报》《中国环境统计年鉴》，以及全国第一次污染源普查资料等，所涉及的主要指标包括：废水处理量、废水设计处理能力、废水实际处理能力、工业废水治理投资、工业和城镇生活废水治理运行费用、污染物去除率、处理设施正常运转率，规模化畜禽养殖、工业以及城镇生活单位废水和污染物处理成本为"水专项"主题 6 项目一课题 2 的研究成果。

（5）社会—经济影响研究基础数据。社会—经济影响研究基础数据主要是 2000 年和 2005 年的投入产出表。

3.2 经济—水资源—水环境预测数据预处理

3.2.1 经济社会数据

（1）根据所确定的模型的部门分类，对 1987 年、1992 年、1997 年、2000 年和 2005 年投入产出表进行对应的部门归并处理，得出按模型部门分类的总产出、城乡居民消费、社会消费、固定资产投资、库存变动、出口、进口、增加值及其组成部分折旧、劳动者报酬、税金、企业盈余和直接消耗系数矩阵。

（2）对于按模型部门分类的总产出、增加值等时间序列数据，首先根据统计年鉴上的有关资料，或直接地（对农业、建筑业和大部分工业部门），或间接地（对部分工业部门和第三产业部门）产生口径基本一致的 1980—2002 年的时间序列。

（3）针对 1987 年、1992 年、1997 年、2000 年和 2005 年编表年份的投入产出表所反映的居民消费、投资、库存、出口、进口以及国内生产总值（等于最终需求之和）的各部门汇总数据与统计年鉴上对应数据不一致的问题，采取把投入产出表上的对应数据调整到统计年鉴口径，内部结构保持不变的处理办法。这样做的基本考虑是：既保持有计量经济方法建立动态模型所需时间序列数据的一致性，又充分利用投入产出表所提供的大量、丰富的结构信息。

（4）统计年鉴上的固定资产投资数据是按投资者或者说投资品的购买者分类的。而投入产出表上最终需求中的投资列向量是按投资品的构成分类。为解决这个问题，模型采用"桥矩阵"的技术来实现不同分类之间数据的转换，我们利用了国家统计局提供的投资转换矩阵进行转换。

（5）对于按部门分类的总产出的价格指数时间序列，统计年鉴上只有 15 大类的工业品出厂价格指数。对此，农业部门的总产出价格指数时间序列，直接取现价和不变价产值的比；工业部门的总产出价格指数时间序列，取其所属的大类工业部门的工业品出厂价格指数作为替代；建筑业、交通邮电业和商业的总产出价格指数时间序列，根据这些部门的增加值及其增长指数加工得出，其他部门的总产出价格指数时间序列，用第三产业的增加值及其增长指数加工得出的第三产业总产出价格指数时间序列代替。

（6）投入产出表直接消耗矩阵在多部门模型中起着十分重要的作用。从统计数据的角度看，只有 1987 年、1992 年、1997 年、2000 年和 2005 年的投入产出表，从模型运行的角度看，必须要有对应于每个年份的不同 A 矩阵，我们运用 RAS 法和专家调查法产生模型样本期所需的各年的矩阵。

3.2.2　环境相关数据

鉴于环境相关数据可能来自不同的管理部门统计而且各统计口径的尺度有所差别，为此在使用这些数据之前必须对其进行加工，即预处理过程。为了建立社会—经济—水资源—水环境系统，按照预测需要，对所收集数据统一统计口径，在数目不一致的情形下一般以中国统计年鉴所采用的数据为准，同时比较相邻年份同一指标的变化情况，对于异常数据将其剔除，同时若部分指标难以收集或者数据缺失，采用前后年份相应指标数据插值获得，从而保证预测基准数据的完整性。

（1）种植业水资源与环境相关数据的处理。种植业的各种污染物源强系数是通过第一次污染源普查结果计算所得，即通过汇总相应地理区域（各省、自治区、直辖市）的污染物产生排放量，然后逆推对应的不同省份的污染物源强系数参数指标值。进一步检查各省份不同污染物源强系数，对那些污染物源强系数明显不合理的省份，通过相邻省份的污染物源强系数对其进行矫正。

（2）规模化畜禽养殖水资源与环境相关数据的处理。规模化畜禽养殖的各种污染物排泄系数也是通过第一次污染源普查结果计算所得。通过检查各省、自治区、直辖市不同污染物排放系数，对那些异常的污染物排泄系数，利用相邻省份污染物排泄系数的均值对其进行矫正。同时，在预测畜禽养殖量时，需要中国各种畜禽肉类的消费量，因统计年鉴中农村和城市的人均肉类消费量与世界粮农组织给出的我国人均食物消费量差别较大。本书通过我国各种肉类生产量与出口量之差，作为我国各种肉类的消费量，对我国畜禽养殖量进行预测。

（3）工业和城镇生活水资源与环境相关数据的处理。为确保工业水资源与环境情景预测的精度，建模前对环统数据进行了核查筛选，以避免或尽量降低离群值对模拟工作的影响。主要针对污染物排放量、去除量和产生量指标、资源利用消耗类指标以及污染治理成本指标进行审核，具体审核内容包括 4 种类型：①总量指标，通过年际数据对比进行审核；②环境绩效类指标，包括单位污染物治理成本、万元工业总产值污染物排放强度、城镇和农村生活水污染物产生强度，污染物排放浓度和污染物去除率 4 类指标；③资源利用类指标，主要指万元工业总产值用水量，城镇和农村生活人均用水量；④污染治理投入类指标，主要指废水治理设施运行费用占工业总产值的比例。绩效类指标利用年际对比和上下阈值法进行审核。筛选的方法主要有：一是纵向对比法，主要针对总量指标，通过本年数据与往年的变化幅度来判断数据填报是否异常；变化幅度通过数据分布情况综合判定。二是通过数据分布的统计检验来判断，采用绩效类指标如单位工业总产值污染物排放/产生强度、污染物去除率、单位污染物治理成本、污染物排放浓度、城镇和农村生活水污染物产生强度等，对各项指标数据进行统计分析，则呈现一定的分布规律性，借助统计工具能够将其中的离群值筛选出来，并确定上下阈值，结合经验判断完成正确数据的筛选。

3.3　经济—水资源—水环境预测数据范围说明

本次预测所收集的数据时间尺度为 1998—2008 年，地理尺度覆盖全国 31 个省、自治区、直辖市（未包含港澳台）；时间精度以一年计，地理精度以省、自治区、直辖市行政区划范围定。鉴于本书开展国家—区域—流域中长期社会经济与水环境综合预测需要，流域尺度的地理覆盖范围需要精确界定，具体包括覆盖我国全境的主要水系，即：长江水系、黄河水系、珠江水系、松花江水系、淮河水系、海河水系、辽河水系、东南诸河以及西南和西北诸河。

第4章　国家经济—水资源—水环境总体预测

本章将分情景对国家经济—水资源—水环境系统进行预测。经济系统按一种情景进行预测，水资源、水环境分高、中、低三种情景进行预测。经济系统预测在对"十一五"我国经济社会发展形势进行分析的基础上，对"十二五"经济发展趋势进行了判断，具体对人口、GDP、39个行业的增加值进行了预测。水资源系统预测通过农业需水量、工业需水量、生活需水量分情景预测后，对我国2010—2030年中长期水资源需求的总体形势进行了分析。水环境系统从水环境产生压力和排放压力两个方面进行预测。具体对废水、COD、NH_3-N、TN、TP等内容进行预测。在上述预测的基础上，本章还对废水治理支出费用进行了预测。

4.1　经济社会发展预测结果

4.1.1　"十一五"末期经济社会发展形势

（1）宏观经济"车行爬坡、踏实健进"，但发展状态尚不稳定。"十一五"后两年全球经济还将面临前所未有的考验，受世界经济短期内难以恢复、中国经济结构性调整、出口需求锐减等因素的影响，我国经济运行将进入调整期。随着积极因素进一步增多，经济向上的动力进一步增强，企稳回升的趋势进一步发展。但企稳回升基础尚不牢固，经济运行仍然面临多重困难，如增长速度仍然较低，物价仍处下行通道，产能过剩问题显现，经济中的泡沫重又抬头，投资和消费失衡等，经济出现反复的可能性还较大。

综合各方面因素，预计2009年、2010年经济低位增长，"保八"的经济增长目标基本可以实现，GDP增长速度分别为8%和8.5%左右，GDP总量将分别达到32.5万亿元和35.2万亿元。第二产业占GDP比重基本保持不变（维持在47%～48%），第一产业比重将有所下降，第三产业比重有所上升。2009年，第二产业增加值将达到15.9万亿元，占GDP的比重约为47.8%，比2008年下降约0.8个百分点。2010年，第二产业增加值为18.5万亿元，占GDP的比重约为48.5%，比2009年上升约0.7个百分点。

2009—2010年的工业调整将以重工业调整为核心，是本轮调整的一个突出特点。近几年来我国处于重化工业加速发展时期，重化工业快速增长成为国民经济增长的重要推动力量。经济进入调整期以来，前期高速成长的重化工业产能过剩矛盾更加突出，2008年重工业增速下调幅度是轻工业的2.7倍。重化工业由于产业迂回链条长，增速或减速的惯性大，调整所需要的时间更长。但随着 4 万亿元投资计划的跟进，重化工业产能将重新扩张，产业结构调整面临较大的不确定性。

从三大需求对经济增长的贡献来看，2009 年上半年在 GDP 增长的三大需求中，最终消费对经济增长的贡献率为 53.4%，拉动 GDP 增长 3.8 个百分点；投资对经济增长的贡献率为 87.6%，拉动 GDP 增长 6.2 个百分点；净出口需求对经济增长的贡献率为−41%，下拉 GDP 增长−2.9 个百分点。随着 4 万亿元投资计划和十大产业振兴规划的实施，2009 年下半年到 2010 年，投资仍将是经济增长的主要贡献者，预计对经济增长的贡献率保持在 80% 以上；出口需求将稳步回升，将逐步由负增长转为正增长；消费需求将保持稳步加快的增长态势。

（2）经济形势变化和宏观经济政策取向将对环境产生较大影响。一是从近期看，全球金融危机、经济增速减缓对污染减排工作有利。受全球工业生产萎缩的影响，国内需求、出口贸易下降，许多地区，特别是长三角、珠三角等经济发达地区，很多企业面临生产经营困难。另外，一些基础性工业原材料资源和初级产品，如钢铁等需求在下降，出口降幅进一步加大。进入 2009 年后，我国工业原料和半成品的出口量急剧下降。其中，2009 年 1—2 月，化肥出口下降 55.4%，煤出口下降 41.6%，焦炭出口下降 93.9%，钢坯及粗锻件出口下降 98.9%，钢材下降 52%，未锻轧铝下降 68.2%。由于国内实体经济也受到一定冲击，国内电力负荷也出现需求连续下降趋势，从这个角度看，近期内，金融危机在客观上对减排有利，资源环境压力在短期内得到一定程度的缓解。二是从中长期看，国家 4 万亿元投资计划及十大产业振兴规划的实施及其预定目标"保增长"、"调结构"、"促转型"能否实现等宏观经济政策取向，将对环境的影响产生较大的不确定性。如果地方产业发展仍是低水平重复路线、高污染高能耗产能仍旧上马，或者宏观经济形势不好，企业的经营状态、利润水平不高，而环保部门项目审批中面临的压力较大，一旦把关不住，环保可能成为一些地方和企业发展牺牲的第一块内容，中长期可能会产生更大的污染压力，并对未来可持续发展造成较大的不利影响。

同时，中西部地区因东部产业梯度转移可能承受较大的环保压力。受金融危机影响最大的是珠三角、长三角等经济发达地区那些外贸依存度较高的外向型企业，包括了一些国际产业分工链条低端的加工制造、化工业以及一些劳动密集型的资源型产业企业。这些企业是我国出口贸易"资源环境逆差"的主要"贡献者"，这些企业的退出和转型，不仅加大了落后产能淘汰的力度，也在客观上减少了我国产业结构调整和转型的阻力，客观上形成了经济结构调整的有利时机。但是，随着金融危机的蔓延，同时由于劳动力成本上升等因素影响，东部沿海经济发达地区不少行业企业正加速向中西部地区转移。由于西部生态环境总体较敏感、脆弱、恢复能力差，可能这种影响对中西部生态环境造成深层次的扰动。

另外，企业污染治理设施的正常运行风险凸显，环境监管的压力加大。在新的宏观经济政策下，部分地方已出现放松对企业环境监管的现象，企业治污设施投资及运行费用减少。在当前经济形势下，企业为保利润治污设施运行不足的问题日益凸显，达标率有进一步下降的风险，尤其是中小企业治污设施正常运行的压力加大，利润下降导致中小企业治理积极性下降，污染治理设施和减排工程运行不足问题凸显，偷排漏排的现象增加。部分企业已经出现放松环境管理的现象，有的为保生产减少污染治理设施运行费用，有的环保设施时开时停，达标排放难以保证，生产不正常的企业难以保证污染处理设施同步运行。

4.1.2 "十二五"经济社会发展趋势

改革开放以来，我国经济社会发展取得了巨大成就。1978—2007年年均增长9.8%，2008年完成国内生产总值300 760亿元，按可比价计算，增长9%，虽然增长速度低于1978—2007年，但与其他国家相比，中国经济增长速度仍保持较快水平。面对未来，中国具有较好的资金、劳动力、技术条件和广阔的国内市场。同时，也面临着世界金融危机影响尚未见底、国际需求大幅萎缩、资源环境压力大、经济发展不平衡、人口老龄化，以及国际政治经济环境不确定因素增加等重大挑战。

受国内外经济调整周期的影响，"十二五"中国经济增速将低于前期的预测水平。总体上看，这一时期我国经济仍将处于工业化和城市化"双快速"发展阶段，以住房、汽车为主的居民消费结构升级带动产业结构优化升级，工业化快速发展并带动城市化快速推进。工业占GDP比重由2008年的42%上升至2015年的43.3%，重工业比重不断提高，其中能源原材料工业占工业比重在2020年左右达到高峰，高加工度制造业比重不断上升，到2020年基本实现工业化。城市化率以每年0.8～1个百分点的速度快速提高，2015年城市化水平达到53.5%左右。

4.1.2.1 "十二五"经济持续发展具备六大支持条件

（1）消费需求快速增长。未来一个时期随着我国居民收入继续较快增长，消费结构将较快升级，这些都会支持消费需求较快增长。主要包括：居民（尤其是城镇居民）住宅需求将持续扩大；轿车进入家庭的步伐持续较快。

（2）随着产业间关联度的提高，中间需求将较快扩大。由于我国正处于消费结构升级带动产业升级的阶段，工业制造业结构升级步伐较快，这将使其内部联系不断趋于复杂，各部门之间的直接、间接投入也将随之增加。预计我国未来产业升级也将带动大量的设备投资，在促进技术进步的同时，形成旺盛的中间需求。

（3）资金条件雄厚。①收入持续较快增长；②改善住、行条件为主的生活质量提高，需要积累购买能力；③我国的社会保障制度还不完善，市场风险较大，应对风险需要一定的储蓄；④未来投资领域将逐步拓展，与经济的持续较快发展联系，投资回报率较高，将促进居民以多种方式增加储蓄及投资；⑤以较强的供给增长潜力为基础，预计未来物价将长期保持较低涨幅，低通货膨胀率有助于储蓄增长。综合分析，我国未来经济发展的资金条件较好。

（4）劳动力条件充裕。未来几十年我国总人口仍然保持增长状态。受20世纪八九十年代第三次人口出生高峰的影响，未来十几年，20～29岁生育旺盛期妇女数量将形成一个小高峰。按此预测，未来我国人口和劳动力将持续保持在较大规模。预计2015—2016年，

15~64 岁劳动年龄人口将达到峰值 10.1 亿人。

（5）技术条件良好。我国在全面加入国际分工的形势下，可以借鉴使用当代世界主要的生产技术，特别是可以应用与新经济有关的最新技术，以及节能环保方面的最新技术。这不仅可以支持我国按照其他发达国家的历史实现工业化和城市化，而且可以达到比发达国家更高的工业化和城市化水平。

（6）对外开放与经济安全方面的条件日趋完善。中国进一步发展开放型经济，全面融入国际经济体系，将在资金、技术、资源、市场、制度创新与管理经验等多个方面分享全球化带来的利益，这有利于提升国内企业和相关产业的竞争力，促进产业优化升级，扩大我国的发展空间。

4.1.2.2 国民经济呈现稳中略升的增长格局

2010—2030 年经济增长将分为 3 个阶段。

（1）2011—2012 年。随着世界经济危机影响减弱，2011—2012 年经济增长重新回到 9%～10%的较快增长区间，GDP 增速分别约为 9%和 9.5%，到 2011 年，GDP 总量将为 38.7 万亿元；到 2012 年，GDP 总量将达到 42.2 万亿元。

（2）2013—2015 年。2013 年之后，中国经济继续保持平稳增长，这期间 GDP 平均增长率在 8.5%左右，到 2015 年，GDP 总量将达到 52.8 万亿元（表 4-1）。

（3）2016—2020 年，中国经济继续保持平稳增长，但受环境资源约束、经济增长基数大、产业结构轻型化的影响，这一阶段经济总量年均增长保持在 7%～8%。到 2020 年，GDP 总量将达到 77.1 万亿元；2021—2020 年，中国经济增速将逐步放缓，这一阶段经济总量年均增长保持在 6%左右，到 2030 年 GDP 总量将达到 135.7 万亿元。具体预测结果见表 4-1 至表 4-4。

表 4-1　2011—2030 年经济总量、人口与城镇化率预测结果

指　标	2007 年	2015 年	2020 年	2030 年
GDP 总量/亿元	257 322.2	528 195.5	770 597.4	1 356 700.1
人口/万人	132 129	136 750	139 000	143 000
城市人口/万人	59 326	73 161	80 620	92 950
全社会固定资产投资/亿元	137 324	716 609	1 379 769	3 917 746
社会消费品零售额/亿元	89 219	287 411	553 386	1 718 734

表 4-2　2011—2030 年经济总量、人口与城镇化率增速预测结果

指　标	2007 年	2008 年	2007—2010 年	2010—2015 年	2016—2020 年	2021—2030 年
GDG 不变价增速/%	13.0	9.0	10.0	8.5	7.8	6.0
人口增速/‰	5.2	5.1	4.7	4.1	3.7	2.8
城市化率/%	44.9	45.7	47.7	53.5	58.0	65.0
投资名义增速/%	24.8	25.5	28.0	20.0	14.0	11.0
消费名义增速/%	16.8	21.6	17.0	15.0	14.0	12.0

表 4-3　2015—2030 年各行业增加值预测结果　　　　单位：亿元（2007 年价）

行　业	2007 年	2015 年	2020 年	2030 年
农业	28 627.0	40 792.7	48 819.8	64 019.2
煤炭开采和洗选业	4 435.7	8 598.5	10 426.2	12 465.9
石油和天然气开采业	6 092.8	6 625.4	6 934.3	7 243.6
黑色金属矿采选业	877.2	1 764.8	2 224.2	2 567.6
有色金属矿采选业	919.3	1 599.1	2 137.6	2 627.3
非金属矿采选业	488.5	996.0	1 385.5	1 871.8
其他采矿业	3.1	10.8	21.9	47.5
农副食品加工业	4 384.8	10 914.0	16 792.5	22 893.3
食品制造业	1 758.2	3 423.4	4 453.1	6 042.9
饮料制造业	1 779.1	3 482.9	4 972.9	6 779.5
烟草制品业	2 756.8	4 875.8	6 222.9	8 363.0
纺织业	4 641.2	8 108.3	10 860.8	15 617.4
纺织服装、鞋、帽制造业	2 139.4	3 401.8	4 284.3	5 797.7
皮革、毛皮、羽毛（绒）及其制品业	1 398.2	2 161.6	2 722.3	3 341.8
木材加工业	973.1	1 722.7	2 309.0	3 495.0
家具制造业	610.9	1 382.2	2 126.6	3 808.5
造纸及纸制品业	1 646.3	3 402.3	4 748.9	7 450.6
印刷业和记录媒介的复制业	653.5	1 368.5	2 039.2	3 412.1
文教体育用品制造业	523.8	977.5	1 442.7	2 754.9
石油加工、炼焦及核燃料加工业	2 925.1	5 668.7	7 989.6	12 045.6
化学原料及化学制品制造业	6 933.0	13 474.6	18 557.0	24 513.3
医药制造业	2 159.7	4 320.9	6 166.2	10 610.5
化学纤维制造业	764.5	1 381.9	1 873.8	2 966.4
橡胶制品业	905.8	1 972.3	2 988.1	5 030.0
塑料制品业	2 018.5	4 344.4	6 272.9	10 269.3
非金属矿物制品业	4 580.1	8 692.0	11 713.1	16 134.6
黑色金属冶炼及压延加工业	8 507.2	18 673.7	25 748.2	33 169.7
有色金属冶炼及压延加工业	4 229.1	9 007.0	12 069.5	14 774.7
金属制品业	2 843.3	5 795.6	8 045.4	11 020.6
通用设备制造业	4 824.1	9 242.7	13 446.0	19 223.0
专用设备制造业	2 897.1	6 279.7	9 786.2	17 525.5
交通运输设备制造业	6 587.4	15 906.7	25 097.6	47 814.9
电气机械及器材制造业	5 717.8	14 047.8	22 751.5	44 734.8
通信设备、计算机及其他电子设备制造业	7 484.8	18 803.1	30 919.7	60 397.1
仪器仪表及文化、办公用机械制造业	1 098.7	2 913.2	4 688.9	9 351.0
其他制造业	866.7	1 198.7	1 382.2	1 561.1
废弃资源和废旧材料回收加工业	153.1	615.9	1 402.3	4 856.0
电力、热力的生产和供应业	8 338.9	18 634.2	26 680.0	46 827.8
燃气生产和供应业	289.6	715.0	1 107.8	2 088.8
水的生产和供应业	345.6	676.6	962.7	1 863.7
建筑业	14 264.0	29 378.1	41 901.9	68 088.0
第三产业	103 879.0	230 844.6	354 122.4	711 234.1
合计	257 322.2	528 195.5	770 597.4	1 356 700.1

表4-4　2011—2030年各行业增加值增速预测结果　　　　单位：%

行　业	2007—2010 年	2010—2015 年	2010—2020 年	2020—2030 年
农业	5.07	4.20	3.66	2.75
煤炭开采和洗选业	9.17	8.30	3.93	1.80
石油和天然气开采业	1.14	1.00	0.92	0.44
黑色金属矿采选业	10.19	8.50	4.74	1.45
有色金属矿采选业	7.44	7.00	5.98	2.08
非金属矿采选业	9.50	9.20	6.82	3.05
其他采矿业	17.52	16.50	15.28	8.05
农副食品加工业	13.04	11.50	9.00	3.15
食品制造业	9.50	8.20	5.40	3.10
饮料制造业	10.04	8.00	7.38	3.15
烟草制品业	8.04	7.00	5.00	3.00
纺织业	8.44	6.50	6.02	3.70
纺织服装、鞋、帽制造业	7.09	5.30	4.72	3.07
皮革、毛皮、羽毛（绒）及其制品业	6.09	5.30	4.72	2.07
木材加工业	8.07	7.00	6.03	4.23
家具制造业	12.00	10.00	9.00	6.00
造纸及纸制品业	10.33	9.00	6.90	4.61
印刷业和记录媒介的复制业	10.48	9.20	8.30	5.28
文教体育用品制造业	8.63	7.80	8.10	6.68
石油加工、炼焦及核燃料加工业	9.16	8.30	7.10	4.19
化学原料及化学制品制造业	9.77	8.00	6.61	2.82
医药制造业	9.15	9.00	7.37	5.58
化学纤维制造业	8.83	7.00	6.28	4.70
橡胶制品业	11.08	9.70	8.66	5.35
塑料制品业	10.99	9.50	7.62	5.05
非金属矿物制品业	9.41	7.70	6.15	3.25
黑色金属冶炼及压延加工业	11.72	9.50	6.64	2.57
有色金属冶炼及压延加工业	11.11	9.20	6.03	2.04
金属制品业	10.67	8.50	6.78	3.20
通用设备制造业	9.25	8.00	7.79	3.64
专用设备制造业	11.25	9.50	9.28	6.00
交通运输设备制造业	12.74	11.00	9.55	6.66
电气机械及器材制造业	12.55	11.50	10.12	7.00
通信设备、计算机及其他电子设备制造业	12.88	11.80	10.46	6.92
仪器仪表及文化、办公用机械制造业	14.59	12.00	9.99	7.15
其他制造业	4.70	3.80	2.89	1.22
废弃资源和废旧材料回收加工业	17.70	19.80	17.89	13.22
电力、热力的生产和供应业	11.54	10.00	7.44	5.79
燃气生产和供应业	13.57	11.00	9.15	6.55
水的生产和供应业	9.19	8.50	7.31	6.83
建筑业	10.21	9.00	7.36	4.97
第三产业	11.03	10.18	8.93	7.22

4.2　水资源需求预测结果

4.2.1　水资源需求形势分析

（1）水资源总量和人均水资源量不断减少。表 4-5 中列出了 2003—2007 年的水资源情况与供水用水情况，可以看出，近年来水资源总量的供需基本平衡，但是我国水资源总量仍在不断减少，地表水资源量减少快于地下水资源量，虽然水库蓄水量有所上升，然而用水及其消耗量也在同步攀升，这就使得我国的人均水资源占有量呈现逐渐减少的趋势，以每年 1%的速率递减。

2007 年，我国的人均水资源量为 1 916.3 亿 m³，仅为世界人均水资源量的 1/4，时空分布不均以及日益严重的水污染形势又加剧了水资源的稀缺性，部分地区已经处于中度甚至重度缺水的范围之内。

表 4-5　2003—2007 年全国水资源部分统计指标

指　标	2003 年	2004 年	2005 年	2006 年	2007 年
地表水资源量/亿 m³	26 251	23 126	26 982	24 358	24 242
地下水资源量/亿 m³（矿化度≤2 g/L 地区）	8 299	7 436	8 091	7 643	7 617
水库年末蓄水总量/亿 m³	2 155	2 219	2 547	2 423	2 716
用水量/亿 m³	5 320.4	5 547.8	5 633	5 795	5 818.7
用水消耗量/亿 m³	2 910	3 001	2 960	3 042	3 022
人均水资源量/（m³/人）	2 131.3	1 856.3	2 151.8	1 932.1	1 916.3
人均用水量/m³	412.9	428.0	432.1	442.0	441.5
万元 GDP 用水量/亿 t	—	391	307	283	254

（2）人均用水量不断提高，加剧供需矛盾。虽然近年来单位 GDP 的用水量逐年递减，但全国的人均用水量却在不断攀升，随着人口的增加，工业化、城市化水平进一步提高，全国的总用水量仍将不断上涨。而且，伴随着全面小康社会的推进，人民生活用水量的不断提高，水污染等不确定因素的影响，在未来的 20 年内极有可能出现水资源的供需缺口，尤其是未来我国城市用水需求将有较大幅度的增加，对于华北等水资源短缺的北方地区，污水量迅速增加将威胁新、老水源的水质安全，做到合理开发和保护饮用水水源的难度加大。

（3）需水量预测主要结论。从已有水资源需求预测结果可知，未来我国水资源需求量增势较为明显。姚建文、徐子恺等预测 2010 年我国的需水总量为 6 600 亿～6 900 亿 m³（实际用水量为 6 022 亿 m³），2030 年需水量 7 800 亿～8 200 亿 m³，2050 年需水量 8 500 亿～9 000 亿 m³。刘善建预测了我国 1990—2090 年百年的需水量，预测 2000 年、2010 年以及 2030 年需水量将分别达到 6 000 亿 m³（实际用水量为 5 531 亿 m³）、6 900 亿 m³（实际用水量为 6 022 亿 m³）以及 8 500 亿 m³。据水利部门研究，2030 年以前我国用水量的增长是不可避免的，2010 年与 2030 年用水总量将分别达到全国水资源总量的 25% 和 36%。国内众多专家预测，中国未来需水总量在 8 000 亿 m³ 左右，最高达 10 000 亿 m³。陈家琦认为，21 世纪初我国农业用水量稳定在 5 000 亿 m³，2030 年生活用水量将达到 450 亿 m³，2030 年总用水量将接近零增长。张岳认为，由于人口的继续增加和生活水平的不断提高，我国生活需水量预计在 2030 年将达到 1 000 亿～1 100 亿 m³，2050 年将达到 1 200 亿～1 300 亿 m³，工业需水量也会继续增长，但增长趋势将有所变缓，预计 2050 年以后，我国工业需水量有可能出现零增长现象；在未来几十年中，我国生态环境需水量将会明显增加，2030 年将达到 300 亿～400 亿 m³，2050 年可达到 600 亿～800 亿 m³。

我国的需水量预测长期以来一直过于超前，预测结果都已经或即将被证明是明显偏大的。如在建设部城市缺水问题研究报告中以 1993 年为预测基准年，预测 2000 年全国城市的工业需水量将达到 406 亿 m³，而 2000 年的实际用水量由 1993 年的 291.5 亿 m³ 降至不足 260 亿 m³。又如北京市曾预测 1995—2000 年市区工业需水量将以年均 6% 的速度递增，而实际上从 1989—1997 年北京市区的工业用水量却减少了 12.5%。

表 4-6 为 1985 年世界主要国家的预测结果与实际用水量比较。美国国家水资源委员会在 1968 年的报告中曾预测 2000 年、2020 年总需水量将在 1965 年用水量的基础上分别增长 200% 和 407%（即分别达 11 116 亿 m³ 和 18 900 亿 m³），但到了 1975 年，他们意识到如此高的用水量将无法实现水资源的可持续利用，于是在第二次评价中综合考虑了水污染、水资源量等多种因素及节水措施，使预测结果和美国目前的实际用水量十分接近。

表 4-6　1985 年主要国家需水量预测与实际用水量比较

国　家	西班牙	日本	美国	瑞士
预测总需水量/亿 m³	329	1 174	4 550	50
实际用水量/亿 m³	263	892	4 670	32
偏差率/%	25.1	31.6	−2.6	56.3

4.2.2　需水量预测结果

4.2.2.1　农业需水量

农业总需水量呈下降趋势。根据我国农业用水的内部结构，农业灌溉用水约占农业总用水量的 90%，规模化畜禽养殖用水量约占灌溉用水和畜禽养殖用水总和的 7%，即灌溉用水和规模化畜禽养殖用水约占农业总用水量的 97%，据此预测农业总需水量。

预测结果显示，在高、中、低 3 种需水情景下，我国农业总需水量都呈下降趋势。高需水方案情景下，农业总需水量下降幅度较小，由 2007 年的 3 495 亿 m³，下降到 2015 年的 3 492 亿 m³，2030 年的 3 420 亿 m³，下降率在 1.2%～3.9%。在中需水情景下，2030 年的农业总需水量将达到 3 116.3 亿 m³，较 2007 年下降约 11%。在低需水方案情景下，农业总需水量将由 2007 年的 3 424 亿 m³，下降到 2030 年的 2 943 亿 m³，下降约 12%。

4.2.2.2　工业需水量

中需水情景下，电力、造纸和化工等高耗水行业工艺提升，工业需水量小幅增长。2007 年，工业行业的需水量为 1 403 亿 m³，预测结果表明，在高需水情景下，若重复用水率水平按照现有趋势增长，2010—2030 年，工业需水量仍将以较快速率增长。在中情景模式下，假设重复用水率以较快速率增长，到 2030 年工业各行业重复用水率达到发达国家 70%~90% 的水平，工业需水量的增长得到控制，农副、造纸、化工的需水量将在 2020 年左右达到拐点，总需水量到 2030 年达到 1 894 亿 m³，较 2007 年的 1 403 亿 m³ 增长 35%；低需水情景方案主要是针对需水量较大的 5 个行业，电力行业、造纸及纸制品业、化学原料及化学制品制造业、黑色金属冶炼及压延加工业以及纺织业，其 2007 年的需水量分别占工业总需水量的 53.36%、7.85%、7.47%、6.50% 和 4.18%，在低需水情景下，由于生产工艺的改进，其总用水系数将较高、中情景有所下降，从而使这 5 个行业的需水量较中情景方案进一步下降，总的工业行业需水量在 2015 年、2020 年以及 2030 年分别达到 1 583 亿 m³、1 533 亿 m³，以及 1 490 亿 m³。

表 4-7　不同情景下的我国工业不同部门需水量预测　　　　单位：亿 m³

行　业	2007年	高方案			中方案			低方案		
		2015年	2020年	2030年	2015年	2020年	2030年	2015年	2020年	2030年
煤炭开采和洗选业	16.8	25.4	26.9	27.2	22.1	23.6	16.3	22.1	23.6	16.3
石油和天然气开采业	7.3	6.7	6.5	5.9	5.6	5.2	2.8	5.6	5.2	2.8
黑色金属矿采选业	8.5	10.7	10.8	9.0	9.4	8.9	5.9	9.4	8.9	5.9
有色金属矿采选业	13.5	15.1	17.8	16.9	14.2	16.2	12.0	14.2	16.2	12.0
非金属矿采选业	2.6	4.2	5.4	6.2	3.7	4.4	4.4	3.7	4.4	4.4
其他采矿业	0.4	1.0	1.6	2.1	0.9	1.3	1.5	0.9	1.3	1.5
农副食品加工业	39.2	49.0	69.5	76.9	45.6	57.8	54.9	45.6	55.8	48.1
食品制造业	12.7	15.6	17.8	20.2	13.1	13.6	8.3	13.1	13.6	8.3
饮料制造业	19.8	29.6	38.9	48.0	26.2	34.4	32.3	24.4	26.9	17.4
烟草制品业	1.0	2.2	2.8	3.5	2.0	2.0	1.3	2.0	2.0	1.3
纺织业	59.3	80.7	92.1	110.5	76.9	73.8	80.3	73.9	62.7	50.0
纺织服装、鞋、帽制造业	3.8	4.7	5.1	5.2	4.3	3.6	4.1	4.3	3.6	4.1
皮革毛皮羽毛（绒）及其制品业	6.4	8.0	9.1	10.8	6.9	8.1	8.6	6.9	8.1	8.6
木材加工及木竹藤棕草制品业	1.5	1.8	2.0	2.2	1.7	1.5	1.6	1.7	1.5	1.6
家具制造业	0.5	0.9	1.1	1.6	0.8	1.1	1.3	0.8	1.1	1.3
造纸及纸制品业	111.2	172.4	199.6	220.8	151.0	178.2	176.7	145.5	154.3	143.1
印刷业和记录媒介的复制业	0.6	0.7	0.9	1.3	0.7	0.7	0.9	0.7	0.7	0.9
文教体育用品制造业	0.3	0.3	0.4	0.6	0.3	0.3	0.5	0.3	0.3	0.5
石油加工、炼焦及核燃料加工业	31.4	46.5	55.3	69.7	40.7	42.9	50.5	40.7	42.9	36.1

行　业	2007年	高方案			中方案			低方案		
		2015年	2020年	2030年	2015年	2020年	2030年	2015年	2020年	2030年
化学原料及化学制品制造业	105.9	151.1	170.3	181.2	143.7	151.4	131.8	137.4	133.6	98.1
医药制造业	13.0	19.7	25.0	35.5	17.0	17.6	23.7	17.0	17.6	23.7
化学纤维制造业	14.0	19.3	24.2	29.1	17.0	17.3	18.1	17.0	17.3	18.1
橡胶制品业	2.1	2.3	2.9	4.1	2.3	2.7	3.3	2.3	2.7	3.3
塑料制品业	1.4	2.3	3.0	4.2	2.0	2.4	2.9	2.0	2.4	2.9
非金属矿物制品业	18.8	27.0	33.5	42.9	23.0	25.7	31.2	23.0	25.7	31.2
黑色金属冶炼及压延加工业	92.1	139.8	175.8	212.5	123.0	131.2	141.6	123.0	131.2	116.1
有色金属冶炼及压延加工业	14.7	22.8	26.5	24.1	21.2	21.3	9.9	21.2	21.3	9.9
金属制品业	9.1	15.2	19.0	22.4	13.1	13.9	14.4	13.1	13.9	14.4
通用设备制造业	3.7	4.4	5.1	5.7	3.8	4.0	4.0	3.8	4.0	4.0
专用设备制造业	2.8	4.7	6.2	8.8	4.2	4.8	4.9	4.2	4.8	4.9
交通运输设备制造业	6.9	12.4	16.9	25.8	11.0	13.2	14.3	11.0	13.2	14.3
电气机械及器材制造业	2.7	4.9	7.4	12.4	4.2	5.6	8.3	4.2	5.6	8.3
通信计算机及其他电子设备制造业	8.5	15.5	21.4	35.5	13.6	17.7	26.6	13.6	17.7	26.6
仪器仪表及文化办公用机械制造业	2.1	3.9	5.7	8.6	3.3	4.6	5.8	3.3	4.6	5.8
工艺品及其他制造业	1.0	1.6	2.0	2.9	1.5	1.4	1.7	1.5	1.4	1.7
废弃资源和废旧材料回收加工业	0.3	0.5	1.0	2.5	0.4	0.7	1.6	0.4	0.7	1.6
电力、热力的生产和供应业	765.9	894.9	933.8	1 262.2	767.1	763.2	981.7	767.1	680.3	737.5
燃气生产和供应业	1.4	2.5	3.2	4.6	2.2	2.3	3.0	2.2	2.3	3.0
总计	1 403	1 821	2 047	2 564	1 600	1 678	1 894	1 583	1 533	1 490

4.2.2.3　生活需水量

生活需水量逐年增加，城镇增长快于农村。随着经济和城市化的发展，以及城市居民生活水平的提高和公共设施范围的不断扩大和完善，城市人口、人均用水系数和用水普及率都将增加，因此，在整个预测期内城市生活需水量都呈增长态势。

根据预测，2007—2030年，城镇人均日用水量与农村人均日用水量均呈上升趋势，且农村的增长速度快于城镇。随着城镇化率的上升，未来城镇人口将呈上升趋势，而农村人口将呈负增长。预测结果显示，2015年、2020年，以及2030年，城镇人口分别比2007年增长23.1%、38.1%和70.2%；农村人口分别比2007年下降10.7%、18.2%和32.3%。在高需水情景下，2007年，生活总需水量为635.7亿 m³，到2015年、2020年，以及2030年，将分别达到835亿 m³、897亿 m³和1 017亿 m³，占预测总需水量比例分别为13.3%，13.7%以及14.2%（图4-1）。在中需水情景下，生活需水量逐渐下降，2020年生活需水量约为782亿 m³，2030年792亿 m³，增长幅度有所减缓。

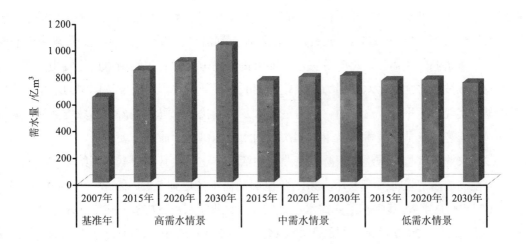

图 4-1 农村生活和城镇生活需水量预测

4.2.2.4 水资源需求预测分析

（1）全国需水量持续增长，供需矛盾突出。图 4-2 为 2007—2030 年高、中、低 3 种情景下的需水量预测结果。从图 4-2 可知，预测期内，全国总需水量将呈上升趋势。在高需水情景下，总需水量从 2007 年的 5 648 亿 m³ 上升到 2020 年的 6 565 亿 m³，2030 年的 7 144 亿 m³，分别增加了 16% 以及 26%。在中需水情景下，总需水量仍保持缓慢增长，2030 年预计达到 6 012 亿 m³，较 2007 年增长约 6%。在低需水情景下，总需水量到 2015 年开始下降，2030 年下降到 5 447 亿 m³。水利部于 2009 年完成了七大河流域水资源综合规划，从这七大河流域水资源综合规划可知，2020 年我国水资源需求量约为 6 819 亿 m³，2030 年为 7 057 亿 m³，水利部的预测结果在本报告 3 种情景预测范围之间。

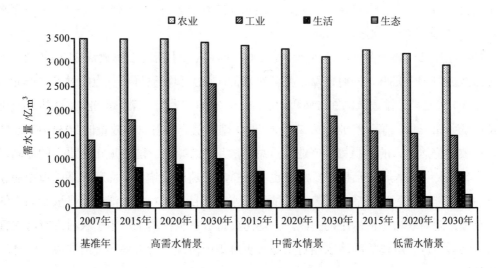

图 4-2 各部门不同情景方案的需水量预测

根据七大河流域水资源综合规划可知，我国水资源供给量 2030 年约为 7 039 亿 m³。根据本报告预测结果，如果我国维持现有的工业重复用水率水平的增长趋势，我国水资源的供给量仅为需求量的 98.5%，尤其是在淮河和黄河流域，供水量分别仅为需求量的 69% 和 81%，水资源的供需矛盾将十分突出。如果提高我国工业和生活用水的重复用水率，提高工业节水技术，加大污水回用力度，使 2030 年重复用水率达到发达国家的水平，我国水资源可实现供需平衡。这说明，除通过调水，实现我国水资源供需的区域均衡外，采用重复用水工艺以及节水技术将是未来解决我国水资源供需矛盾的重要手段。

（2）农业需水量比重逐年下降，工业和生活比重逐年上升。根据预测结果，"十二五"期间，全国的需水量将继续上升，2015 年全国的需水量达到 5 852 亿 m³（中情景方案），比 2007 年增加 4%，其中，工业需水占 27.3%，农业需水占 57.2%，生活需水占 12.9%，生态需水占 2%；2020 年，全国的需水量将约为 5 919.1 亿 m³，工业需水占 28.4%，生活需水占 13.2%，农业需水下降至 55.4%；到 2030 年，全国的需水量将达到 6 012.7 亿 m³，其中工业和生活需水比重分别为 31.5% 和 13.2%，而农业需水继续下降至 51.8%。可以看出，农业需水的比重在逐年下降，工业，生活的比重在逐年上升，"十二五"和"十三五"期间水资源需求的增长主要来自工业和生活需水。

4.3 水环境污染预测结果

4.3.1 水污染排放形势分析

（1）全国废水污染物排放量开始下降。根据 2007 年环统年报，2007 年全国废水排放总量 556.8 亿 t，比上年增加 3.7%。其中，工业废水排放量 246.6 亿 t，比上年增加 2.7%。城镇生活污水排放量 310.2 亿 t，比上年增加 4.6%。废水中化学需氧量（COD）排放量 1 381.8 万 t，比上年减少 3.2%。废水中的氨氮排放量 132.4 万 t，比上年减少 6.3%。工业废水达标率为 91.7%，比上年提高 2.4%。

（2）生活废水排放量比例逐渐上升。2007 年，城市生活废水排放量 310.2 亿 t，占全国废水排放量的 40.3%，同时，城市生活废水的 COD 和氨氮排放量也超过第二产业，分别占 COD 和氨氮总排放量的 39.2% 和 40.7%。与 2006 年相比，第二产业 COD 排放量由第二位降低到第三位，第一产业和第二产业 COD 排放量分别占总排放量的 30.9% 和 29.9%。氨氮排放量位居第二的仍是第一产业，占总排放量的 39.5%。随着城市化水平的提高以及城镇人口的持续增长，生活废水排放量也将保持较快速度的增长，而环保基础设施的建设进度和排污能力又远远滞后于污染负荷的增长水平。目前，农村生活废水排放量尚未纳入统计范围，随着农村生活水平的提高，人均污染排放量也在增加，由于农村没有污水管网和污染治理设施，所排放的污水相对于城镇更难集中治理，对未来环境所造成的安全隐患不容忽视。

（3）农业面源污染成为水污染的首要排放源。根据 2007 年的污染源普查数据，农业源污染物排放对水环境的影响较大，其化学需氧量排放量为 1 324.09 万 t，占化学需氧量排放总量的 43.7%。农业源也是总氮、总磷排放的主要来源，其排放量分别为 270.46 万 t 和 28.47 万 t，分别占排放总量的 57.2% 和 67.4%。从统计结果看，在农业源污染中，比较突出的是畜禽、水产养殖业污染和滥用化肥、农药造成的面源污染问题。畜禽养殖业的化学需氧量、总氮和总磷分别占农业源的 96%、38% 和 56%。此外，污普结果显示，重污染行业对污染物排放总量的贡献仍然很大，占工业污染物排放量的 70%~80% 以上，造纸、纺织等 8 个行业化学需氧量、氨氮排放量分别占工业排放总量的 83% 和 73%。

（4）城市生活污水处理率大幅提高。2007 年，全国城市生活污水平均排放达标率 42.9%，较 2006 年的 36.3% 有显著增长，相对增幅达 18.2%；工业废水排放达标率继续提高，达到 78.5%。从各地区来看，2007 年各省份废水排放达标率平均水平为 42.7%，东部地区废水排放达标率达 49.6%，高于平均水平；中部和西部废水排放达标率水平差距不大，分别为 35.4% 和 36.2%，均低于平均水平。从省份之间的差距来看，废水排放达标率高于 50% 的省份共有 8 个，其中有 6 个位于东部地区。废水排放达标率低于 30% 的省份有 7 个，其中有 6 个位于中西部地区，分别是江西、湖南、贵州、西藏、青海和新疆。

4.3.2　水环境产生压力预测结果

4.3.2.1　废水产生量

（1）废水产生量将持续增加，生活废水产生量增速明显。2007—2030 年，全国的废水产生总量将持续上升，在高情景下，2015 年、2020 年、2030 年的废水产生量分别达到 1 623 亿 t、1 808 亿 t 以及 2 097 亿 t，分别比 2007 年上升了 35.0%、50.4% 和 74.4%。在低情景下，2015 年、2020 年、2030 年的废水产生量分别达到 1 469 亿 t、1 532 亿 t、1 653 亿 t，分别比 2007 年上升了 22.2%、27.4% 和 37.5%。

图 4-3 是预测期内工业、城镇生活以及农业的废水产生量的预测结果。2007 年，工业、城镇生活以及农业（只包括畜禽养殖业）的废水产生量分别为 833 亿 t、319.8 亿 t 和 18.5 亿 t，工业占到 69.3%，城镇生活占到 29.1%，农业占到 1.5%。在高情景下，生活废水产生量将持续上升，农业废水产生量也将小幅上升，工业废水产生量的比例在下降。2015 年，工业产生的废水量比例下降到 64.4%，生活和农业（只包括畜禽养殖业）的废水产生量的比例分别上升到 34.0% 和 1.6%；到 2020 年，工业产生的废水量比例继续下降到 61.5%，生活和农业分别上升为 39.1% 和 1.9%；到 2030 年，工业的比例将达到 58.2%，城镇生活和农业的比例分别将为 39.7% 和 2.1%。在低情景下，工业废水产生量的比例将呈更快的下降趋势，农业废水产生量的比例逐年下降，生活废水产生量的比例在逐年上升。在 2015 年、2020 年、2030 年，工业废水产水量将分别达到 61.0%、56.3% 和 51.3%，生活废水产生量将分别达到 37.5%、42.1% 和 47.3%。

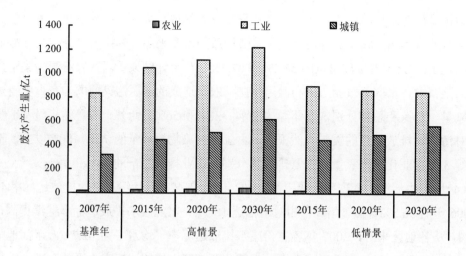

图 4-3　农业、工业、生活等部门废水产生量预测

（2）规模化畜禽养殖废水产生量呈上升趋势。2007 年全国规模化畜禽养殖业的废水产生量为 18.5 亿 t，在高情景下，若按照现有的生产规模和处理水平的发展趋势，规模化畜禽养殖业的废水产生量将呈上升趋势，分别在 2015 年，2020 年以及 2030 年达到 26.4 亿 t，33.5 亿 t 以及 43.9 亿 t，2020 年相对 2015 年将增加 26.8%；2030 年相对 2020 年将增加 31.2%。在低情景下，假设提高畜禽产品的对外依存度，预计 2015 年、2020 年分别达到 21.5 亿 t 和 24.7 亿 t，2030 年较 2020 年有所下降，达到 23.3 亿 t，下降比例为 5.9%（图 4-4）。

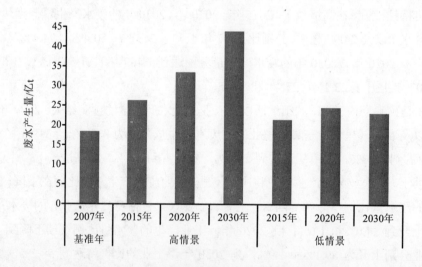

图 4-4　规模化畜禽养殖废水产生量变化趋势

（3）黑色金属冶炼、电力、化学制品业、造纸业等 7 个主要行业仍是工业废水的主要来源。在高情景下，工业废水产生量将呈逐年增加趋势，由 2007 年的 834 亿 t 上升到 2030 年的 1 220 亿 t，预计增加 0.5 倍左右。从工业废水产生结构来看，对工业行业废水产生量贡献最大的 7 个行业为黑色金属冶炼及压延加工业，电力、热力的生产和供应业，化学原料及化学制品制造业，石油加工、炼焦及核燃料加工业，造纸及纸制品业，纺织业和农副

食品加工业，这 7 个行业的废水产生量将由 2007 年的 642.8 亿 t 上升到 2030 年的 788.6 亿 t，增加近 22.7%。到 2030 年，预计这 7 个行业产生的工业废水占全国工业废水产生量的 64.6%（表 4-8）。

表 4-8　各行业的废水的产生量　　　　　　　　　　　单位：亿 t

行　业	基准年	高情景			低情景		
	2007 年	2015 年	2020 年	2030 年	2015 年	2020 年	2030 年
煤炭开采和洗选业	30.66	49.3	55.8	63.3	49.3	55.8	63.3
石油和天然气开采业	9.77	9.4	9.8	9.9	9.4	9.8	9.9
黑色金属矿采选业	49.01	57.3	64.1	66.0	57.3	64.1	66.0
有色金属矿采选业	16.4	20.2	25.2	27.7	20.2	25.2	27.7
非金属矿采选业	2.6	4.4	5.8	7.3	4.4	5.8	7.3
农副食品加工业	20.0	27.3	25.2	22.9	21.8	16.8	11.4
食品制造业	5.2	11.4	14.0	17.0	11.4	14.0	17.0
饮料制造业	7.2	13.0	17.1	22.2	12.3	14.9	13.6
烟草制品业	0.4	1.0	1.4	2.1	1.0	1.4	2.1
纺织业	28.3	40.5	45.3	52.3	32.4	32.6	23.4
纺织服装、鞋、帽制造业	2.2	2.8	3.3	4.1	2.8	3.3	4.1
皮革毛皮羽毛（绒）及其制品业	2.7	3.4	4.2	5.4	3.4	4.2	5.4
木材加工	0.6	0.8	0.9	1.1	0.8	0.9	1.1
家具制造业	0.2	0.3	0.4	0.6	0.3	0.4	0.6
造纸及纸制品业	56.3	61.2	71.4	80.2	51.0	38.0	33.5
印刷业和记录媒介的复制业	0.2	0.4	0.5	0.8	0.4	0.5	0.8
文教体育用品制造业	0.2	0.3	0.4	0.7	0.3	0.4	0.7
石油加工、炼焦及核燃料加工业	15.1	25.5	32.0	36.1	22.7	24.0	24.1
化学原料及化学制品制造业	87.8	68.5	56.0	54.9	53.9	37.1	19.6
医药制造业	6.4	11.2	14.4	19.3	11.2	14.4	19.3
化学纤维制造业	5.6	7.4	8.1	9.4	7.4	8.1	9.4
橡胶制品业	1.5	5.5	7.5	12.6	5.5	7.5	12.6
塑料制品业	0.8	1.5	1.9	2.9	1.5	1.9	2.9
非金属矿物制品业	11.4	17.2	21.9	29.4	17.2	21.9	29.4
黑色金属冶炼及压延加工业	260.9	336.1	309.0	265.4	280.1	206.0	149.3
有色金属冶炼及压延加工业	10.7	21.7	26.9	28.8	21.7	26.9	28.8
金属制品业	7.9	12.5	16.3	20.6	12.5	16.3	20.6
通用设备制造业	2.8	3.5	4.2	5.2	3.5	4.2	5.2
专用设备制造业	2.9	5.0	6.9	10.5	5.0	6.9	10.5
交通运输设备制造业	3.9	7.5	11.0	18.6	7.5	11.0	18.6
电气机械及器材制造业	1.5	2.8	4.3	7.6	2.8	4.3	7.6
通信计算机及其他电子设备制造业	5.7	11.3	15.8	27.8	11.3	15.8	27.8
仪器仪表及文化办公用机械制造业	1.2	2.4	3.6	5.6	2.4	3.6	5.6
工艺品及其他制造业	0.5	0.8	1.1	1.5	0.8	1.1	1.5
废弃资源和废旧材料回收加工业	0.4	1.1	1.7	2.2	1.1	1.7	2.2
电力、热力的生产和供应业	174.4	200.1	223.8	276.8	149.1	160.1	163.9
燃气生产和供应业	0.3	0.6	0.7	1.2	0.6	0.7	1.2
总计	834	1 045	1 112	1 220	896	862	848

在低情景下，工业废水产生量在 2015 年将出现拐点。到 2015 年、2020 年以及 2030 年将分别达到 896 亿 t、862 亿 t 和 848 亿 t。7 个主要行业的废水产生量及比例持续下降，废水产生量分别在 2015 年、2020 年和 2030 年达到 611 亿 t、514 亿 t 和 425.3 亿 t，占整个工业行业废水产生量的比重分别为 68.2%、59.7%和 50.1%。

（4）生活废水产生量呈上升趋势，农村生活废水产生量增速快于城镇。未来城镇生活和农村生活废水产生量都将随需水量的增加而增加。2007 年，生活废水产生量为 350 亿 t，在高情景下，到 2015 年、2020 年、2030 年将分别达到 551 亿 t、663 亿 t 以及 833 亿 t，增长速度分别为 57.5%、20.2%和 25.6%。其中，城镇生活废水由 2007 年的 320 亿 t 增加到 2015 年、2020 年以及 2030 年的 445 亿 t、508 亿 t 以及 619 亿 t（图 4-5）。在低情景下，预计"十三五"期间，城镇生活需水量的增长速度将有所下降，分别在 2020 年、2030 年达到 490 亿 t 和 567 亿 t，较高情景的废水产生量预测结果下降 3.5%以及 8.4%。农村生活由于考虑到未来生活水平的大幅提高，耗水系数将大幅下降，从而预测农村生活废水排放量将以较快的速率增长，预计 2015 年将比 2007 年多产生约 77 亿 t 的废水。

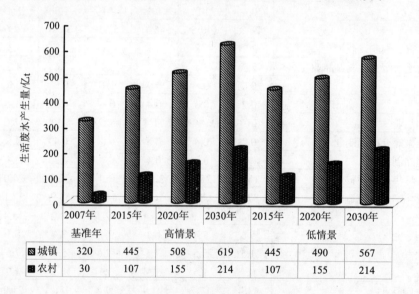

	2007年基准年	2015年	2020年	2030年	2015年	2020年	2030年
		高情景			低情景		
城镇	320	445	508	619	445	490	567
农村	30	107	155	214	107	155	214

图 4-5 生活废水产生量的变化趋势

4.3.2.2 COD 产生量

（1）COD 产生量增速有所减缓，但仍呈增长趋势。2007 年，全国 COD 产生量为 13 349 万 t，工业、生活（含城镇生活和农村生活）以及农业（规模化畜禽养殖业）的 COD 产生量分别为 1 769 万 t、2 566 万 t 和 9 013 万 t，分别占全国 COD 产生量的 13.3%、19.2%和 67.5%。通过对 1998—2007 年工业 COD 产生量分析，我国工业 COD 产生量从 1 355.7 万 t 上升到 2007 年的 1 769 万 t，年均增速为 3.0%。城镇生活 COD 产生量从 2004 年的 1 134.6 万 t 上升到 2007 年的 1 614 万 t（图 4-6）。

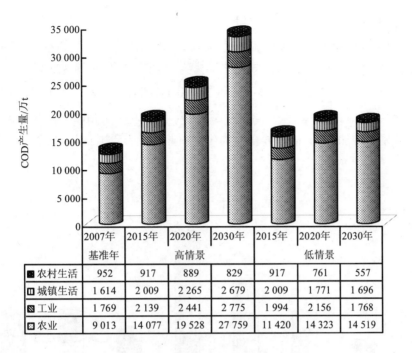

图 4-6　不同部门的 COD 产生量预测

	2007年	2015年	2020年	2030年	2015年	2020年	2030年
	基准年	高情景			低情景		
■ 农村生活	952	917	889	829	917	761	557
⊞ 城镇生活	1 614	2 009	2 265	2 679	2 009	1 771	1 696
⊠ 工业	1 769	2 139	2 441	2 775	1 994	2 156	1 768
▨ 农业	9 013	14 077	19 528	27 759	11 420	14 323	14 519

在高情景方案下，2015 年全国 COD 产生量约为 19 142 万 t，较 2007 年增加 43.4%，其中，农业增加 56.2%，工业增加 20.9%，城镇生活增加 14.0%；2020 年全国 COD 产生量将上升到 25 123 万 t，较 2015 年增加 31.2%。2030 年可能达到 34 042 万 t，较 2020 年增加了 35.5%。"十二五"期间的城镇生活 COD 产生量的年均增长率为 2.4%，"十三五"和"十四五"期间城镇生活的 COD 产生量的年均增长率在 1.7%。"十二五"期间工业 COD 产生量年均增速为 2.7%，"十三五"和"十四五"期间工业行业的 COD 产生量的年均增长率在 1.3%，城镇生活为 2.3%，农业为 5.4%。"十二五"期间的农业（规模化畜禽养殖业）COD 产生量保持较快的增长，年均增长率为 6.8%，"十三五"和"十四五"期间增速有所减缓，但仍快于工业和生活，增速达 3.6%。城镇生活的 COD 产生量的年均增长率在 1.7%。在高情景方案下，未来我国 COD 产生量仍将呈增长趋势，减排压力较大。

在低情景方案下，全国 COD 产生量呈现先升后降的趋势，在"十三五"和"十四五"期间开始下降，分别在 2015 年，2020 年以及 2030 年达到 16 341 万 t，19 011 万 t 以及 18 541 万 t。其中农业 COD 的产生量将保持上升趋势，但较高情景方案有所减缓，在"十二五"期间的年均增速为 4.6%，在"十三五"和"十四五"期间的年均增速为 0.1%。工业的 COD 产生量在"十三五"和"十四五"期间开始下降，年均下降 2%。城镇生活的 COD 产生量在"十二五"期间有所下降，年均下降速率为 2.9%，在"十三五"和"十四五"期间的年均下降速率为 1.2%。

（2）规模化畜禽养殖 COD 产生量增长趋势明显，需引起高度重视。在高情景方案下，农业（规模化畜禽养殖业）对 COD 产生量的贡献率将持续增加，从 2007 年的 67.5% 上升到 2030 年的 81.5%。因此，在未来的 20 年内，农业是 COD 减排的重点部门，必须引起足够的重视。农业的 COD 产生量主要来自规模化养殖业。其中，肉鸡和猪的 COD 产生量较大。2007 年，肉鸡的 COD 产生量为 3 592 万 t，占总规模化畜禽养殖 COD 产生量的 39.9%；猪的 COD 产生量为 2 742 万 t，占总规模化畜禽养殖 COD 产生量的 32.9%。2020 年肉鸡的 COD 产生量上升为 4 823 万 t，2030 年 5 730 万 t。随着我国未来对牛肉和牛奶需求量的增加，我国奶牛和肉牛 COD 产生量也将迅速上升。与 2007 年相比，2030 年奶牛和肉牛 COD 产生量分别约增加了 11 倍和 6 倍，肉牛养殖业将成为我国农业 COD 最大的产生源（图 4-7）。

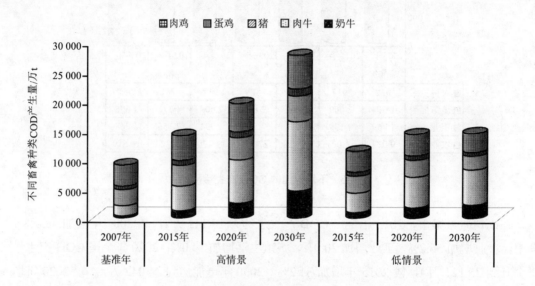

图 4-7　不同畜禽种类 COD 产生量预测

（3）城镇生活 COD 产生量持续增加，农村生活 COD 产生量先增加后下降。生活污染物产生量包括城镇生活污染物产生量和农村生活污染物产生量。预测期内，高情景方案下，虽然城镇和农村人均产污系数在增加，但因城镇化水平的提高，导致农村人口的下降，因此，农村生活 COD 产生量将呈下降趋势，在 2015 年、2020 年以及 2030 年将分别达到 917 万 t、889 万 t 以及 829 万 t（图 4-6）。而城镇生活由于人口的增长，以及餐饮和旅游等第三产业的发展，COD 产生量呈增长趋势，预计在 2015 年、2020 年以及 2030 年将分别达到 2 009 万 t、2 265 万 t 和 2 679 万 t，分别比 2007 年上升 24.5%、40.3% 和 66%。总体来看，生活 COD 产生量在 2007—2030 年逐年增加，2007 年 COD 的产生量达到 2 566.4 万 t，预计在 2015 年、2020 年以及 2030 年分别达到 2 926.5 万 t、3 153.6 万 t 以及 3 508.6 万 t，分别比 2007 年增加 14%、22.9% 和 36.7%。

在低情景方案下，预计城镇生活 COD 的产生量在 2015 年后开始有所下降，预计在 2020 年，将由 2015 年的 2 009 万 t 下降到 1 771 万 t，到 2030 年，预计城镇生活 COD 的产生量为 1 696 万 t。全国 COD 的产生量也将随着城镇生活 COD 产生量的下降而下降，预计由 2015 年的 2 926 万 t 下降到 2 523 万 t，下降了 13.5%，到 2030 年，预计 COD 的产生量为 2 254 万 t，较 2020 年下降了 11.0%。

4.3.2.3 NH₃-N 产生量

（1）生活将是 NH₃-N 产生量的主要来源，其贡献度呈上升趋势。我国 NH₃-N 产生量将呈上升趋势，从 2007 年的 357 万 t 上升到 2030 年的 531 万 t，增加近 49 个百分点。从预测结果图 4-8 可知，未来我国 NH₃-N 产生量主要来源于生活。2007 年，城镇生活的 NH₃-N 产生量为 133 万 t，占总 NH₃-N 产生量的 37.3%。在高情景方案下，到 2015 年，城镇生活依然是全国 NH₃-N 产生量的主要来源，其产生量约为 170 万 t，所占比重为 40.2%；2020 年约为 190 万 t，比重上升为 40.8%；2030 年预计达到 231 万 t，比重达到 43.5%。如果考虑农村生活 NH₃-N 产生量，生活 NH₃-N 产生量的贡献更大，生活的 NH₃-N 产生量将从 2007 年的 215 万 t 增加到 2030 年的 302 万 t。具体从城镇生活、农村生活的预测结果可知，城镇生活的 NH₃-N 产生量大于农村生活。城镇生活 NH₃-N 产生量在城镇人口的增加和产污系数提高的共同作用下，产生量增长较快；虽然农村 NH₃-N 的产污系数在增加，但其未来人口在减少，总体而言，呈小幅下降趋势。

在低情景方案下，若氨氮的产生系数较高情景方案有所下降，到 2015 年、2020 年以及 2030 年生活氨氮的总产生量较高情景方案分别降低 0.5%，5.3% 和 8.9%。

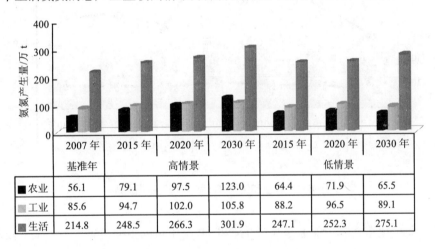

	2007 年	2015 年	2020 年	2030 年	2015 年	2020 年	2030 年
	基准年	高情景			低情景		
■ 农业	56.1	79.1	97.5	123.0	64.4	71.9	65.5
▨ 工业	85.6	94.7	102.0	105.8	88.2	96.5	89.1
▨ 生活	214.8	248.5	266.3	301.9	247.1	252.3	275.1

图 4-8　不同部门 NH₃-N 产生量预测

（2）工业和农业的 NH₃-N 产生量增速相对缓慢。预测期间，我国工业和农业的 NH₃-N 产生量虽也呈逐年上升趋势，但增速较为缓慢。其中，工业从 2007 年的 85.6 万 t 上升到 2020 年的 102.0 万 t，预计 2030 年可达到 105.8 万 t。比重从 2007 年的 24% 下降到 2030 年的 19.9%。工业的 NH₃-N 产生量主要来源于化学原料及化学制品制造业、石油加工、炼焦及核燃料加工业、黑色金属冶炼及压延加工业、造纸及纸制品业、食品制造业等行业，这 5 个行业的 NH₃-N 产生量占工业 NH₃-N 产生量的 73.9%。因此，从环境治理成效的角度考虑，这 5 个行业，尤其是化学原料及化学制品制造业、石油加工、造纸及纸制品业这三个行业应该是未来工业 NH₃-N 治理的重点行业。

农业规模化畜禽养殖产生的 NH₃-N 随畜禽规模化比重的增加而增加。规模化畜禽养殖业产生的 NH₃-N 由 2007 年的 56.1 万 t 上升到 2030 年的 123.0 万 t，增加了 1.2 倍。畜禽养

殖业 NH_3-N 主要来自猪、奶牛和肉牛，其中，养猪业是 NH_3-N 的主要制造者，2030 年，养猪业产生的 NH_3-N 为 80 万 t，约占畜禽养殖业 NH_3-N 产生量的 71%。

4.3.2.4 TP 和 TN 产生量

（1）农业是 TP 和 TN 产生量的主要来源。2007 年，我国 TN 和 TP 产生量（包括规模化畜禽养殖业和生活）分别为 986.9 万 t 和 138.4 万 t，在高情景方案下，预计 2020 年分别为 1 617 万 t 和 231 万 t，与 2007 年相比分别增加 63.8%以及 66.7%；2030 年将分别达到 2 063 万 t 和 297 万 t，与 2007 年相比，分别增加 109.1%和 114.4%；在低情景方案下，总氮和总磷的产生量增长速度有所减缓，在 2030 年分别达到 1 317 万 t 和 172 万 t，较高情景方案减少 36.2%以及 41.9%，其中总磷的产生量预计在"十四五"期间开始下降（图 4-9）。

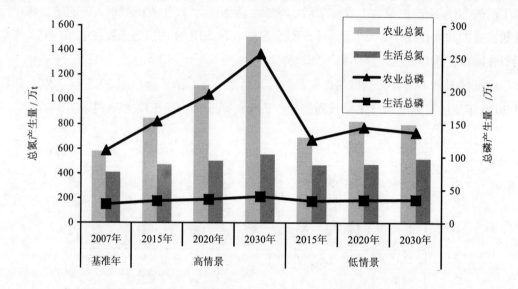

图 4-9 农业和生活 TN 和 TP 产生量预测

农业（规模化畜禽养殖业）是我国 TN 和 TP 产生量的主要贡献者。未来一段时间内，我国规模化畜禽养殖业 TP 和 TN 产生量和所占比重仍将继续上升。2007 年，规模化畜禽养殖的 TN 产生量为 577.3 万 t，在高情景方案下，到 2015 年、2020 年以及 2030 年分别达到 849.1 万 t、1 114 万 t 以及 1 509 万 t，分别比 2007 年增长 47.1%、92.9%以及 161.4%，占全国 TN 产生量的比重分别为 64.3%，68.9%以及 73.1%。在低情景方案下，在"十四五"期间预计达到拐点，到 2015 年、2020 年以及 2030 年分别达到 691 万 t、821 万 t 以及 798 万 t，分别比 2007 年增长 19.7%、42.3%以及 38.1%，占全国 TN 产生量的比重分别为 59.5%、63.4%以及 60.6%。

2007 年，规模化养殖的 TP 产生量为 110.0 万 t，在高情景方案下，到 2015 年、2020 年以及 2030 年分别达到 154 万 t、195 万 t 和 257 万 t，占全国 TP 产生量的比重分别为 82.4%，84.6%以及 86.5%。在低情景方案下，到 2015 年、2020 年以及 2030 年分别达到 126 万 t、145 万 t 和 137 万 t，占全国 TP 产生量的比重分别为 82.4%、84.6%和 86.5%。就畜禽种类而言，猪和肉鸡产生的 TN 和 TP 相对较多。

（2）生活的 TP 和 TN 产生量呈增长趋势，城镇增速快于农村。2007—2030 年城镇生活和农村生活的 TP、TN 产生量呈逐年增长趋势。2007 年，生活的 TP 产生量为 28.4 万 t，其中，城镇生活为 19.1 万 t，占到生活 TP 产生量的 67.3%；预计在高情景方案下，到 2015 年、2020 年以及 2030 年总的生活 TP 产生量分别达到 32.9 万 t、35.6 万 t 以及 39.9 万 t，城镇生活 TP 所占的比重分别为 73.2%、76.1% 和 79.9%。而在低情景方案下，预计增长趋势有所减缓，到 2015 年、2020 年以及 2030 年总的生活 TP 产生量分别达到 32.9 万 t、34.4 万 t 以及 35.2 万 t，城镇生活 TP 所占的比重分别为 73.2%、75.2% 和 77.2%。

2007 年，生活 TN 产生量为 410 万 t，其中，城镇生活为 282 万 t，占到生活 TN 产生量的 68.7%；在高情景方案下，到 2015 年、2020 年以及 2030 年生活 TN 产生量分别达到 471 万 t、503 万 t 以及 555 万 t，占总的产生量的比重分别为 73.8%、76.3% 和 79.9%；在低情景方案下，到 2020 年以及 2030 年生活 TN 产生量分别达到 475 万 t 以及 519 万 t，占总产生量比重分别为 74.9% 以及 78.6%，较高情景方案分别下降 5.7% 以及 6.4%。

4.3.2.5　水污染产生压力综合分析

（1）废水和污染物产生量都将持续增加。在高情景方案下，废水和污染物产生量都将呈快速增长趋势。而在低情景方案下，总磷和 COD 的产生量在 2020 年以后将逐渐下降，废水、氨氮以及总磷的产生量仍将保持增长趋势，但较高情景方案有所减缓。在废水产生量中生活废水产生量的增速较快，预期到 2030 年，生活废水产生量的比例达到 39.7%～47.3%。

2007 年全部污染物产生量为 16 951 万 t，在高情景方案下，2015 年约为 23 126 万 t，较 2007 年增加 36.4%。2020 年预计会增加到 29 482 万 t，较 2015 年污染物产生量增加 27.5%。2030 年将高达 38 970 万 t，与 2020 年相比，污染物产生量预计将增加 32.2%（图 4-10）。在低情景方案下，污染物的产生量在 2020 年之后会有所下降，2015 年约为 19 872 万 t，较 2007 年污染物产生量增加 17.2%。2020 年预计会增加到 22 603 万 t，"十三五"期间污染物产生量将增加 13.7%。2030 年将为 21 910 万 t，与 2020 年相比，污染物产生量预计将下降约 2.1%。

（2）COD 的产生量比重最高，农业是 COD 产生量的主要制造者。在所预测的全部污染物中，COD 所占的比重最高。2007 年，COD 产生量为 13 349 万 t，占所预测污染物的 90.0%，在高情景方案下 2015 年 COD 产生量约为 19 143 万 t，所占比重为 90.8%，2020 年的比重约为 91.6%，2030 年达到 92.2%，COD 产生量的比重在逐年增加，COD 减排压力将进一步加大。TN 是次于 COD 的第二大污染物产生量，2007 年 TN 产生量为 987 万 t，在高情景方案下 2030 年达到 2 064 万 t。

农业（规模化畜禽养殖业）是 COD、TN 和 TP 产生量的主要来源。从预测结果看，农业的 COD 产生量将以较快速度增加，而农业面源污染又因其发生时间的随机性、发生方式的间歇性、机理过程复杂性、排放途径及排放量的不确定性、污染负荷时空变异性和监测、模拟与控制困难性等特点给环境治理带来很大困难。因此，如何从源头控制污染物的产生，减少 COD 和 TN 等污染物的产生量，是亟待破解的难题。

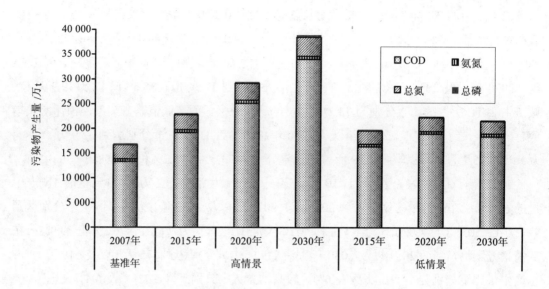

图 4-10　主要污染物产生量预测

4.3.3　水环境污染排放压力预测结果

4.3.3.1　废水排放量

（1）我国废水排放量呈增长趋势，在低排放情景下，将呈下降趋势。2007 年我国废水排放量为 597.8 亿 t，在符合客观发展情况的高排放情景下，我国废水排放量将呈增长趋势。我国废水排放量 2015 年约为 819 亿 t，"十二五"期间增加 37.0%。2020 年上升为 908 亿 t，"十三五"期间增加 10.9%。2030 年可能达到 1 008 亿 t，与 2020 年相比，增加 11.0%，与 2007 年相比，增加 68.6%。在中排放情景下，我国废水排放量将由 2007 年的 597.8 亿 t 上升到 2020 年的 755 亿 t，此后，呈下降趋势，2030 年达到 744 亿 t。在低排放情景下，废水排放量将在"十三五"期间开始下降，2015 年达到 704 亿 t，2020 年下降为 698 亿 t，2030 年进一步下降到 662 亿 t，比 2007 年近上升了 10.7 个百分点（图 4-11）。

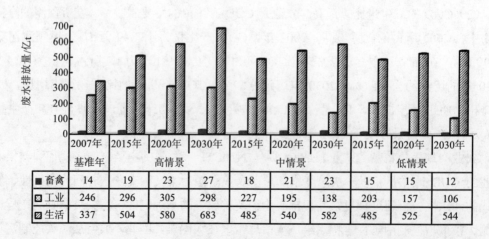

	2007年	2015年	2020年	2030年	2015年	2020年	2030年	2015年	2020年	2030年
	基准年	高情景			中情景			低情景		
■畜禽	14	19	23	27	18	21	23	15	15	12
▨工业	246	296	305	298	227	195	138	203	157	106
▨生活	337	504	580	683	485	540	582	485	525	544

图 4-11　废水排放量预测

（2）生活废水排放量逐年增加，农村生活废水排放量增速较快。在高排放情景下，2010—2030 年，生活废水总的排放量保持较快的增长速度，生活废水排放量由 2007 年的 337.5 亿 t 上升到 2015 年的 504 亿 t，增长率约为 50.4%，在 2020 年排放量达到 580 亿 t，"十三五"期间增长 13.1%。到 2030 年排放量达到 683 亿 t，相对于 2020 年提高了 16.6%。其中，城镇生活废水排放量大于农村，2030 年城镇生活废水排放量占生活总废水排放量的 80%，而农村生活废水排放量增速快于城镇。尽管农村人口数在下降，但由于生活水平的提高，人均用水在增加，农村废水的排放量呈现较快的逐年上升趋势，到 2015 年、2020 年以及 2030 年，分别达到 88.0 亿 t、115.4 亿 t 以及 134.7 亿 t，分别比 2007 年增加了 222.3%、322.7% 以及 393.4%。

在相对更高的废水处理率和回用率的中排放情景下，2007—2030 年，生活废水总的排放量增长速度相对于高排放量情景有所降低，但仍呈增长趋势。由 2007 年的 337.5 亿 t 上升到 2015 年的 485 亿 t，增长率约为 43.8%，在 2020 年排放量达到 540 亿 t，比 2015 年提高了 11.3%；到 2030 年排放量达到 582 亿 t，相对于 2020 年增加了 7.8%。其中，农村生活废水的排放量仍呈现较快的上升趋势，但较高情景方案有所减缓，到 2015 年、2020 年以及 2030 年，分别达到 79 亿 t、105 亿 t 以及 118 亿 t，分别比 2007 年增加了 187.8%、283.7% 和 332.7%。

在低排放情景下，生活废水排放量呈小幅上升趋势。生活废水排放量于 2015 年开始较中情景方案有所减缓，由 2015 年的 485 亿 t 上升到 2030 年的 544 亿 t。较中情景方案减少 6.6 个百分点。其中，城镇生活的废水排放量基本得到控制，农村生活的废水排放量仍呈小幅上升趋势。

（3）工业废水排放量增速渐缓，造纸业、黑色金属冶炼业仍将是工业废水排放大户。在高排放情景下，虽然各工业行业的废水排放系数逐年下降、工业废水回用率逐年增加，但由于工业产值的增加快于废水排放系数的增加，2020 年之前总的废水排放量仍在逐年增加，但增速逐年趋缓。2020 年之后预计排放量将开始下降。2007 年，工业废水排放量为 246 亿 t，2015 年约为 296 亿 t，2020 年约为 305 亿 t，2030 年预计达到 298 亿 t，较 2007 年分别增加了 20.0%、23.9% 和 21.0%。在各行业中，造纸及纸制品业、黑色金属冶炼及压延加工业、农副食品加工业、纺织业、化学原料及化学制品制造业等产业是主要的工业废水排放源，2007 年，这 5 个部门的废水排放量共 147 亿 t，占工业废水排放量的 59.6%，2030 年，这 5 个部门的废水排放量共约为 154 亿 t，所占比重约为 51.6%（表 4-9）。

在中排放情景下，我国工业废水排放量呈下降的趋势。2015 年工业废水排放量约为 227 亿 t，2020 年为 195 亿 t，2030 年约为 138 亿 t。预测结果表明，在中情景方案下，造纸和钢铁的废水排放量将呈下降趋势，农副和纺织行业将在 2015 年达到拐点。

在低排放情景下，既考虑到政策因素的调节作用，又加大工艺技术改造力度的预测结果显示，2015 年、2020 年以及 2030 年分别达到 203 亿 t，157 亿 t 以及 106 亿 t，相对高排放情景，下降了 64.4%。

表 4-9　工业行业不同情景的废水排放量预测结果　　　　　　　　　单位：亿 t

行　业	基准年	高排放情景			中排放情景			低排放情景		
	2007年	2015年	2020年	2030年	2015年	2020年	2030年	2015年	2020年	2030年
煤炭开采和洗选业	8.9	13.1	14.3	15.2	11.1	10.9	7.6	11.1	10.9	7.6
石油和天然气开采业	1.4	1.0	1.0	0.9	0.8	0.5	0.5	0.8	0.5	0.5
黑色金属矿采选业	1.8	2.1	2.4	2.4	1.5	1.1	0.7	1.5	1.1	0.7
有色金属矿采选业	5.1	5.7	6.3	5.5	4.0	3.2	4.1	4.0	3.2	4.1
非金属矿采选业	1.0	1.7	2.2	2.6	1.5	1.7	1.8	1.5	1.7	1.8
农副食品加工业	17.0	21.8	17.6	11.4	17.7	10.1	3.4	14.2	6.7	1.7
食品制造业	4.9	10.5	12.3	13.3	9.4	10.1	9.4	9.4	10.1	9.4
饮料制造业	7.2	12.5	15.7	18.2	10.6	12.4	13.3	10.0	10.8	8.1
烟草制品业	0.3	0.8	0.9	1.2	0.6	0.5	0.8	0.6	0.5	0.8
纺织业	25.8	34.5	36.2	34.0	28.4	22.6	10.5	22.7	16.3	4.7
纺织服装、鞋、帽制造业	1.7	2.0	2.3	2.5	1.8	2.0	1.9	1.8	2.0	1.9
皮革毛皮羽毛（绒）及其制品业	2.7	3.3	3.9	4.4	2.2	2.2	3.5	2.2	2.2	3.5
木材加工及木竹藤棕草制品业	0.6	0.7	0.8	0.8	0.6	0.7	0.7	0.6	0.7	0.7
家具制造业	0.2	0.3	0.4	0.5	0.2	0.3	0.3	0.2	0.3	0.3
造纸及纸制品业	48.6	49.0	50.0	48.1	36.7	28.6	16.0	30.6	15.2	6.7
印刷业和记录媒介的复制业	0.2	0.3	0.5	0.7	0.3	0.3	0.5	0.3	0.3	0.5
文教体育用品制造业	0.1	0.1	0.2	0.2	0.1	0.1	0.1	0.1	0.1	0.1
石油加工、炼焦及核燃料加工业	8.4	12.8	12.8	10.8	10.2	9.6	4.3	9.1	7.2	2.9
化学原料及化学制品制造业	37.1	24.0	16.8	11.0	17.1	11.2	8.2	13.5	7.4	2.9
医药制造业	4.9	7.9	9.3	9.7	3.8	3.5	2.2	3.8	3.5	2.2
化学纤维制造业	5.6	7.0	7.1	7.7	4.9	4.9	3.8	4.9	4.9	3.8
橡胶制品业	0.7	2.5	3.1	4.4	2.0	2.3	1.9	2.0	2.3	1.9
塑料制品业	0.5	0.8	1.0	1.2	0.7	0.7	0.7	0.7	0.7	0.7
非金属矿物制品业	4.7	6.4	7.2	6.8	1.3	5.0	4.2	5.0	5.0	4.2
黑色金属冶炼及压延加工业	18.5	23.9	21.9	18.8	16.8	9.3	2.7	14.0	6.2	1.5
有色金属冶炼及压延加工业	3.6	6.7	7.0	4.6	5.0	4.3	2.0	5.0	4.3	2.0
金属制品业	3.8	5.7	6.7	6.6	5.3	5.2	4.5	5.3	5.2	4.5
通用设备制造业	1.4	1.7	1.8	1.7	1.5	1.3	1.0	1.5	1.3	1.0
专用设备制造业	1.1	1.7	2.1	2.3	1.5	1.4	1.2	1.5	1.4	1.2
交通运输设备制造业	2.5	4.6	6.3	9.3	4.0	5.1	5.9	4.0	5.1	5.9
电气机械及器材制造业	1.0	1.8	2.6	3.5	1.7	2.2	2.7	1.7	2.2	2.7
通信计算机及其他电子设备制造业	3.4	6.3	8.2	12.8	5.8	6.5	8.9	5.8	6.5	8.9
仪器仪表及文化办公用机械制造业	0.8	1.5	2.1	2.8	1.3	1.7	1.8	1.3	1.7	1.8
工艺品及其他制造业	0.4	0.7	0.8	1.1	0.6	0.7	0.8	0.6	0.7	0.8
废弃资源和废旧材料回收加工业	0.1	0.2	0.3	0.4	0.2	0.2	0.2	0.2	0.2	0.2
电力、热力的生产和供应业	20.0	19.6	20.1	19.4	15.0	11.2	5.5	11.2	8.0	3.3
燃气生产和供应业	0.3	0.5	0.7	1.0	0.5	0.7	0.8	0.5	0.7	0.8
总计	246	296	305	298	227	195	138	203	157	106

4.3.3.2　COD 排放量

（1）若不加大治理力度，COD 排放量仍呈上升趋势。分高、中、低 3 种排放情景对 COD 排放量进行预测，预测结果如图 4-12 所示。在高排放情景下，2020 年前，我国 COD 排放量将会呈上升趋势。如果不考虑农村生活的 COD 排放量，2007 年我国 COD 排放量为 2 277 万 t，2015 年上升到 2 520 万 t，2020 年约为 2 716 万 t，2030 年将达到 2 552 万 t，"十二五"期间可能增加 10.7%，"十三五"期间增加 7.8%。如果考虑农村生活的 COD 排放量，我国 COD 排放量 2030 年可能达到 3 132 万 t，相对 2007 年的 3 138 万 t（包含农村生活）下降 0.19%。2007 年，若不考虑农村生活，农业、工业、城镇生活的 COD 排放量所占的比重分别为 39.3%、22.4%、38.3%，2030 年比重分别达到 60.3%、20.7% 和 19.0%，农业比重大幅上升，减排形势严峻，工业和城镇生活比重有所下降。如果仅考虑工业和城镇生活污水的 COD 排放量，2030 年将较 2007 年减排 26.7%。

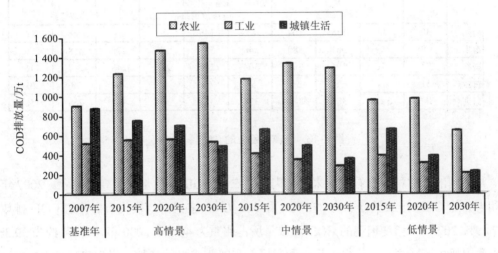

图 4-12　不同情景下的 COD 排放量预测

在中排放情景下，COD 的排放量在"十二五"期间将开始下降，若不考虑农村生活，2015 年、2020 年，以及 2030 年将分别下降到 2 234 万 t、2 168 万 t，以及 1 918 万 t。在加大源头治理力度的低排放情景下，我国 COD 排放量将呈更快的下降趋势。2015 年 COD 排放量（不含农村生活）为 1 993 万 t，2020 年下降到 1 661 万 t，2030 年约为 1 075 万 t。分别比高排放情景下降 20.9%、38.8% 和 57.9%。如果仅考虑工业和城镇生活污水的 COD 排放量，2030 年将比 2007 年降低 68.7%。

（2）规模化畜禽养殖 COD 排放量将呈上升趋势，肉牛和猪养殖业将是农业 COD 排放量的主要贡献者。在高排放情景下，由规模化畜禽养殖的 COD 排放量将以较快趋势增长。2007 年规模化畜禽养殖 COD 排放量为 895.5 万 t，2015 年约为 1 226 万 t，2020 年为 1 465 万 t，2030 年预计会上升到 1 539 万 t。2015 年规模化畜禽养殖 COD 排放量较 2007 年增长 36.9%，"十三五"期间规模化畜禽养殖 COD 排放量增长 19.5%，2020—2030 年，规模化畜禽养殖 COD 排放量上升 5.0%。在预测期间，规模化畜禽养殖 COD 排放量的比重逐渐上升。中排放情景下，规模化畜禽养殖 COD 排放量将在 2020 年左右达到拐点，在 2030 年预计达到 1 282 万 t，较 2020 年的预测值下降 3.7%，较 2007 年预计上升 43.2%。

在低排放情景下，规模化畜禽养殖的 COD 排放量上升幅度进一步减缓，2020 年相对于 2015 年小幅上升后开始呈下降趋势，到 2030 年约为 642 万 t，相对 2007 年下降了 28.3%（图 4-13）。

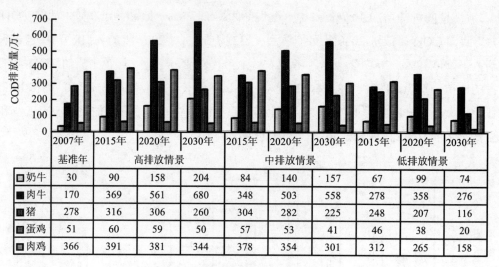

	2007年	2015年	2020年	2030年	2015年	2020年	2030年	2015年	2020年	2030年
	基准年	高排放情景			中排放情景			低排放情景		
□ 奶牛	30	90	158	204	84	140	157	67	99	74
■ 肉牛	170	369	561	680	348	503	558	278	358	276
▨ 猪	278	316	306	260	304	282	225	248	207	116
▨ 蛋鸡	51	60	59	50	57	53	41	46	38	20
□ 肉鸡	366	391	381	344	378	354	301	312	265	158

图 4-13 畜禽养殖业的 COD 排放量

从不同的畜禽种类来看，未来猪和肉鸡是农业 COD 排放量的主要贡献者。2007 年，猪和肉鸡的 COD 排放量分别为 278 万 t 和 366 万 t，它们占规模化畜禽养殖 COD 排放量的 71.9%。2020 年，猪和肉鸡的 COD 排放量所占比重为 46.9%，2030 年，其比重约为 39.3%。随着我国奶牛养殖规模化比例的提高和我国对牛奶需求量的增加，奶牛将是 COD 排放量增速最快的畜种。2007 年，奶牛的 COD 排放量为 30 万 t，2020 年为 158 万 t，相对增加了近 5 倍，2030 年约为 204 万 t，相对 2020 年增加 36 个百分点。

（3）生活是我国 COD 的主要排放源之一，未来其排放量将呈下降趋势。在高、中、低 3 种排放情景下，我国生活的 COD 排放量都将呈下降趋势。2007 年，生活的 COD 排放量为 1 731.8 万 t，在中情景方案下，2015 年下降到 1 388 万 t，2020 年约为 1 157 万 t，2030 年可能达到 894 万 t。在加大治理力度的低排放情景下，生活的 COD 排放量由 2007 年的 1 731.8 万 t 下降到 2015 年的 1 388 万 t，2020 年约为 954 万 t，2030 年下降到 587 万 t，与 2007 年相比，2030 年生活 COD 排放量将下降 66.1%。

在中情景方案下，城镇生活的 COD 排放量占生活 COD 排放量的比重呈逐渐下降趋势。2007 年，城镇生活 COD 排放量为 870.8 万 t，占生活总排放量的 50.3%，后逐年下降，到 2015 年、2020 年和 2030 年，城镇生活 COD 排放量占生活 COD 排放量的比重分别为 47.2%、42.3% 和 39.7%。

（4）工业 COD 减排压力较大，严防工业 COD 出现逆势上升。2007 年，工业行业 COD 的总排放量为 511.1 万 t，排放量位于前 4 位的行业依次为造纸业、农副食品加工业、化学原料及制品业和纺织业，分别为 184.4 万 t、67.8 万 t、55.0 万 t 以及 40.4 万 t，污染贡献率分别占到 30.8%、11.32%、9.16% 以及 6.75%，这 4 个行业是减排的重点行业，也是减排潜力较大的行业。

按照高排放情景方案的减排目标，工业各行业 COD 排放量的预测结果是我国工业 COD 排放量呈先上升后下降趋势。到 2015 年、2020 年 COD 的排放量将达到 547 万 t、555 万 t，此后有所下降，2030 年小幅下降到 529 万 t（表 4-10）。可以看出，虽然各工业行业单位产排污系数在不断下降，但由于我国仍处于工业化发展阶段，受经济发展强劲势头的拉动，排污量仍然在不断提高，因此，在近期内，若要减少工业排污带来的环境压力，仍需进一步加大治理力度。

预计 2020—2030 年，造纸业、农副食品加工业、化学原料及制品业和纺织业等 4 个主要排放大户对于污染物增加的贡献率仍占到了近 50%，因此 2010—2030 年，造纸业、农副食品加工业、化学原料及制品业和纺织业仍是未来 COD 污染减排的重点行业，应该采取清洁生产和末端相结合的污染减排措施，进行技术整改，转变生产方式；同时，对于其他行业的减排也应该引起足够的重视，强调源头减排。

在中排放情景下，工业行业 COD 的排放总量将持续减少。到 2015 年、2020 年以及 2030 年，COD 的排放量将达到 408 万 t，347 万 t 以及 281 万 t，分别比 2007 年的 COD 排放量减少 24.1%、38.9% 以及 59.2%。四大行业造纸业、农副食品加工业、化学原料及制品业和纺织业的 COD 排放量均出现下降趋势。

表 4-10　不同情景的工业 COD 排放量预测　　　　单位：万 t

行　业	基准年	高排放情景			中排放情景			低排放情景		
	2007年	2015年	2020年	2030年	2015年	2020年	2030年	2015年	2020年	2030年
煤炭开采和洗选业	9.6	11.8	10.7	10.3	11.5	10.1	9.3	11.5	10.1	9.3
石油和天然气开采业	2.5	1.1	0.8	0.5	1.1	0.8	0.5	1.1	0.8	0.5
黑色金属矿采选业	1.2	1.3	1.2	1.0	1.2	1.2	0.9	1.2	1.2	0.9
有色金属矿采选业	5.6	3.3	2.7	1.8	3.2	2.7	1.7	3.2	2.7	1.7
非金属矿采选业	1.1	1.4	1.7	1.8	1.4	1.6	1.7	1.4	1.6	1.7
农副食品加工业	67.8	75.3	65.5	62.9	65.1	49.0	39.3	65.1	37.2	17.3
食品制造业	14.0	19.3	20.5	21.0	16.7	13.3	7.8	16.7	13.3	7.8
饮料制造业	26.8	35.1	32.1	28.3	27.8	19.2	12.2	25.5	16.5	5.9
烟草制品业	0.5	0.8	1.0	1.1	0.8	1.0	1.1	0.8	1.0	1.1
纺织业	40.4	43.6	37.7	30.8	31.2	26.3	19.7	24.3	24.2	12.1
纺织服装、鞋、帽制造业	2.1	2.3	2.5	2.5	2.2	2.3	2.1	2.2	2.3	2.1
皮革毛皮羽毛（绒）及其制品业	8.3	10.1	11.1	11.7	9.8	10.2	10.2	9.8	10.2	10.2
木材加工及木竹藤棕草制品业	1.9	2.0	1.9	1.9	1.9	1.9	1.8	1.9	1.9	1.8
家具制造业	0.5	0.6	0.8	0.9	0.6	0.7	0.9	0.6	0.7	0.9
造纸及纸制品业	184.4	184.7	202.6	179.8	102.6	80.9	49.4	93.7	67.7	20.5
印刷业和记录媒介的复制业	0.3	0.4	0.5	0.6	0.4	0.4	0.5	0.4	0.4	0.5
文教体育用品制造业	0.1	0.2	0.2	0.3	0.2	0.2	0.3	0.2	0.2	0.3
石油加工、炼焦及核燃料加工业	9.6	9.6	10.6	9.2	7.4	6.9	5.0	7.4	6.9	5.0

行　业	基准年	高排放情景			中排放情景			低排放情景		
	2007年	2015年	2020年	2030年	2015年	2020年	2030年	2015年	2020年	2030年
化学原料及化学制品制造业	55.0	51.2	48.0	44.2	34.8	27.3	21.3	30.9	21.1	12.4
医药制造业	14.6	18.4	19.7	21.8	15.4	12.4	7.8	15.4	12.4	7.8
化学纤维制造业	11.5	12.9	12.8	13.0	12.4	11.7	11.1	12.4	11.7	11.1
橡胶制品业	0.8	1.2	1.5	2.0	1.2	1.4	1.9	1.2	1.4	1.9
塑料制品业	1.4	2.0	2.6	3.5	2.0	2.5	3.3	2.0	2.5	3.3
非金属矿物制品业	5.3	5.6	6.0	6.2	5.5	5.8	5.8	5.5	5.8	5.8
黑色金属冶炼及压延加工业	15.7	18.6	21.5	23.8	18.0	20.1	21.3	18.0	20.1	21.3
有色金属冶炼及压延加工业	3.7	3.2	2.6	1.6	3.2	2.5	1.5	3.2	2.5	1.5
金属制品业	3.3	4.3	5.2	6.0	4.2	4.9	5.5	4.2	4.9	5.5
通用设备制造业	1.9	2.0	2.2	2.2	2.0	2.0	2.0	2.0	2.0	2.0
专用设备制造业	1.0	1.4	1.6	1.9	1.4	1.5	1.7	1.4	1.5	1.7
交通运输设备制造业	3.2	4.8	5.9	8.1	4.7	5.6	7.5	4.7	5.6	7.5
电气机械及器材制造业	1.2	2.0	2.5	2.8	2.0	2.4	2.6	2.0	2.4	2.6
通信计算机及其他电子设备制造业	3.1	4.7	5.6	10.2	4.5	5.2	9.0	4.5	5.2	9.0
仪器仪表及文化办公用机械制造业	0.8	1.6	2.2	2.5	1.5	2.1	2.3	1.5	2.1	2.3
工艺品及其他制造业	0.6	0.7	0.8	1.0	0.7	0.8	0.9	0.7	0.8	0.9
废弃资源和废旧材料回收加工业	0.2	0.3	0.3	0.4	0.3	0.3	0.3	0.3	0.3	0.3
电力、热力的生产和供应业	7.1	7.4	7.8	8.5	7.2	7.5	7.9	7.2	7.5	7.9
燃气生产和供应业	1.8	1.9	2.3	3.3	1.9	2.2	2.9	1.9	2.2	2.9
总计	509.1	547	555	529	408	347	281	386	311	208

4.3.3.3　NH₃-N 排放量

（1）在高、中、低 3 种情景下，NH₃-N 排放量都呈先上升后下降趋势。在以目前 NH₃-N 去除率的发展趋势为情景的高排放情景下，在预测期我国 NH₃-N 排放量呈小幅下降趋势，由 2007 年的 228 万 t（含农村生活），下降到 2015 年的 209 万 t，下降了 8.6%；2020 年预测值为 198 万 t，相对 2015 年下降了 4.9%；2030 年小幅下降到 178 万 t，相对 2020 年下降了 10.2%。就各部门而言，2007 年农业 NH₃-N 排放量为 21.8 万 t，工业为 34.0 万 t，生活为 172.3 万 t（其中城镇生活为 98.3 万 t），所占比例分别为 9.6%、14.9%和 75.5%；2030 年，比重分别为 9.6%、14.9%、75.5%。（图 4-14）

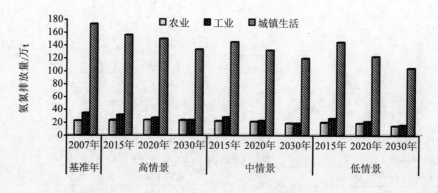

图 4-14　不同情景下的 NH₃-N 排放量预测

如果加大对 NH₃-N 排放的控制措施，即在中排放情景下，我国 NH₃-N 排放量将呈较大幅度的下降趋势。2015 年、2020 年以及 2030 年分别下降到 193 万 t、174 万 t 以及 155 万 t，与 2007 年相比，排放量分别降低了 15.5%、23.9% 以及 32.2%。

（2）生活是 NH₃-N 排放量的主要来源，且贡献度逐年增加。从图 4-15 可知，生活是 NH₃-N 排放量的主要贡献者。在高排放情景下，如果把农村生活 NH₃-N 排放量也计算在内，2007 年生活 NH₃-N 排放量为 172.3 万 t，占总 NH₃-N 排放量的 75.5%，2015 年，生活 NH₃-N 排放量下降为 155 万 t，占总 NH₃-N 排放量的 74.3%；2020 年，生活 NH₃-N 排放量约为 149 万 t，所占比例为 75.1%；2030 年，排放量预计为 133 万 t，所占比例为 74.5%。

在低排放情景下，生活 NH₃-N 排放量由 2007 年的 172 万 t 下降到 2015 年的 144 万 t，2020 年下降到 131 万 t，2030 年约为 119 万 t，分别比 2007 年下降 16.2%、23.9% 以及 30.9%。

城镇生活 NH₃-N 排放量是生活 NH₃-N 排放量的主要部分。2007 年城镇生活 NH₃-N 排放量所占比重为 63.7%，在中排放情景下，2015 年与 2020 年均为 56.3%，2030 年约为 61.1%。

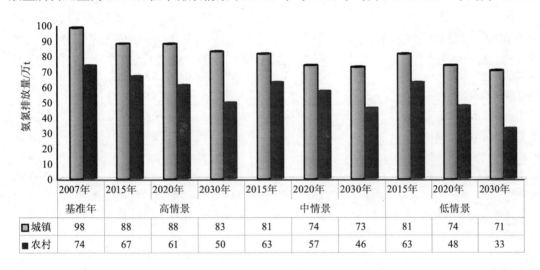

	2007年	2015年	2020年	2030年	2015年	2020年	2030年	2015年	2020年	2030年
	基准年	高情景			中情景			低情景		
□ 城镇	98	88	88	83	81	74	73	81	74	71
■ 农村	74	67	61	50	63	57	46	63	48	33

图 4-15　不同情景下的生活 NH₃-N 排放量预测

（3）工业氨氮排放压力相对较小，化工和造纸是工业氨氮的主要贡献行业。2007 年，工业行业 NH₃-N 的总排放量为 34 万 t。排放量位于前 4 位的行业依次为化学原料及制品业、纺织业、造纸业，以及农副食品加工业，分别为 15.36 万 t、3.52 万 t、2.56 万 t，以及 1.95 万 t（表 4-11），污染贡献率分别占到 45.1%、10.30%、7.5%，以及 5.7%，这 4 个行业是减排的重点行业，也是减排潜力较大的行业。

按照中排放情景的减排目标预测各工业行业氨氮排放量，结果表明工业行业氨氮的排放总量将持续减少。到 2015 年、2020 年，以及 2030 年氨氮的排放量将达到 27 万 t、22 万 t，以及 18 万 t。在中排放情景下，化学原料及制品业、纺织业、造纸业，以及农副食品加工业等四大行业的氨氮排放量均呈下降的趋势。

表 4-11　不同情景的工业 NH$_3$-N 排放量预测结果　　　　单位：万 t

行　业	基准年 2007年	高排放情景 2015年	高排放情景 2020年	高排放情景 2030年	中排放情景 2015年	中排放情景 2020年	中排放情景 2030年	低排放情景 2015年	低排放情景 2020年	低排放情景 2030年
煤炭开采和洗选业	0.39	0.45	0.49	0.54	0.44	0.48	0.52	0.44	0.48	0.52
石油和天然气开采业	0.17	0.15	0.15	0.14	0.14	0.14	0.13	0.14	0.14	0.13
黑色金属矿采选业	0.04	0.04	0.03	0.03	0.04	0.03	0.03	0.04	0.03	0.03
有色金属矿采选业	0.11	0.10	0.09	0.08	0.10	0.09	0.08	0.10	0.09	0.08
非金属矿采选业	0.02	0.03	0.03	0.04	0.03	0.03	0.04	0.03	0.03	0.04
农副食品加工业	2.57	2.81	2.46	1.49	2.58	2.19	1.28	2.46	2.19	1.03
食品制造业	1.16	1.29	1.19	1.03	1.03	0.89	0.69	0.91	0.74	0.53
饮料制造业	0.88	1.05	1.11	1.24	1.03	1.05	1.14	0.98	1.05	1.01
烟草制品业	0.02	0.02	0.02	0.03	0.02	0.02	0.02	0.02	0.02	0.02
纺织业	1.95	1.42	0.98	0.78	1.22	0.81	0.62	0.97	0.54	0.31
纺织服装、鞋、帽制造业	0.10	0.11	0.12	0.13	0.11	0.11	0.12	0.11	0.11	0.12
皮革毛皮羽毛（绒）及其制品业	0.97	0.99	0.91	0.75	0.88	0.78	0.60	0.88	0.78	0.60
木材加工及木竹藤棕草制品业	0.07	0.08	0.08	0.09	0.08	0.08	0.08	0.08	0.08	0.08
家具制造业	0.03	0.04	0.05	0.07	0.04	0.05	0.07	0.04	0.05	0.07
造纸及纸制品业	3.52	2.81	2.14	1.56	2.55	1.90	1.34	2.04	1.52	1.12
印刷业和记录媒介的复制业	0.01	0.01	0.01	0.01	0.01	0.01	0.01	0.01	0.01	0.01
文教体育用品制造业	0.06	0.01	0.01	0.01	0.01	0.01	0.01	0.01	0.01	0.01
石油加工、炼焦及核燃料加工业	1.23	1.22	1.19	0.93	1.13	0.86	0.48	1.00	0.72	0.39
化学原料及化学制品制造业	15.36	12.22	8.76	7.06	10.19	6.57	4.71	9.70	6.57	3.80
医药制造业	0.82	0.81	0.70	0.64	0.70	0.56	0.32	0.70	0.56	0.32
化学纤维制造业	0.41	0.40	0.39	0.40	0.39	0.38	0.38	0.39	0.38	0.38
橡胶制品业	0.08	0.14	0.15	0.19	0.14	0.15	0.18	0.14	0.15	0.18
塑料制品业	0.06	0.08	0.08	0.11	0.08	0.08	0.10	0.08	0.08	0.10
非金属矿物制品业	0.32	0.32	0.34	0.33	0.31	0.33	0.32	0.31	0.33	0.32
黑色金属冶炼及压延加工业	1.53	1.61	1.52	1.27	1.41	1.22	0.95	1.41	1.22	0.93
有色金属冶炼及压延加工业	0.55	0.56	0.57	0.57	0.55	0.54	0.51	0.55	0.54	0.51
金属制品业	0.13	0.17	0.20	0.21	0.16	0.19	0.18	0.16	0.19	0.18
通用设备制造业	0.13	0.14	0.16	0.16	0.14	0.15	0.15	0.14	0.15	0.15
专用设备制造业	0.14	0.17	0.21	0.29	0.16	0.21	0.28	0.16	0.21	0.28
交通运输设备制造业	0.20	0.25	0.32	0.39	0.24	0.32	0.37	0.24	0.32	0.37
电气机械及器材制造业	0.06	0.07	0.08	0.10	0.07	0.08	0.09	0.07	0.08	0.09
通信计算机及其他电子设备制造业	0.25	0.42	0.53	0.80	0.41	0.51	0.77	0.41	0.51	0.77
仪器仪表及文化办公用机械制造业	0.05	0.07	0.09	0.12	0.07	0.09	0.12	0.07	0.09	0.12
工艺品及其他制造业	0.03	0.04	0.04	0.05	0.04	0.04	0.05	0.04	0.04	0.05
废弃资源和废旧材料回收加工业	0.00	0.01	0.01	0.01	0.01	0.01	0.01	0.01	0.01	0.01
电力、热力的生产和供应业	0.21	0.19	0.22	0.28	0.18	0.20	0.22	0.18	0.20	0.22
燃气生产和供应业	0.39	0.57	0.68	0.80	0.56	0.67	0.77	0.56	0.67	0.77
总计	34.0	31	26	23	27	22	18	26	21	16

4.3.3.4　TP 和 TN 排放量

（1）TN 和 TP 排放量都呈先上升后下降的趋势。在高排放情景下，TN 和 TP 排放量将呈小幅下降的趋势，在中低排放情景下，将呈现较大幅度的下降趋势。如在中情景方案下，TN 排放量由 2007 年的 509.3 万 t 小幅下降到 2015 年的 454 万 t，2020 年下降为 420 万 t，2030 年约达 373 万 t，分别较 2007 年降低 10.9%、13.9% 以及 22.6%，分别较高情景方案减少了 7.0%、12.8% 以及 16.1%。

在高情景方案下，TP 排放量将保持缓慢上升的趋势，到 2020 年开始下降，在中、低情景方案下，TP 排放量将呈下降趋势。在中情景方案下，总磷的排放量将由 2007 年的 43 万 t 下降到 2015 年的 38 万 t，2030 年约为 29 万（图 4-16）。在低排放情景下，TP 排放量在 2015 年约为 37.6 万 t，2030 年为 26 万 t。

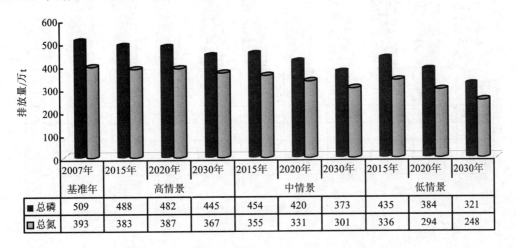

	2007年	2015年	2020年	2030年	2015年	2020年	2030年	2015年	2020年	2030年
	基准年	高情景			中情景			低情景		
■总磷	509	488	482	445	454	420	373	435	384	321
□总氮	393	383	387	367	355	331	301	336	294	248

图 4-16　不同情景下的 TN 和 TP 排放量预测

2007 年，农业（规模化畜禽养殖业）的 TN 排放量小于农业的 TN 排放量，但排放量的增速要快于农业的 TN 排放量，如在中情景方案下，由 2007 年的 37.5% 上升到 2030 年的 45.5%。而生活的 TP 排放量与增速与农业 TP 排放量与增速基本相差不大。

（2）农业 TN 和 TP 排放量都将呈先上升后下降的趋势。在高排放预测情景下，农业 TN 的排放量将呈逐年上升趋势，在中低情景方案下，农业 TN 的排放量将逐渐下降。2007 年，农业 TN 排放量为 190.9 万 t，在高情景方案下，预计 2015 年、2020 年将分别上升到 204 万 t、213.7 万 t，2030 年较 2020 年有小幅上升达到 214 万 t，分别比 2007 年增加 6.9%、11.9% 和 12.1%。而在中情景方案下，预计在 2015 年、2020 年和 2030 年农业 TN 排放量分别为 263 万 t、231 万 t 和 203 万 t，分别较高情景方案下降 7.0%、12.8% 和 16.1%。

在高排放预测情景下，农业 TP 排放量从 2020 年开始小幅下降，而在中低情景方案下，农业 TP 的排放量将逐年下降。在中排放情景下，预计在 2015 年、2020 年以及 2030 年农业 TP 排放量分别为 31 万 t、29 万 t 以及 24 万 t，分别比 2007 年的 TP 排放量下降 6.3%、11.0% 以及 32.1%，分别较高情景方案下降 15.5%、23.8% 以及 41.1%。

4.3.3.5 废水和污染物排放压力综合分析

（1）按照目前治理力度，2020 年前我国废水污染物排放量仍将呈上升趋势。在以目前我国废水污染物治理水平发展趋势为情景设定的高情景方案下，我国废水排放量在预测期内都将呈上升趋势。总污染物排放量则在 2020 年后开始有小幅下降。将由 2007 年的 3 919 万 t，上升到 2015 年的 4 040 万 t，2020 年上升为 4 151 万 t，2030 年小幅下降到 3 796 万 t。总污染物排放量增速呈逐步减缓趋势，"十二五"期间污染物排放量可能增加 3.1%，"十三五"期间增加 2.7%，2020—2030 年下降为 8.6%。

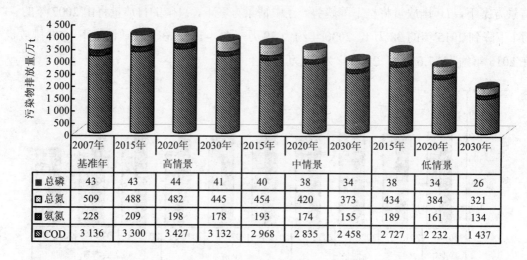

	2007年	2015年	2020年	2030年	2015年	2020年	2030年	2015年	2020年	2030年
	基准年	高情景			中情景			低情景		
■总磷	43	43	44	41	40	38	34	38	34	26
□总氮	509	488	482	445	454	420	373	434	384	321
▨氨氮	228	209	198	178	193	174	155	189	161	134
▨COD	3 136	3 300	3 427	3 132	2 968	2 835	2 458	2 727	2 232	1 437

图 4-17 不同情景的污染物排放量预测

如果加大对废水污染物的治理力度，在中排放情景下，我国废水排放量将在 2020 年开始下降，总污染物排放量呈小幅下降趋势。总污染物排放量由 2007 年的 3 919 万 t 下降到 2015 年的 3 652 万 t，2020 年的 3 464 万 t，2030 年可能下降到 3 014 万 t，较 2007 年下降 23.1%。与高排放情景相比，分别降低 9.6%、16.6% 和 20.6%。从图 4-18 可知，COD 排放量所占比重最高，其次是 TN 排放量。2007 年 COD 排放量占总污染物排放量的 80.0%，2015 年比重为 81.7%，2020 年比重为 82.6%，2030 年为 82.5%。TN 排放量的比重分别为 13.0%、12.1%、11.6% 和 11.7%。

（2）生活和农业是废水污染物排放量的主要来源，今后应是治理重点。从污染物来源角度预测，2007 年，农业和生活是废水污染物排放量的主要来源，随着生活污染减排力度的加大，预计生活污染所占比重逐年下降，而农业污染所占比重逐年上升。2007 年生活污染物排放量为 2 245 万 t，占废水污染物排放量的 57.3%，农业污染物排放量为 1 129 万 t，工业为 545 万 t。在中排放情景下，2015 年生活产生的废水污染物排放量约为 1 614 万 t，比重为 49.1%，农业废水污染物排放量约为 1 404 万 t，比重由 28.4% 上升到 38.4%；2020 年生活的废水污染物排放量预计为 1 535 万 t，较 2015 年有所下降，所占比重也下降为 44.3%，农业废水污染物排放量的比重则进一步上升为 45.0%。2030 年生活污染物排放量进一步下降为 1 231 万 t，比重为 40.8%，农业污染物的比重则继续上升为 49.2%。从预测结果可知，生活和农业的废水污染物排放量远大于工业，因此，今后我国应加大对生活和农业废水污染物的治理力度和投资力度。

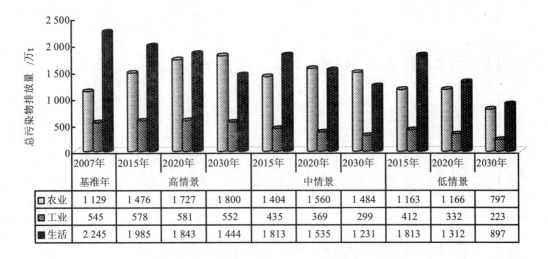

图 4-18　农业、工业、城镇生活污染物排放量预测结果

4.3.4　废水治理支出预测结果

从总体上看，回顾我国历年的环保投资，可以看出环保投资总量逐年增加，"九五"和"十五"期间成倍增长。根据"十一五"环境保护规划，全国"十一五"期间环保投资预期 15 300 亿元（约占同期 GDP 的 1.35%）。随着环保投入的增长，环境污染治理能力和环保设施的治理运行费用也不断提高。2007 年，工业废水、废气、危险废物和城市污水等4 项有实际统计数据的污染治理运行费用合计达到 1 129.8 亿元，是 1991 年（34.3 亿元）的近 33 倍，其中，工业废水所占比例从 2001 年的 58.9%降低到 2007 年的 37.9%。

4.3.4.1　畜禽养殖废水治理投入预测分析

通过对 "十二五""十三五"和 2020—2030 年畜禽养殖新增废水处理量、治理投资、废水处理量和治理运行费用分情景进行预测。预测结果如表 4-12 所示，在高排放情景方案下，"十二五""十三五"以及 2020—2030 年规模化畜禽养殖废水治理新增投资约为 79 亿元、111 亿元、243 亿元。废水治理运行费用分别为 502 亿元、821 元和 2 288 亿元。在中排放情景方案下，"十二五""十三五"以及 2020—2030 年，新增治理投资分别为 82 亿元、121 亿元，以及 261 亿元，废水治理运行费用分别为 552 亿元、781 亿元和 2 502 亿元。

预测期间，猪和肉牛的新增治理投资量最大，在中排放情景方案下，"十二五"期间，这两种畜禽的新增投资总计约 71 亿元，占畜禽养殖新增投资的 86.6%。"十三五"期间，这两种畜禽的新增投资总计约 99 亿元，占畜禽养殖新增投资的 81.8%；2020—2030 年，这两种畜禽的新增投资总计约 206 亿元，占畜禽养殖新增投资的 78.9%。

表4-12 畜禽养殖业的投资和运行费用预测结果

单位：亿元

项目	禽畜	高情景预测结果			中情景预测结果			低情景预测结果		
		"十二五"	"十三五"	2020—2030年	"十二五"	"十三五"	2020—2030年	"十二五"	"十三五"	2020—2030年
运行费用	奶牛	16	56	211	22	52	256	19	41	142
	肉牛	129	322	1055	158	300	1191	138	238	671
	猪	106	135	307	112	131	317	101	107	183
	蛋鸡	39	52	125	41	49	126	36	40	73
	肉鸡	213	256	590	220	249	611	199	204	359
	合计	502	821	2288	552	781	2502	493	630	1427
新增投资	奶牛	4	10	33	4	12	35	4	10	21
	肉牛	16	34	92	17	37	99	15	30	59
	猪	53	59	101	54	62	107	46	49	63
	蛋鸡	1	1	3	1	2	4	1	1	2
	肉鸡	5	7	14	5	8	16	5	7	10
	合计	79	111	243	82	121	261	70	97	155

对于运行费用,肉牛和肉鸡的废水治理运行费用相对较高,且呈逐渐上升趋势,在中情景方案下,"十二五"期间为 378 亿元,占畜禽养殖废水治理运行费用的 68.4%,"十三五"期间为 549 亿元,占畜禽养殖废水治理运行费用的 70.2%,2020—2030 年为 1 802 亿元,占到了畜禽养殖废水治理运行费用的 72.0%。

4.3.4.2　工业废水治理投入

对于投资费用而言,在高排放情景方案下,"十二五""十三五"以及 2020—2030 年工业废水分别需新增治理能力 219 亿 t/d、226 亿 t/d 和 352 亿 t/d,新增投资分别为 2 320 亿元、1 951 亿元和 2 848 亿元;中排放情景下,由于末端治理力度的加大治理投资成本大大提高,"十二五""十三五"以及 2020—2030 年工业废水分别需新增治理能力 266 亿 t/d、270 亿 t/d,以及 443 亿 t/d,新增投资分别为 2 739 亿元、2 394 亿元以及 3 783 亿元;在低排放情景下的新增投资成本最低,由于前端生产工艺的改进带来污染物产生量的减少,从而减少了末端治理的成本,预计"十二五""十三五"以及 2020—2030 年工业废水分别需新增治理能力 186 亿 t/d、201 亿 t/d,以及 292 亿 t/d,新增投资分别为 1 895 亿元、1 728 亿元以及 2 403 亿元(表 4-13)。

按行业而言,黑色金属冶炼及压延加工业、造纸及纸制品业、纺织业、饮料制造业、石油加工业、炼焦及核燃料加工业等产业是废水治理新增投资最高的行业,在中排放情景方案下,"十二五"期间,这 6 大行业新增投资为 1 977 亿元,"十三五"期间,新增投资约为 1 542 亿元,分别占总工业废水处理投资的 72.2%和 64.4%。而在低排放情景方案下,"十二五"期间,这六大行业新增投资为 1 120 亿元,所占总投资的比重较中情景方案有所下降,约为 59.1%,较中情景方案的投资减少了 43.3%。

对于运行费用,在高排放情景下,2015 年、2020 年,以及 2030 年工业行业的污水处理量分别为 1 388 亿 t、1 629 亿 t,以及 2 123 亿 t,"十二五""十三五"以及 2020—2030 年的污水处理运行费用分别为 6 324 亿元,7 543 亿元以及 18 764 亿元;在中排放情景下,由于末端治理力度的加大,污水处理运行费用将大大提高,2015 年、2020 年以及 2030 年工业行业的污水处理量分别为 1 471 亿 t,1 771 亿 t 以及 2 373 亿 t,"十二五""十三五"以及 2020—2030 年的污水处理运行费用分别为 6 533 亿元,8 105 亿元以及 20 721 亿元;在低排放情景下,由于生产工艺技术的改进使得末端减排压力大大降低,2015 年、2020 年以及 2030 年分别处理污水 1 288 亿 t、1 429 亿 t,以及 1 720 亿 t,"十二五""十三五"以及 2020—2030 年的污水处理运行费用分别为 6 074 亿元、6 792 亿元,以及 15 746 亿元。相对于中排放情景,其污水处理运行费用分别下降 27.2%、39.8%,以及 73.7%。(表 4-14)

电力、热力的生产和供应业、化学原料及化学制品制造业、黑色金属矿采选业、黑色金属冶炼及压延加工业、造纸及纸制品业、饮料制造业、有色金属冶炼及压延加工业等行业是废水处理运行费用相对较高的行业,预测结果表明,在中排放情景下,这 7 个行业运行费用所占比重为 64.6%~72.6%。

表 4-13 不同削减情景下的工业废水新增处理能力和投资预测结果

行业	高情景 新增处理能力/亿t "十二五"	高情景 新增处理能力/亿t "十三五"	高情景 新增处理能力/亿t 2020—2030年	高情景 投资/亿元 "十二五"	高情景 投资/亿元 "十三五"	高情景 投资/亿元 2020—2030年	中情景 新增处理能力/亿t "十二五"	中情景 新增处理能力/亿t "十三五"	中情景 新增处理能力/亿t 2020—2030年	中情景 投资/亿元 "十二五"	中情景 投资/亿元 "十三五"	中情景 投资/亿元 2020—2030年	低情景 新增处理能力/亿t "十二五"	低情景 新增处理能力/亿t "十三五"	低情景 新增处理能力/亿t 2020—2030年	低情景 投资/亿元 "十二五"	低情景 投资/亿元 "十三五"	低情景 投资/亿元 2020—2030年
饮料制造业	6.8	7.3	9.2	100.7	109.1	137.8	6.9	7.3	9.3	101.1	110.2	140.0	6.1	4.9	0.9	89.6	74.2	14.1
纺织业	11.8	11.2	15.1	94.3	91.4	123.1	13.8	12.5	19.9	110.5	101.9	162.5	6.6	5.1	1.7	53.1	41.6	14.2
造纸及纸制品业	8.5	19.4	19.9	48.9	113.9	116.9	8.8	20.8	22.1	51.0	122.2	129.7	2.3	3.0	2.3	13.2	17.5	13.3
石油加工、炼焦及核燃料加工工业	7.3	8.9	8.0	187.6	231.8	209.1	8.4	11.0	13.6	215.5	287.9	354.0	6.6	5.2	6.4	169.3	136.7	167.3
黑色金属冶炼及压延加工工业	77.0	12.0	0.0	1 030.6	163.8	0.0	89.4	28.8	22.4	1 196.8	393.5	305.7	47.3	11.8	9.8	633.5	160.9	134.1
电力、热力生产和供应业	25.3	68.9	137.2	182.8	508.1	1 011.5	41.8	71.4	160.3	302.2	526.1	1 181.7	22.3	48.0	74.4	161.5	353.7	548.6
其他	82.3	98.3	162.6	675.1	732.9	1 249.6	96.9	118.2	195.4	761.9	852.2	1 509.4	94.8	123	196.5	774.8	943.4	1 511.4
总计	219	226	352	2 320	1 951	2 848	266	270	443	2 739	2 394	3 783	186	201	292	1 895	1 728	2 403

表 4-14　不同削减情景下的工业废水处理量和运行费用预测结果

行业	高情景 处理量/亿t 2015年	2020年	2030年	高情景 运行费用/亿元 "十二五"	"十三五"	2020—2030年	中情景 处理量/亿t 2015年	2020年	2030年	中情景 运行费用/亿元 "十二五"	"十三五"	2020—2030年	低情景 处理量/亿t 2015年	2020年	2030年	低情景 运行费用/亿元 "十二五"	"十三五"	2020—2030年
电力、热力的生产和供应业	102.9	183.6	345.0	412.0	716.3	2 643.1	131.4	213.9	402.5	483.1	863.2	3 082.1	97.9	153.0	238.4	399.3	627.1	1 956.7
化学原料及化学制品制造业	384.6	314.8	308.6	2 194.1	1 748.7	3 117.1	387.9	320.2	317.7	2 202.2	1 770.1	3 189.1	305.4	212.0	113.5	1 996.0	1 293.6	1 627.4
黑色金属矿采选业	69.9	109.4	193.2	266.7	448.2	1 513.2	85.3	142.9	225.4	305.2	570.4	1 841.5	85.3	142.9	225.4	305.2	570.4	1 841.5
造纸及纸制品业	143.3	168.9	194.2	681.7	780.6	1 815.5	144.2	172.0	200.7	683.8	790.3	1 863.3	120.1	91.5	83.9	623.7	529.2	876.9
黑色金属冶炼及压延加工业	127.1	126.5	117.0	542.4	633.9	1 217.5	133.6	139.2	142.1	558.8	682.0	1 406.2	111.4	92.8	79.9	503.2	510.3	863.5
有色金属冶炼及压延加工业	80.8	105.0	117.9	297.1	464.5	1 114.4	81.7	107.0	124.6	299.4	471.8	1 157.9	81.7	107.0	124.6	299.4	471.8	1 157.9
饮料制造业	54.9	72.2	94.0	213.0	317.8	831.4	55.0	72.5	94.7	213.3	318.9	836.4	52.0	63.3	57.8	205.9	288.3	605.2
其他	262.7	424.5	548.6	753.1	1 717	2 433	262.7	262.7	451.9	603.3	865.3	1 787.2	2 638.3	7 344.5	262.7	434.2	566.5	796.5
总计	1 388	1 629	2 123	6 324	7 543	18 764	1 471	1 771	2 373	6 533	8 105	20 721	1 288	1 429	1 720	6 074	6 792	15 746

4.3.4.3 生活废水

生活废水投资包括城镇和生活，未来的城镇生活废水治理仍然是污水处理投资的重点，农村生活废水治理新增投资的力度将逐步加大。"十二五"期间，中、低排放情景污水新增投资均约为 5 117 亿元，较高排放情景增加了 30.6%，其中，城镇生活废水治理投资占到了生活总投资额的 93.8%，"十三五"期间，中排放情景方案的新增投资额最高，预计达到 3 915 亿元，其中，城镇生活废水新增治理投资占生活总投资额的比重下降到了 82%；2020—2030 年，高、中、低情景方案下的生活废水处理新增投资额分别为 4 944 亿元、5 758 亿元以及 4 856 亿元，其中，农村生活废水处理新增投资额近一步增大，在 3 种情景方案下分别为 19.3%，18.0%以及 21.3%，可见未来对农村生活废水治理新增投资的力度将逐步加大。

城镇生活废水的新增投资包括新增设计处理能力投资、管网建设投资、污泥处理设备新增投资以及再生水设备建设投资 4 部分，其中管网建设投资所占比重最大，但比重呈逐年下降趋势，新增设计处理能力投资费用以及污泥处理设施建设投资的比重也呈逐年下降趋势，再生水建设投资则逐步上升。在中情景方案下，"十二五"期间管网建设投资比重占到了 51.2%，新增设计处理能力投资费用比重占到了 34.3%，再生水设备的投资费用比重占到了 8.3%，污泥处理设备的投资费用比重占到了 6.1%；"十三五"期间管网建设投资比重占到了 41.0%，新增设计处理能力投资费用比重占到了 34.3%，污泥处理设备的投资费用比重下降到了 4.9%，再生水设备投资比重大大上升，达到了 22.3%；2020—2030年，新增设计处理能力投资下降到了 34.8%，新增设计处理能力投资费用比重则下降到了 26.5%，污泥处理设备投资费用比重下降到了 4.2%，再生水投资费用比重上升到了34.5%。

废水的总运行费用全部来自城镇生活，在中排放情景方案下，"十二五"期间约为 1 621 亿元，较高排放情景方案增加了约 6.0%。"十三五"期间的运行费用达到 2 675 亿元，较高排放情景方案增加 12.9%，较低排放情景方案增加 2.0%。2020—2030 年，对于运行费用，高、中、低情景方案下的生活废水处理运行费用预计分别为 6 211 亿元、7 024 亿元以及 6 586 亿元，低排放情景的废水运行费用低于中排放情景而高于高排放情景（表 4-15）。

4.3.4.4 废水污染治理支出综合分析

（1）工业废水治理运行费用比重下降，生活和农业废水治理运行费用上升。在预测期内，在中排放情景方案的治理目标下，预计"十二五""十三五"，以及 2020—2030 年废水治理运行费用分别为 8 708 亿元、11 509 亿元以及 31 417 亿元（表 4-16），其中工业废水治理的运行费用所占比重最高，分别占到了 70.4%、66.0%以及 74.8%，2020 年以前生活污水的治理运行费用保持上升趋势，之后略有下降，分别占总运行费用的 18.6%、23.3%以及 22.4%。

表 4-15　不同排放情景下生活废水处理投入

项目		高排放情景			中排放情景			低排放情景		
		2010—2015 年	2015—2020 年	2020—2030 年	2010—2015 年	2015—2020 年	2020—2030 年	2010—2015 年	2015—2020 年	2020—2030 年
总运行费用/亿元		1 529.9	2 369.0	6 211.1	1 621.0	2 674.7	7 023.6	1 621.0	2 621.8	6 585.9
新增处理能力/（万 t/d）	一级	153	0	0	0	0	0	0	0	0
	二级	7 195	3 078	3 565	8 321	1 360	1 950	8 321	684	943
	三级	968	1 948	3 953	1 517	4 243	4 616	1 517	4 018	3 950
配套管网长度/km	一级	2 675	0	0	0	0	0	0	0	0
	二级	125 909	53 858	62 386	166 414	27 198	38 998	166 414	13 682	18 869
	三级	16 933	34 092	69 185	30 332	84 861	92 317	30 332	80 355	78 997
再生水的新增处理能力/（万 t/d）		1 999	3 031	4 956	2 655	5 081	10 868	2 655	4 905	9 962
城镇生活投资费用　新增设计处理能力投资费用/亿元	一级	23	0	0	1 340	219	314	1 340	110	152
	二级	1 158	495	574	308	863	939	308	817	803
	三级	197	396	804	1 648	1 082	1 253	1 648	927	955
	总计	1 378	892	1 378	2 080	340	487	2 080	171	236
管网建设投资/亿元	一级	33	0	0						
	二级	1 574	673	780	379	1 061	1 154	379	1 004	987
	三级	212	426	865	2 459	1 401	1 641	2 459	1 175	1 223
	总计	1 819	1 099	1 645						
污泥新增处理能力的投资费用/亿元	一级	4.59	0.00	0.00	0.00	0.00	0.00	0.00	0.00	0.00
	二级	215.84	92.33	106.95	249.62	40.80	58.50	249.62	20.52	28.30
	三级	29.03	58.44	118.60	45.50	127.29	138.48	45.50	120.53	118.50
	总计	249	151	226	295	168	197	295	141	147
再生水的新增处理能力投资/亿元	总计	300	455	743	398	762	1630	398	736	1494
总投资费用/亿元		3 746	2 597	3 992	4 801	3 413	4 721	4 801	2 980	3 820
农村生活投资费用　新增沼气池数/万座		748	1 371	3 022	1 053	1 593	3 290	1 053	1 593	3 290
沼气池的投资额/亿元		224	432	952	316	502	1036	316	502	1 036
总投入费用/亿元		5 500.4	5 397.6	11 154.9	6 737.7	6 589.3	12 781.4	6 737.7	6 103.0	11 442.0

表4-16　不同情景的全国废水治理投资和运行费用预测结果　　　　单位：亿元

项　目	高排放情景方案			中排放情景方案			低排放情景方案		
	"十二五"	"十三五"	2020—2030年	"十二五"	"十三五"	2020—2030年	"十二五"	"十三五"	2020—2030年
废水治理运行费用	8 327	10 599	27 951	8 708	11 509	31 417	8 118	9 977	23 948
工业	6 324	7 543	18 764	6 533	8 105	20 721	6 074	6 792	15 746
农业	473	687	2 976	554	729	3 672	423	564	1 616
生活	1 530	2 369	6 211	1 621	2 675	7 024	1 621	2 622	6 586
废水治理新增投资	6 369	5 091	8 035	7 938	6 430	9 801	7 082	5 307	7 414
工业	2 320	1 951	2 848	2 739	2 394	3 783	1 895	1 728	2 403
农业	79	111	243	82	121	261	70	97	155
生活	3 970	3 029	4 944	5 117	3 915	5 757	5 117	3 482	4 856
废水治理投入	14 696	15 690	35 986	16 646	17 939	41 218	15 200	15 284	31 362
工业	8 644	9 494	21 612	9 272	10 499	24 504	7 969	8 520	18 149
农业	552	798	3 219	636	850	3 933	493	661	1 771
生活	5 500	5 398	11 155	6 738	6 590	12 781	6 738	6 104	11 442

　　从总废水治理投入占 GDP 的比重来看，我国废水投资和运行费用占 GDP 的比例呈逐阶段下降趋势。在"十一五"期间，由于污染治理的历史欠账较多和污染物产生量的快速增长，废水投资规模也保持较快的增长，随着单位 GDP 产排污系数的降低，单位 GDP 废水的投资规模也在减少，"十三五"期间的治理投资占 GDP 的比重开始出现下降。

　　（2）畜禽废水治理新增投资比重呈上升趋势，工业和生活新增投资比重下降。在中情景方案下，"十二五""十三五"以及 2020—2030 年，预计新增废水治理投资额将分别为 7 938 亿元、6 430 亿元以及 9 801 亿元，分别较高情景方案增加了 24.6%、26.3%以及 22.0%。由于考虑了技术进步因素的推动作用，低排放情景下，2020—2030 年，预计新增投资额仅为 7 414 亿元，较高情景方案降低 7.7%，较中情景方案降低 24.4%。

　　预测结果显示，畜禽废水治理新增投资比重呈上升趋势，如在中情景方案下，其比重由"十二五"期间的 1.0%上升到 2020—2030 年的 2.7%；生活废水投资仍是未来污水治理投资的重点，由于前期投资较大，预测期内生活污水新增治理投资在中、低情景方案下的比重有所较低，且未来的建设内容将在污水管网的建设以及再生水设备的投资上逐年加大；在中情景方案下，工业投资所占比重在"十二五""十三五"以及 2020—2030 年将分别占到 34.5%，37.2%以及 38.6%。

　　（3）未来需要加强对畜禽养殖废水治理投资力度。从治理投入结构来看，目前我国的污染治理重点在工业和城镇，为达到"十一五"规划提出的减排目标，国家加大了对工业重点行业和企业的治理和整改力度。在城镇生活废水治理方面，由于我国城镇生活废水处理能力的历史欠账较多，且城市化发展带来的未来城镇生活废水大幅增长，需要加强城镇污水处理厂的建设，这一时期将是城镇生活污水处理能力的加速增长期。

目前畜牧业的废水治理还基本停留在低水平治理或无序排放的状态，对畜禽污染的治理还没有引起足够的重视，随着今后规模化畜禽养殖比例的不断提高，畜禽养殖带来的污染问题不可小觑。从前面的预测结果可知，规模化畜禽养殖业是我国 COD 产生量的主要来源，占 COD 产生量的 60%以上。本书以规模化畜禽养殖业废水治理投资的历史发展趋势为情景的预测结果显示，规模化畜禽养殖的废水治理投入占总废水治理投入的比例将从前期的 3.8%上升至 2020—2030 年的 9.5%。规模化畜禽养殖投资比重虽有所上升，但此增速与规模化畜禽养殖废水产生量相比，其投资力度仍不够。因此，加大对我国畜禽养殖废水治理的投资力度，减少农业面源污染，将是未来我国环境治理的一项重要任务。

第5章 国家—区域—流域的经济与水环境预测

在第 4 章国家经济—水资源—水环境预测结果的基础上，本章将利用各种分解方法，把国家层面的经济—水资源—水环境预测结果分解到 31 个省（自治区、直辖市）和 10 大流域，分析未来我国不同区域和流域的水资源需求和水环境压力，找出重点缺水区域和主要污染地区，剖析不同区域和流域的水环境压力，探讨我国水资源和水环境的区域差异。

5.1 区域经济与水环境预测结果

5.1.1 区域经济社会发展与污染现状

5.1.1.1 区域经济社会发展特征

"十一五"以来，我国区域经济政策逐步细化，区域协调发展战略初见成效，中西部地区经济增幅持续高于东部沿海地区，中西部以及东北地区的固定资产投资增幅维持高位，各有侧重、各具特色的区域政策体系逐步完善，区域经济比较优势进一步凸显。

当前区域经济发展的基本特征

（1）区域经济发展差距呈缩小趋势。自 2008 年以来，持续了 30 多年的东高西低增长格局开始出现变化，中部、西部和东北地区经济增速全面超越东部地区，进入 2010 年后这种态势更为明显，中西部、东北地区与东部地区经济总量的差距也呈现缩小的趋势（表 5-1）。

表 5-1 各区域 GDP 增速比较　　　　　　　　　　　　　　单位：%

时间	地区合计	东部	中部	西部	东北	长三角	京津冀
2007 年	14.24	14.20	14.18	14.49	14.13	14.38	13.10
2008 年	11.77	11.13	12.17	12.51	13.38	11.03	10.98
2009 年	11.62	10.78	11.72	13.52	12.60	10.42	11.37
2010 年上半年	13.1	12.4	13.8	14.1	13.6	11.8	12.7

资料来源：依据国家统计局景气月报计算。

以人均 GDP 来衡量，近年来我国区域差异也逐步缩小，表 5-2 显示了以 2005 年价格人均 GDP 计算的变异系数，从表中可见，自 2002 年起，变异系数逐步降低，呈现稳步下降态势。人均 GDP 最高值与最低值（上海与贵州）相比，也略有下降。但若剔除北京、天津和上海三大直辖市的话，变异系数变化不大，呈基本稳定状态，人均 GDP 最高值与最低值（浙江与贵州）相比，呈先升后降的轨迹。这一方面说明过去三大直辖市与其他地区的发展水平差距太过明显，另一方面也说明近年三大直辖市在吸纳外来常住人口、化解区域经济发展差距方面作出了比较大的贡献（表 5-2）。

表 5-2　以 2005 年价格人均 GDP 计算的变异系数

指标	2002 年	2003 年	2004 年	2005 年	2006 年	2007 年	2008 年	2009 年
变异系数	0.70	0.68	0.68	0.67	0.66	0.65	0.63	0.61
最高/最低	10.57	10.33	10.50	10.26	10.11	9.97	9.69	9.31
变异系数 1	0.39	0.40	0.41	0.42	0.42	0.42	0.42	0.41
最高/最低 1	5.06	5.28	5.43	5.40	5.39	5.32	5.21	5.07

注：差异系数 1 为剔除北京、上海、天津市后其他 28 个省份的变异系数；
　　最高/最低 1 为不包括北京、上海、天津市的比值。

（2）区域间产业转移速度加快。2010 年 9 月 6 日，经国务院常务会议审议通过，正式印发了《国务院关于中西部地区承接产业转移的指导意见》，在财税、金融、投资、土地等共 6 个方面给予中西部地区承接产业转移支持，力促我国中西部地区成为产业转移的首选地。

当前我国产业分工正进入深度调整期，东部沿海地区产业向中西部地区转移步伐加快。中部地区区位优势明显、资源禀赋好、环境承载力较强、要素成本低、市场潜力大，具有承接产业转移得天独厚的优势。《国务院中西部地区承接产业转移的指导意见》从全局和战略的高度推动中西部地区抢抓产业转移机遇，中部各省围绕皖江城市带、武汉城市圈、中原城市群、长株潭城市群、环鄱阳湖城市群等城市群建设，进一步改善发展基础。这使得中部各省承接产业转移既有了宏伟的蓝图，又有了坚实的载体。以安徽为例，2010 年前三季度，全省利用省外资金项目实际到位资金 5 303.1 亿元，增长 51%，其中皖江城市带实际到位资金占全省 1 000 万元以上项目实际到位资金的 73.8%。在中博会上，6 省共签约合同外资达到 28 亿美元，内资项目合同资金超过 2 700 亿元，中部正成为投资热点地区。

（3）东北地区支撑经济快速增长的能力增强。①经过近些年的振兴改造，国企改制，民企壮大，企业活力明显增强；基础设施建设翻倍增长，金融财税改革成效显著，为经济发展奠定了坚实基础；②伴随着工业化和城镇化进程进一步加快，各城区建设和县域经济有了实质性的发展；③区域规划的实施为东北地区发展注入新动力，从南至北正在隆起四大"黄金经济带"，即辽宁沿海经济带、沈阳经济区、长吉图先导区、哈大齐工业走廊，成为拉动东北经济加速开放发展和产业结构优化升级的新引擎；④具有承接产业和资本转移的"后发优势"。全球制造业转移步伐将继续加快，东北地区土地资源相对宽裕，劳动力成本较低，在自然资源、生态环境、工业基础等方面具有比较优势。另外，国内"南资北上"的势头也不会减弱，均为经济发展提供充足的资金保障。

（4）长三角地区经济结构性调整带动经济发展。长三角地区作为国家区域发展的先行区和改革开放的试验区，经济结构调整持续推进，结构效益改善明显。产业结构不断优化，江苏、浙江、上海均采取了积极措施扶持新兴产业发展，积极培育现代服务业，加强淘汰落后产能，为经济增长提供了良好的产业发展环境。投资结构调整推进投资的有效扩大，长三角各地按照国家促进民间投资发展的"新 36 条"出台的各项措施，不断激发社会投资的积极性，落实国家房地产调控政策，政府加大保障房建设投入带动家电、建材、水泥、规划、建筑等众多行业发展，引导社会资金扩大投资。

（5）城市群在区域协调发展中的地位进一步突出。随着城市户籍和社会保障等制度的逐步完善，新增城市人口主要向能够提供更多就业机会和生存空间的城市群集聚，以主要城市群为支点，通过核心城市群的引领与示范，形成整个城市群共同发展的局面，城市群在区域协调发展中的地位进一步突出。国家发改委下发的《关于促进中部地区城市群发展的指导意见》和《〈促进中部地区崛起规划〉实施意见》，进一步明确了中部地区崛起的发展蓝图，并提出了加速一体化建设的概念，其着眼点在于如何落实六大城市群发展上，有效推动了城市群的发展。

（6）中西部 GDP 持续保持领先增长势头。目前我国东部地区工业化、城镇化水平已经比较高，而中西部地区城镇化率较低，处在快速发展时期，工业化也尚有巨大的发展空间。因此，当前和今后相当长时间内，我国工业化、城镇化的重点将向中西部转移，这有利于中西部地区继续保持经济快速增长。特别是在新的区域发展环境下，产业转移有加速趋势，东部相关产业、人才、资金等要素纷纷向中西部转移，推动了中西部地区的经济增长，中西部继续保持领先增长的态势不断凸显。

（7）欠发达地区外贸活跃度相对提升。2010 年，在上年基数较低和国家相关政策的共同作用下，我国进出口增幅较高，而其中一个突出的特点是，中部、西部、东北地区无论是进口还是出口（按经营单位所在地分）增幅均比东部地区高，显示欠发达地区外贸活跃度相对提升，在外贸顺差占比中，这些地区也有较大幅度的提升。究其原因，一是近年这些地区经济发展水平提高，产品层次有所提升；二是受成本因素和资源条件影响，一些外贸企业内迁，相应带动了当地外贸的发展；三是东部地区正处于转型期，更具竞争力的外贸产品结构尚处于形成过程之中。短期内这些因素很难改变，因此，这一态势会延续下去，外贸进出口对其经济增长贡献度中部、西部、东北地区会相对大一些。

（8）密集出台区域规划将成为下一阶段经济发展的重要抓手。2009—2010 年中央密集出台了一系列促进区域经济协调发展的政策，批复了包括长三角、珠三角、北部湾、海峡西岸、东北三省、黄三角等多个区域经济发展规划，可谓东中西部兼顾、全国遍地开花。从中清晰地看出区域发展已成为继 4 万亿元投资和 10 大产业规划后，国家经济赖以复苏和发展转型第三张王牌的政策思路。随着一系列区域规划的实施，必将推动区域经济结构不断优化，形成区域轮动发展的新格局。尤其是"长三角、珠三角、西三角"几个大区域规划陆续出台，将有助于推动京津克服思想桎梏，加大与周边地区合作，带动京津冀和环渤海区域的发展，打造全国乃至世界最大的现代都市带和工业区。

区域经济发展面临的问题
（1）人民币升值和贸易保护主义对长三角地区出口影响加大。据中国机电产品进出口

商会测算，若人民币在短期内升值 3%，家电、汽车、手机等生产企业利润将下降 30%～50%，许多议价能力低的中小企业将面临亏损，在其他生产要素成本和价格不变的情况下，人民币升值 1 个百分点，纺织企业利润就减少 1%。这些产业在长三角地区占有比较大的比重，人民币升值对产业利润形成了严重的侵蚀，压制产品出口。事实上，长三角地区出口增速已经出现了下降势头。以压迫人民币升值为主要特征的一系列贸易保护主义行为在 2011 年将难有减弱，长三角地区出口规模势必受到较大冲击。

（2）要素价格上升增加发达地区成本支出。要素价格上升主要体现在劳动力成本、资源使用成本、环境保护费用、资金应用成本等的上涨。长三角地区经济融量大，对劳动力需求多，但国家区域开发政策的实施和产业转移发展形成的产业梯度布局已吸引安徽、河南、江西、四川等传统流出区域的劳动力回流，如富士康在河南设立的新厂就吸引了数十万本地外出务工劳动力返回当地，这种形势将持续影响长三角地区的劳动力成本，2010 年江苏、浙江、上海最低工资标准的大幅上涨已经表明劳动力工资进入快速上涨通道。

低碳化、绿色化是未来经济发展的必然趋势，环境保护的费用支出将加大。2010 年中央决定在新疆率先启动改革，将原油、天然气资源税由从量计征改为从价计征，表明资源使用价格将提升，依赖外部资源的长三角地区对此将增大经济增长成本支出。在资金使用方面，受到地方政府融资平台清理的影响，政府投资资金存在较大缺口，同时央行货币政策放松的可能性较小，资金利用成本预计会有所抬升。

（3）东北地区加快经济发展方式的转变十分迫切。一是从产业结构看，东北三省仍处于重化工阶段，"传统"工业化有余，"新型"工业化不足，再工业化的任务十分繁重。二是外需对经济拉动十分有限。东北地区的产品出口结构主要以资源产品和初级加工产品为主，出口产品附加值不高，高技术产品占出口比重较小。人民币升值，国际需求萎缩，贸易摩擦加剧，国际市场竞争将更趋激烈等因素，使得扩大出口、提高外需对经济增长的贡献难度很大。三是节能减排任务较为严峻。由于东北地区的重型工业结构，经济发展过程中的高能耗和高污染物排放问题较为突出，淘汰落后产能，促进产业升级改造的任务依然任重道远。

（4）中部地区节能减排的压力大于其他地区。从国家发改委公布的 2010 年前 7 个月各地区节能目标完成情况，并对节能目标完成情况进行预警，其中河南属于节能形势十分严峻的一级地区，江西、湖南为节能形势比较严峻的二级地区，山西、安徽、湖北为节能工作进展比较顺利，但须密切关注能耗强度变化趋势的三级地区。不少地方为确保完成"十一五"节能目标，对高耗能产业采取限产限电或关停等措施。由此可见，中部地区节能减排总体压力不小。从长期来看，国家对节能减排的推进力度只会增大不会减少，中央《关于制定国民经济和社会发展第十二个五年规划的建议》已经明确提出，单位国内生产总值能源消耗和二氧化碳排放要大幅下降。与东部地区相比，中部地区煤炭、有色、钢铁、水泥等高能耗行业比重仍然较高，这些产业的生产过程具有明显的高消耗、高排放特点，重化型的产业结构使中部地区面临更大的节能减排约束。

5.1.1.2　区域水资源和污染特征

（1）水资源压力逐步显现。部分区域水资源开发利用过度，人均水资源量逐年降低。

近 20 年来，受气候和人类活动的影响，我国北方地区水资源呈减少趋势，黄河、淮河、海河和辽河等流域的年径流减少幅度超过 10%，而水资源开发利用率已超过或接近 60%，淮河流域高达 94%，这些流域人均水资源量只是全国平均水平的 1/3，河川流量仅为长江、珠江流域所代表南方地区的 1/6 左右，耕地亩均水量只相当于 1/10。在素有"水塔"之称的青海省，约有 2 000 处河流和湖泊干涸。天津、河北、山西、内蒙古、甘肃、青海、宁夏和新疆等 8 个省、自治区、直辖市的水资源量，不足以维持全境有植被的生态系统。2005 年中国人均可获得的淡水资源为 2 151 m³，2008 年人均水资源 2 048 m³，总体上看，水资源呈现减少趋势，平均减少幅度年均 1.6%[①]。

随着人口的增加和城镇化率的提高，生活用水压力逐年增大。图 5-1 显示了 2007 年全国各个省份城镇人均用水量水平，可以看出由于天津、山西、宁夏、山东、吉林、河北、黑龙江、辽宁、河南以及北京等北方省份的城市水资源短缺，其城镇生活人均用水量较少，低于全国平均水平。近年来，除江苏、浙江、湖北、广西、海南、四川以及上海这 7 个区域的城镇生活用水系数有所上升外，其余省份呈现逐年下降趋势。人均用水系数增加的大部分为水资源相对丰富的沿海省份，预计随着水资源稀缺程度的提高，这些地区的人均水资源量会呈现不同程度的下降趋势。

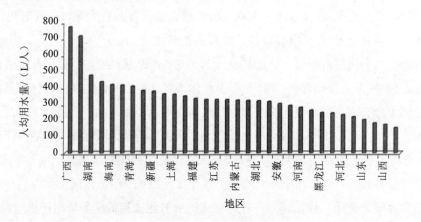

图 5-1 2007 年全国城镇人均用水量

水资源短缺进一步加剧水质恶化的形势。水资源短缺，可获得水量的持续减少降低了污染物稀释可用水量，加剧了水污染及其危害。如天津市 2007 年全市水资源总量 11.31 亿 m³，用水量则达 23.37 亿 m³。天津（黑龙港河东港拦河闸、子牙河小河闸断面断流）、河北、山西、内蒙古（西辽河白市断面断流）、吉林、安徽、江西、陕西 8 省份目前流域断面的达标状况与规划的水质目标仍有较大的差距，河南、湖南和云南 3 省相对于 2005 年水质有所恶化。

（2）污染减排压力增大，部分区域工程减排已到瓶颈。城镇生活污染物产生量增长迅速。城镇化率的提高，人口的增加以及生活水平的提高是导致城镇生活 COD 产生量增加的主要原因。如一些发达地区由于城市化的快速发展以及人口的过度膨胀 COD 产生量增

[①] 世界银行，2007。

长迅速。2007 年，北京、天津、河北、浙江和重庆 COD 的产生量较 2005 年增加了 24.7%、29.3%、35.0%、62.2% 以及 24.2%；而一些欠发达地区由于近年来生活水平的提高，COD 产生系数增长迅速，COD 产生量也呈现较快的增加速度。如青海和宁夏 2007 年的 COD 较 2005 年分别增加了 31.5% 以及 25.9%。2007 年相对于 2005 年，有 16 个省份的 COD 排放量呈现增加。除陕西以外，其他区域城镇生活 COD 的排放量削减不足 3%。

目前的经济增长仍以投资拉动和工业主导型为主，产业结构的重型化趋势仍比较明显。受全球经济危机影响，我国经济将处于调整期，经济将低位增长，但"保八"的经济增长目标基本可以实现，2009—2010 年 GDP 增长速度分别为 8% 和 8.5% 左右，受此影响，各行业资源能源消耗与污染物排放仍然将持续增加，经济发展、资源消耗与污染产生状态尚不稳定，节能减排压力依然较大。2005—2007 年，全国有 20 个省、自治区、直辖市的工业污染物 COD 的产生量呈上升趋势。有 9 个省、自治区、直辖市的排放量不降反增。

全国半数省份 COD 总量目标完成进度不容乐观。全国各省化学需氧量排放总量控制目标的完成情况有一定差异。北京、天津、内蒙古、上海、福建、河南、湖北、重庆、四川、甘肃 10 省（自治区、直辖市）COD 已完成了"十一五"规划目标要求的 80% 以上，预计能够完成目标；辽宁、吉林、江苏、浙江和山东 5 省已完成了 60% 以上，有望完成 2010 年化学需氧量总量目标；河北、山西、黑龙江、江西、广东、广西、陕西、宁夏 8 省（自治区）已完成了 40% 以上，总量控制目标完成难度较大；安徽、湖南、贵州、云南 4 省完成率低于 40%，预计完成减排目标较为困难。按"十一五"规划目标要求，海南、西藏、青海、新疆和新疆生产建设兵团 5 省、自治区的 COD 排放应维持 2005 年水平，但这 5 省、自治区截至 2008 年污染物不降反升（表 5-3）。

表 5-3　全国各省（自治区、直辖市）水污染物总量减排完成情况

省　份	2005 年/万 t	2008 年/万 t	2010 年/万 t	2008 年完成比例/%	2010 年目标完成率/%
北　京	11.6	10.13	9.9	87.31	86.50
天　津	14.6	13.31	13.2	91.19	92.10
河　北	66.1	60.48	56.1	91.50	56.20
山　西	38.7	35.88	33.6	92.71	55.30
内蒙古	29.7	28.01	27.7	94.30	84.50
辽　宁	64.4	58.39	56.1	90.68	72.40
吉　林	40.7	37.43	36.5	91.97	77.90
黑龙江	50.4	47.62	45.2	94.48	53.50
上　海	30.4	26.67	25.9	87.73	82.90
江　苏	96.6	85.15	82	88.14	78.40
浙　江	59.5	53.86	50.5	90.51	62.70
安　徽	44.4	43.29	41.5	97.50	38.30
福　建	39.4	37.82	37.5	95.99	83.20
江　西	45.7	44.53	43.4	97.43	50.90
山　东	77	67.86	65.5	88.14	79.50
河　南	72.1	65.09	64.3	90.28	89.90
湖　北	61.6	58.57	58.5	95.08	97.70

省　份	2005 年/万 t	2008 年/万 t	2010 年/万 t	2008 年完成比例/%	2010 年目标完成率/%
湖　南	89.5	88.47	80.5	98.85	11.40
广　东	105.8	96.36	89.9	91.08	59.40
广　西	107	101.28	94	94.66	44.00
海　南	9.5	10.07	9.5	106.00	—
重　庆	26.9	24.17	23.9	89.87	91.00
四　川	78.3	74.91	74.4	95.67	86.90
贵　州	22.6	22.18	21	98.15	26.30
云　南	28.5	28.05	27.1	98.41	32.10
西　藏	1.4	1.54	1.4	110.00	—
陕　西	35	33.21	31.5	94.89	51.10
甘　肃	18.2	17.05	16.8	93.69	82.10
青　海	7.2	7.46	7.2	103.57	—
宁　夏	14.3	13.18	12.2	92.19	53.30
新　疆	25.67	27.1	25.67	105.58	—

（3）水环境质量改善状况不容乐观。尽管全国地表水国控断面水质平均浓度有所下降，但 2010 年衡量水环境整体质量水平的劣 V 类水体比例指标不容乐观。2008 年全国地表水国控断面劣 V 类水质断面比例为 24.4%，比 2005 年降低了 1.63 个百分点，距 2010 年目标还存在 2.37 个百分点的差距，达到规划要求较为困难。其中，差距较大的省份主要为天津（黑龙港河东港拦河闸、子牙河小河闸断面断流）、河北、山西、内蒙古（西辽河白市断面断流）、吉林、安徽、江西、陕西 8 省（自治区、直辖市），以及与 2005 年水质略有恶化的河南、湖南和云南 3 省。

表 5-4　"十一五"国民经济和社会发展环境关联指标实现情况

类　别	指标	2005 年	2007 年	2008 年	2010 年目标	环境影响
经济增长	国内生产总值/万亿元	18.4	25.0	30.1	26.1	逆向指标
	人均国内生产总值/元	14 103	18 934	22 640	19 270	逆向指标
经济结构	服务业增加值比重/%	39.9	40.1	40.1	43.3	正向指标
	研发经费支出占国内生产总值比重/%	1.2	1.4	1.52	2.0	正向指标
	城镇化率/%	43.0	44.9	45.7	47.0	逆向指标
水环境指标	全国总人口/亿人	13.1	13.2	13.3	13.6	逆向指标
	单位工业增加值用水量减少/%	0	8.92	22.3	30.0	正向指标
	主要污染物排放总量减少	—	—	—	10%	正向指标
	农业灌溉用水有效利用系数/%	0.45	0.46	0.483	0.50	正向指标

数据来源：世界银行，《中国"十一五"规划中期评估报告》；2008 年数据来自国家统计局 2009 年 2 月 26 日发布的《中华人民共和国 2008 年国民经济和社会发展统计公报》，公报中数据为初步统计数，存在修改可能。

（4）经济发展的强劲需求给水环境带来压力。我国宏观经济增长过快，经济结构调整不尽理想，依赖投资和工业拉动的经济增长模式没有改变，客观上增加了水环境压力。国民经济和社会发展"十一五"规划纲要构建了 22 个量化指标体系（8 项为约束性指标，包括了两项环境保护约束性指标，另外 14 项为预期性指标，其中，有 9 项指标与环境保护相关）。评估发现，2005—2008 年部分经济社会、资源能源指标与原规划目标要求存在一定差异，并对环境保护规划实施产生了一定的不利影响。5 个正向指标（表示该指标值的增大总体上有助于环境质量改善）中，只有单位工业增加值用水量减少，指标可望达到规划目标。此外，国内生产总值和人均国内生产总值增长过快，2010 年的目标是 26.1 万亿元，而在 2008 年就已经达到了 30.1 万亿元，而经济结构调整停滞不前，对于环境保护有利的服务业的增加值比重增加缓慢，使得水环境保护工作面临刚性压力，经测算，对于 7.5% 的 GDP 规划增长率情景，若保持 2005—2008 年 GDP 平均 12.7% 的高速增长，新增 COD 排放量达 113 万 t，相当于 2008 年 COD 排放总量的 9%。根据"十一五"中期评估的 COD 减排情况，经济发展势头强劲的地区往往面临着更大的减排压力，如河北、山西、黑龙江、江西、广东、广西、陕西、宁夏 8 省（自治区）总量控制目标完成难度较大；安徽、湖南、贵州、云南 4 省完成减排目标较为困难；海南、西藏、青海、新疆 4 省份，以及新疆生产建设兵团不降反升。

预期性的 GDP 指标增速超规划发展已经对约束性的主要污染物排放总量控制产生不利影响。2007 年，除北京、上海和黑龙江这 3 个省份外，其余地区和省份的工业 GDP 的增长速度均接近和超过了 20%。有近半数的地区和省份的工业 GDP 增速超过 30%。河南则高达 60%。均大幅度超过"十一五"规划的预期宏观经济指标，给总量控制工作带来很大压力。

5.1.2　区域经济社会发展与污染趋势预测

5.1.2.1　区域经济社会发展趋势预测

改革开放之后，我国地区发展差距出现拉大趋势，东部沿海地区发展速度明显快于其他地区。为实现区域经济协调发展，1999 年我国提出西部大开发战略，随后又提出东北振兴计划。2008 年以来，中央政府在促进区域协调发展方面又制定和出台了很多政策措施，促进区域协调发展被提到了前所未有的高度。26 个中部老工业基地享受东北老工业基地政策，243 个东中部县享受西部大开发政策，多个综合配套改革试验区获批，编制全国主体功能区划规划等，通过政府的引导，区域经济一体化、区域合作进程加快推进，区域经济合理布局和协调发展取得了一定成效，区域经济相对差距有所缩小。2009 年以来，一系列区域性经济发展规划密集出台，体现了中央加快推进区域协调发展的决心。

我国区域经济发展的现实也表明区域政策已经取得一定成效。2008 年以来，我国中部、西部和东北地区经济增速均超过东部地区，改变了改革开放以来东部地区增速一直居各大区域之首的局面。中西部地区经济增长之所以逆势上扬，原因是：①国家对中西部地区扶持政策的效果；②中西部地区处在工业化的初期和中期，重化工业、装备制造业等基础工业和基础设施建设的推进，为中西部地区的工业发展带来了强大动力；③中央在农业政策上的倾斜，也推动了中西部地区的农业较快发展；④中西部地区绝大多数省份属于内向型经济，在国际金融危机中所受冲击相对较小。

自上而下的区域模型的一个重要假定是各区域产业发展速度均衡。在这一假设下，以基年各省份的产业结构为基础，通过我国各产业的发展速度，可计算出各省的各产业发展和经济总量（表 5-5，表 5-6）。未来 20 年，随着区域战略规划的进一步细化和落实，区域协调发展势头将得以延续，模型的假设条件基本满足。

表 5-5　1998—2008 年各省（自治区、直辖市）经济增速　　　　　单位：%

省　份	1998 年	1999 年	2001 年	2002 年	2003 年	2004 年	2005 年	2006 年	2007 年	2008 年	1998—2008 年
北　京	9.8	10.2	11.7	11.5	11.0	14.1	11.8	12.8	13.3	9.0	11.5
天　津	9.3	10.0	12.0	12.7	14.8	15.8	14.7	14.5	15.2	16.5	13.5
河　北	10.7	9.1	8.7	9.6	11.6	12.9	13.4	13.4	12.8	10.1	11.2
山　西	9.0	5.1	10.1	12.9	14.9	15.2	12.6	11.8	14.4	8.3	11.4
内蒙古	9.6	7.8	10.6	13.2	17.6	20.9	23.8	19.0	19.1	17.2	15.8
辽　宁	8.3	8.2	9.0	10.2	11.5	12.8	12.3	13.8	14.5	13.1	11.4
吉　林	9.0	8.1	9.3	9.5	10.2	12.2	12.1	15.0	16.1	16.0	11.7
黑龙江	8.3	7.5	9.3	10.2	10.2	11.7	11.6	12.1	12.0	11.8	10.5
上　海	10.1	10.2	10.5	11.3	12.3	14.2	11.1	12.0	14.3	9.7	11.6
江　苏	11.0	10.1	10.2	11.7	13.6	14.8	14.5	14.9	14.9	12.3	12.8
浙　江	10.1	10.0	10.6	12.6	14.7	14.5	12.8	13.9	14.7	10.1	12.4
安　徽	8.5	8.1	8.9	9.6	9.4	13.3	11.6	12.8	13.9	12.7	10.9
福　建	11.4	10.0	8.7	10.2	11.5	11.8	11.6	14.8	15.2	13.0	11.8
江　西	8.2	7.8	8.8	10.5	13.0	13.2	12.8	12.3	13.0	12.6	11.2
山　东	10.8	10.1	10.0	11.7	13.4	15.4	15.2	14.8	14.3	12.1	12.8
河　南	8.7	8.0	9.0	9.5	10.7	13.7	14.2	14.4	14.6	12.1	11.5
湖　北	10.3	8.3	8.9	9.2	9.7	11.2	12.1	13.2	14.5	13.4	11.1
湖　南	9.1	8.3	9.0	9.0	9.6	12.1	11.6	12.2	14.5	12.8	10.8
广　东	10.2	9.5	10.5	12.4	14.8	14.8	13.8	14.6	14.7	10.1	12.5
广　西	9.1	7.7	8.3	10.6	10.2	11.8	13.2	13.6	15.1	12.8	11.2
海　南	8.3	8.6	9.1	9.6	10.6	10.7	10.2	12.5	14.8	9.8	10.4
重　庆	8.4	7.6	9.0	10.2	11.5	12.2	11.5	12.2	15.6	14.3	11.2
四　川	9.1	5.6	9.0	10.3	11.3	12.7	12.6	13.3	14.2	9.5	10.7
贵　州	8.5	8.3	8.8	9.1	10.1	11.4	11.6	11.6	13.7	10.2	10.3
云　南	8.0	7.2	6.8	9.0	8.8	11.3	9.0	11.9	12.5	11.0	9.5
西　藏	10.2	9.6	12.7	12.9	12.0	12.1	12.1	13.3	14.0	10.1	11.9
陕　西	9.1	8.4	9.8	11.1	11.8	12.9	12.6	12.8	14.6	15.6	11.8
甘　肃	9.2	8.3	9.8	9.9	10.7	11.5	11.8	11.5	12.3	10.1	10.5
青　海	9.0	8.2	11.7	12.1	11.9	12.3	12.2	12.2	12.5	12.7	11.5
宁　夏	8.5	8.7	10.1	10.2	12.7	11.2	10.9	12.7	12.7	12.2	11.0
新　疆	7.3	7.1	8.6	8.2	11.2	11.4	10.9	11.0	12.2	11.0	9.9

表 5-6　2007—2030 年各省（自治区、直辖市）经济增速预测　　　　　单位：%

省　份	2011—2015 年	2016—2020 年	2021—2030 年	2011—2030 年
北　京	9.3	8.2	6.6	7.7
天　津	9.4	8.2	6.1	7.4
河　北	8.8	7.4	5.3	6.7
山　西	9.2	7.2	5.2	6.7
内蒙古	9.6	7.5	5.4	7.0
辽　宁	9.1	7.8	5.6	7.0
吉　林	8.9	7.8	5.9	7.1
黑龙江	8.3	7.6	5.8	6.8
上　海	9.3	8.3	6.4	7.6
江　苏	9.3	8.1	5.9	7.3
浙　江	9.2	8.1	6.0	7.3
安　徽	8.9	7.7	5.7	7.0
福　建	9.0	7.8	5.9	7.1
江　西	8.7	7.4	5.4	6.7
山　东	8.9	7.7	5.5	6.9
河　南	8.7	7.4	5.2	6.6
湖　北	9.1	7.9	5.9	7.2
湖　南	8.8	7.6	5.8	7.0
广　东	9.6	8.4	6.3	7.6
广　西	8.8	7.6	5.6	6.9
海　南	8.3	7.3	5.7	6.8
重　庆	9.3	8.0	6.1	7.4
四　川	8.7	7.6	5.6	6.9
贵　州	8.9	7.5	5.7	6.9
云　南	8.6	7.2	5.5	6.7
西　藏	9.0	7.9	6.2	7.3
陕　西	8.3	7.3	5.6	6.7
甘　肃	8.7	7.4	5.5	6.7
青　海	8.6	7.3	5.4	6.6
宁　夏	9.0	7.4	5.6	6.9
新　疆	8.3	7.3	5.8	6.8

受 20 世纪八九十年代第三次人口出生高峰的影响，未来十几年，20～29 岁生育旺盛期妇女数量将形成一个小高峰；9 000 多万独生子女陆续进入生育年龄，政策内生育水平将有所提高。上述两方面的共同作用，预计将使出生率有所回升，出生人口数有所增加。按此预测，2020 年我国人口总量将达到 14.36 亿人；2030 年前后人口总量将达峰值 14.7 亿人左右。受政策影响，新疆、西藏、宁夏、广西、云南、贵州等少数民族聚居区人口将保持较快的增速；计划生育政策执行较好北京、上海、天津、江苏及东北三省人口增速低于全国水平。根据最近 5 年各省份人口平均增速，结合国内外相关研究结论，我们对未来 20 年各省份人口预测如表 5-7 所示。

表 5-7   2007—2030 年各省（自治区、直辖市）人口预测   单位：万人

省 份	2007 年	2010 年	2015 年	2020 年	2030 年
北 京	1 611	1 673	1 694	1 715	1 755
天 津	1 134	1 141	1 154	1 166	1 193
河 北	7 061	7 228	7 514	7 812	7 995
山 西	3 451	3 525	3 654	3 787	3 876
内蒙古	2 446	2 484	2 550	2 617	2 678
辽 宁	4 371	4 389	4 420	4 451	4 555
吉 林	2 776	2 800	2 839	2 878	2 945
黑龙江	3 889	3 923	3 980	4 038	4 132
上 海	1 890	1 901	1 921	1 941	1 986
江 苏	7 755	7 821	7 932	8 045	8 233
浙 江	5 146	5 240	5 401	5 567	5 697
安 徽	6 222	6 370	6 624	6 889	7 050
福 建	3 642	3 726	3 870	4 020	4 114
江 西	4 442	4 574	4 801	5 040	5 158
山 东	9 526	9 724	10 062	10 412	10 656
河 南	9 519	9 704	10 019	10 345	10 587
湖 北	5 796	5 859	5 966	6 076	6 218
湖 南	6 463	6 590	6 808	7 033	7 198
广 东	9 610	9 878	10 342	10 828	11 081
广 西	4 849	4 998	5 257	5 530	5 659
海 南	859	889	939	993	1 016
重 庆	2 864	2 900	2 962	3 025	3 096
四 川	8 265	8 351	8 497	8 645	8 847
贵 州	3 826	3 933	4 117	4 310	4 411
云 南	4 591	4 720	4 942	5 176	5 297
西 藏	289	301	322	345	353
陕 西	3 812	3 870	3 970	4 073	4 168
甘 肃	2 661	2 724	2 832	2 945	3 014
青 海	561	581	615	650	665
宁 夏	620	645	688	735	752
新 疆	2 131	2 221	2 382	2 553	2 613
总 计	132 128	134 685	139 078	143 642	147 000

5.1.2.2　区域水资源需求预测

（1）我国需水量空间差异较大，南方地区供需矛盾大于北方地区。我国经济和人口空间分布的不均衡性，决定了我国水资源需求的空间差异较大。预测期间，东部地区仍将是我国经济和人口集中分布区，这决定了东部地区仍是我国需水量最大的区域。2007 年，东部地区需水量占全国总需水量的 38%，2030 年，其需水量比重上升到 39%。根据七大河流域水资源综合规划可知，2030 年，东部地区的供水量为 2 554 亿 m³，而其需水量将为 2 754 亿 m³，东部地区水资源的供需矛盾仍很突出。同时，西部地区的需水量所占比重从 2007 年的 32.4% 下降到 2030 年的 31.1%，其中，2030 年甘肃和宁夏缺水量占需水量的比例约为 27% 和 28%，水资源短缺形势严峻。在高需水情景下，2030 年，江苏、广东、新疆、湖南、安徽、黑龙江等省份需水量最大，占全国总需水量的 38.7%。西藏、海南、青海、天津、宁夏等省份需水量相对较少，占全国总需水量的 2.1%（表 5-8），进一步说明了我国需水量的空间不均衡性。

表 5-8　各省（自治区、直辖市）不同情景的总需水量预测　　　　单位：亿 m³

省　份	基准年 2007 年	高情景			中情景			低情景		
		2015 年	2020 年	2030 年	2015 年	2020 年	2030 年	2015 年	2020 年	2030 年
北　京	33.8	37.2	39.4	45.7	34.7	35.5	38.5	34.2	34.2	34.8
天　津	22.7	25.4	26.1	27.7	23.7	23.5	23.3	23.3	22.7	21.1
河　北	196.5	243.9	254.5	277.7	209.5	217.2	227.7	208.4	221.1	211.7
山　西	57.0	72.2	79.5	79.9	67.4	71.7	67.3	66.5	69.1	60.9
内蒙古	174.7	206.4	223.3	255.5	192.5	201.3	215.0	189.9	194.0	194.8
辽　宁	138.7	146.1	151.7	163.0	136.4	136.7	137.2	134.5	131.7	124.3
吉　林	97.8	106.4	110.5	118.7	99.3	99.6	103.0	97.9	98.6	101.9
黑龙江	282.8	284.4	302.3	342.9	265.4	272.6	288.6	261.8	262.6	261.4
上　海	116.7	134.0	141.1	164.6	125.0	131.6	134.3	123.3	121.1	120.0
江　苏	541.9	602.6	630.8	705.9	562.2	548.9	519.4	554.6	510.8	454.7
浙　江	204.8	222.0	235.5	265.9	207.1	212.4	223.8	204.3	204.6	202.8
安　徽	225.2	267.4	287.4	332.4	237.7	247.3	261.7	246.1	239.5	230.4
福　建	190.5	216.5	227.8	263.7	202.0	208.7	221.9	199.2	201.1	201.1
江　西	228.0	244.4	258.5	285.2	228.0	233.1	240.0	224.9	224.6	217.5
山　东	213.1	246.0	272.4	298.6	229.6	245.6	251.3	226.4	236.7	227.6
河　南	203.1	258.9	281.8	312.6	241.6	254.0	263.1	238.3	244.4	238.4
湖　北	251.1	251.7	260.8	279.9	234.8	235.2	235.6	231.6	226.6	213.4
湖　南	314.7	363.6	377.6	406.3	339.3	340.5	342.0	334.7	328.0	309.8
广　东	448.9	459.1	471.3	480.4	428.3	424.9	404.3	422.5	403.7	360.9
广　西	301.3	315.0	312.1	325.5	293.9	281.4	274.0	289.9	271.1	248.2
海　南	45.3	48.5	46.9	41.2	46.3	47.0	46.4	44.6	44.7	40.4
重　庆	75.2	104.0	116.9	143.8	97.1	105.4	121.0	95.8	101.5	109.6
四　川	207.7	245.2	252.5	268.6	228.8	227.7	226.1	225.7	219.3	204.8
贵　州	95.1	125.9	131.3	142.1	117.5	118.4	119.6	115.9	114.1	108.4
云　南	145.6	164.0	170.4	181.5	153.0	153.7	152.8	149.2	148.0	138.4
西　藏	35.6	44.2	46.5	47.6	41.2	41.9	40.0	40.7	40.4	36.3
陕　西	79.2	96.2	100.4	108.7	89.7	90.5	91.5	88.5	87.2	82.9
甘　肃	118.9	139.0	141.4	150.7	129.7	127.5	126.9	124.1	122.8	114.9
青　海	30.2	34.4	36.6	47.9	32.1	33.0	40.3	31.6	31.8	36.5
宁　夏	68.9	77.4	78.9	88.8	72.2	71.1	74.7	71.2	68.5	67.7
新　疆	502.5	490.9	498.7	491.0	486.7	481.3	501.4	473.4	478.0	471.5
总　计	5 647.7	6 272.8	6 565.0	7 144.1	5 852.7	5 919.1	6 012.7	5 773.0	5 702.9	5 447.1

从水资源的供给量而言，南方水资源供给量大于北方，根据七大河流域水资源综合规划可知，2030 年南方供水量为 4 327 亿 m³，北方供水量为 2 711 亿 m³。但水利部七大河流域水资源综合规划和本书预测结果都显示，南方供需矛盾比北方地区严峻，需引起高度重视。据本书高用水情景方案预测结果，2030 年南方地区的供水量为需水量的 94%，而北方地区的供水量基本能满足需水量需求。从省份而言，江苏、山东、重庆、安徽、广西等省份的供需矛盾突出。

（2）除个别省份农业需水量有小幅上升外，我国农业需水量将呈下降趋势。农业需水量由种植业需水量和畜禽养殖业需水量两部分组成，其中种植业需水量占农业需水量的 97%。随着种植业灌溉技术的提高，我国农业需水量将呈下降趋势。虽然单位畜禽养殖用水量在逐年下降，但由于畜禽养殖量逐年增大，所以在预测期畜禽养殖用水需求量仍呈上升趋势。在高需水情景下，畜禽养殖需求量将由 2007 年的 90.7 亿 m³ 上升到 2020 年的 150.2 亿 m³，2030 年达到 190.4 亿 m³。在中需水情景下，畜禽养殖需求量将由 2007 年的 90.7 亿 m³ 上升到 2030 年的 179 亿 m³，在低需水情景下，2030 年畜禽养殖的需水量为 101 亿 m³。就省份而言，2030 年，山东（24.7 亿 m³）、河南（19.6 亿 m³）、河北（13 亿 m³）、广东（12.4 亿 m³）、湖南（12.1 亿 m³）等是畜禽养殖用水需求最大的前 5 个省份，占到总畜禽养殖用水需求的 41.7%。而宁夏（0.8 亿 m³）、上海（0.97 亿 m³）、海南（1.05 亿 m³）、青海（1.2 亿 m³）、天津（1.9 亿 m³）等是畜禽养殖用水需求相对少的省份，其畜禽用水需求仅占总畜禽用水需求的 3%。

3 种情景的需水量预测结果显示，我国农业需水量将呈下降趋势。在高需水情景下，农业需水量将小幅下降，由 2007 年的 3 495.8 亿 m³ 下降到 2015 年的 3 491.8 亿 m³，2030 年的 3 420.1 亿 m³。在中需水情景下，农业需水量将由 2007 年的 3 489.3 亿 m³ 下降到 2030 年的 3 116.3 亿 m³，相对 2007 年下降了 10.9%。在低需水情景下，2030 年农业需水量为 2 943.4 亿 m³，下降了 15.8%。就省份而言，在高需水情景下，除内蒙古、吉林、黑龙江、河南、辽宁、青海、贵州、四川、山东等省份的农业需水量呈小幅增长趋势外，其他省份都呈下降趋势。需水量下降最大的省份是北京、海南、广西、广东，分别降低 23.4%、20.7%、13.6%、11%。在中需水情景下，除内蒙古、吉林等省份的农业需水量呈小幅上升趋势外，其他省份的农业需水量都呈下降趋势。2030 年，农业总需水量大的省份主要是新疆、江苏、黑龙江、广西、山东，这些省份农业总需水量占全国农业总需水量的 38.7%（表 5-9）。

（3）高、中、低 3 种需水情景下，工业需水量都将呈上升趋势。工业水资源需水量预测了 3 种情景，从中需水情景预测结果可以看出，在现有的工业用水趋势下，2030 年的工业需水量将比 2007 年多 35%，近 894 亿 m³，而据测算，未来未开发的水资源量仅 760 亿 m³，可见水资源已经无法承载这种粗放的生产模式和用水方式，进行节水技术进步和产业结构升级十分必要。

表 5-9　中国各省、自治区、直辖市农业需水量预测　　　　　　　　单位：亿 m³

省 份	基准年 2007 年	高情景			中情景			低情景		
		2015 年	2020 年	2030 年	2015 年	2020 年	2030 年	2015 年	2020 年	2030 年
北 京	11.4	11.4	10.6	8.7	10.9	10.0	8.0	10.7	9.7	7.5
天 津	13.4	13.8	13.9	13.7	13.3	13.1	12.4	12.9	12.7	11.7
河 北	147.2	148.9	149.2	145.6	142.9	140.3	132.7	139.0	136.0	125.3
山 西	33.3	32.1	32.3	31.5	30.8	30.3	28.7	30.0	29.4	27.1
内蒙古	137.7	146.4	151.8	159.4	140.5	142.8	145.2	136.7	138.3	137.2
辽 宁	89.0	93.1	93.9	92.2	89.4	88.3	84.0	87.0	85.6	79.4
吉 林	65.6	72.0	75.1	79.2	69.1	70.6	72.1	67.2	68.4	68.1
黑龙江	208.6	206.5	211.0	219.3	198.1	198.4	199.8	192.8	192.2	188.7
上 海	15.7	16.7	15.9	14.8	16.1	14.9	13.5	15.6	14.5	12.7
江 苏	260.8	258.2	257.9	252.5	247.7	242.5	230.0	241.0	235.0	217.3
浙 江	97.3	97.7	97.8	97.1	93.7	92.0	88.5	91.2	89.2	83.6
安 徽	117.1	116.9	117.0	117.0	112.1	110.0	106.6	109.1	106.6	100.7
福 建	98.0	96.3	96.5	94.6	92.4	90.8	86.2	89.9	88.0	81.4
江 西	147.0	143.6	141.7	132.9	137.8	133.2	121.1	134.1	129.1	114.3
山 东	155.1	157.0	158.5	156.1	150.6	149.0	142.3	146.6	144.4	134.4
河 南	116.6	119.4	119.6	120.3	114.6	112.4	109.6	111.5	109.0	103.5
湖 北	128.8	126.3	124.5	118.6	121.2	117.1	108.1	118.0	113.5	102.1
湖 南	188.3	187.1	185.3	178.2	179.5	174.2	162.4	174.7	168.8	153.4
广 东	218.4	218.3	208.3	194.2	209.4	195.9	177.0	203.8	189.8	167.2
广 西	202.4	191.6	187.3	174.8	183.8	176.1	159.3	178.9	170.6	150.5
海 南	34.8	35.8	34.5	27.6	34.3	32.4	25.1	33.4	31.4	23.7
重 庆	18.2	19.6	19.9	19.1	18.8	18.7	17.4	18.3	18.1	16.5
四 川	115.3	118.2	119.1	118.0	113.4	112.0	107.5	110.3	108.5	101.6
贵 州	47.3	47.9	49.4	50.1	45.9	46.4	45.6	44.7	45.0	43.1
云 南	102.9	104.7	105.4	103.7	100.5	99.1	94.5	97.8	96.0	89.3
西 藏	32.5	34.8	34.4	31.5	33.4	32.4	28.7	32.5	31.4	27.1
陕 西	53.9	51.3	51.2	49.0	49.2	48.2	44.6	47.9	46.7	42.2
甘 肃	93.3	93.6	94.4	94.3	89.8	88.7	85.9	87.4	86.0	81.1
青 海	19.9	21.6	21.8	21.7	20.7	20.5	19.8	20.2	19.9	18.7
宁 夏	62.9	61.5	61.8	59.8	59.0	58.1	54.5	57.4	56.3	51.5
新 疆	463.0	449.5	450.1	444.6	431.2	423.2	405.2	419.6	410.1	382.7
总 计	3 495.8	3 491.8	3 490.1	3 420.1	3 350.3	3 281.4	3 116.3	3 260.2	3 180.0	2 943.4

在采用节水技术的低需水情景的预测结果可知，我国工业新鲜水需求量在 2015 年将达到最大，为 1 583 亿 m³，然后将会呈递减趋势，2030 年为 1 490 亿 m³。从区域角度而言，江苏、广东、安徽、福建、上海、湖南等省份的工业新鲜水需求量最大，2030 年这 6 省份工业新鲜水需求量占总工业新鲜水需求量的 43.5%。工业新鲜水需求量最小的省份是天津、宁夏、西藏、青海、海南等省份，其工业新鲜水需求量占总工业新鲜水需求量的 2%（表 5-10）。

表 5-10　中国各省（自治区、直辖市）工业新鲜水需水量预测　　　单位：亿 m³

省份	基准年 2007 年	高情景 2015 年	高情景 2020 年	高情景 2030 年	中情景 2015 年	中情景 2020 年	中情景 2030 年	低情景 2015 年	低情景 2020 年	低情景 2030 年
北京	8.7	10.3	13.0	19.2	8.5	10.6	15.3	9.2	10.5	13.3
天津	4.5	6.0	6.5	7.6	5.2	5.2	5.5	5.1	4.7	4.0
河北	24.0	57.6	62.4	85.4	32.0	37.9	52.0	32.0	33.3	37.9
山西	14.0	28.5	35.0	35.0	25.7	29.9	27.0	25.3	27.9	22.0
内蒙古	20.9	39.2	49.4	72.0	32.2	42.9	74.0	32.5	38.4	57.7
辽宁	25.1	24.0	27.8	37.0	20.0	20.9	24.6	19.9	18.1	16.5
吉林	19.8	19.5	19.9	21.9	16.1	14.4	15.4	16.2	12.4	9.4
黑龙江	51.9	53.1	65.9	95.4	43.3	49.2	62.1	43.8	43.4	44.1
上海	79.2	91.7	100.0	123.4	85.1	93.1	98.1	83.2	88.2	86.0
江苏	227.0	270.4	294.1	354.7	244.3	238.0	228.8	240.7	221.9	189.4
浙江	73.0	79.3	88.6	114.6	71.5	75.3	89.4	70.2	69.6	73.4
安徽	80.3	117.9	136.9	178.3	95.0	105.7	122.3	93.7	98.6	102.4
福建	69.7	92.1	101.6	135.5	83.0	89.8	105.9	81.8	83.8	88.9
江西	55.9	68.2	81.2	111.4	59.4	66.3	83.2	59.0	60.6	66.6
山东	24.6	49.1	72.1	95.8	41.5	57.5	68.5	41.3	51.8	52.2
河南	53.2	92.6	110.2	131.4	83.2	93.6	101.7	81.9	86.7	83.1
湖北	91.0	89.0	98.9	119.7	79.4	83.0	91.3	78.4	76.8	74.5
湖南	80.2	111.3	119.7	142.2	98.8	99.3	107.0	97.4	90.8	84.2
广东	140.6	131.6	149.1	162.1	117.5	125.3	124.1	121.0	114.5	97.4
广西	49.4	51.1	42.7	55.0	42.9	30.8	35.7	42.5	25.2	20.4
海南	4.1	4.7	4.2	6.1	3.9	5.7	11.8	4.0	4.8	9.1
重庆	40.0	63.7	75.3	100.0	58.9	66.7	82.4	57.7	62.9	71.8
四川	57.5	78.8	80.4	88.2	70.4	67.0	66.2	69.3	61.3	51.5
贵州	30.8	57.0	60.0	68.0	51.8	51.6	53.3	50.9	48.1	44.4
云南	22.0	33.0	37.2	47.1	27.9	28.7	31.9	27.8	25.4	22.5
西藏	0.6	2.3	5.1	11.4	4.5	5.8	7.4	4.7	5.0	5.0
陕西	11.5	26.5	29.3	36.8	23.4	24.1	27.5	23.1	21.9	21.4
甘肃	14.7	31.9	32.8	40.6	27.0	25.0	26.5	27.0	22.2	18.7
青海	6.8	8.1	9.6	15.3	6.9	7.6	15.2	6.9	6.9	8.3
宁夏	3.0	12.2	13.2	22.5	9.4	8.8	15.6	9.7	7.5	4.8
新疆	19.3	20.1	24.7	29.8	31.1	18.5	23.8	27.2	10.0	8.7
总计	1 403.2	1 820.7	2 046.8	2 563.8	1 599.7	1 678.4	1 893.6	1 583.2	1 533.2	1 489.9

　　自改革开放以来，东部地区逐步成为我国产业集聚区，特别是在广东、江苏、浙江、山东等省份，制造业有进一步集聚的趋势[103]。这使得东部地区工业的需水量也相对高于中部和西部地区。如表 5-10 所示，2007 年，东部地区的工业需水量约为 680 亿 m³，占总

需水量的 48.4%，中部地区的工业需水量为 446.3 亿 m^3，所占比重为 31.8%，西部地区的工业需水量为 276.4 亿 m^3，比重为 19.7%。据预测，未来我国东部地区工业需水量仍将以相对较快的速度在增加。在中需水情景下，2020 年东部地区的工业需水量约为 759 亿 m^3，所占比重为 45.2%。2030 年其工业需水量将达到 824.1 亿 m^3，所占比重为 43.5%。其中，江苏、广东、浙江、辽宁、上海、福建等省份工业需水量的增速相对较高，均高于 25%。

考虑了各地水资源未来的承载力，预计在未来几年内，北方缺水城市和地区，如天津、河北、山西以及宁夏等地用水量将呈现下降趋势，一些经济较为发达、水资源相对丰富的地区（如广东等地）的用水量将会小幅上升，另外一些经济欠发达地区，水资源也相对丰富的地区（如广西、贵州、云南和西藏），用水量也将继续小幅上升。其余地区的用水量将在 2015 年达到拐点。

（4）随着城市人口比例的增加，未来我国生活需水量增加趋势明显。因受人口分布和生活习惯差异的影响，我国生活需水量空间分布的南北方差异较为显著。2007 年，我国南方人口占总人口的比重为 60%，而我国南方生活需水量占生活需水量的比重为 69%。在中需水预测情景下，2015 年，南方生活需水量约为 519.3 亿 m^3，比重上升到 68.7%，2020 年约为 537.2 亿 m^3，比重为 68.8%，2030 年约为 541.9 亿 m^3。2030 年南方地区的生活需水量相对 2007 年增加了 29% 左右，北方地区生活需水量相对增加了 23.6%，南方地区的生活需水量上升趋势相对显著。

城镇生活用水为刚性需求，预计随着人口的增长，城镇化率的提高，各省份的城镇生活需水量将持续上升，因此，在高需水情景下，预计我国各省、自治区、直辖市生活需水量都将呈上升趋势。

中西部地区，以及少数民族聚集区，如云南、贵州、广西、青海、四川、甘肃、宁夏、内蒙古、陕西、河南、西藏和新疆等地，人口增长较快，城镇化率水平提高显著，高于全国平均水平，预计 2030 年这几个省份的城镇化率将达到 40%～65%。目前这几个省的城镇生活用水定额低于全国平均水平，考虑未来的生活水平也会相应提高，用水定额逐步增大，相应的城镇生活用水量将提高较快，在高需水情景下，这几个省份的生活需水量增速将高于全国平均水平。

一些经济水平发达的东部地区，如天津、北京等地，虽然城镇化率较高，人口增加较快，但受当地水资源条件的制约，估计未来的人均用水系数会不断下降，总的用水量在 2030 年将小幅上升。但在低需水情景下，这两个城市的生活需水量可能呈下降趋势（表 5-11）。

另外，一些东部经济条件较好，水资源相对丰富的地区，如湖北、湖南、福建、江苏、浙江、山东以及广东等地，城镇化率较高，水资源压力较小，预计城镇生活总的用水量增长较快。这些省份有一定的节水空间，因此，在低需水情景中，其生活需水量将随生活用水回用率的提高，而呈下降趋势。

表 5-11　中国各省（自治区、直辖市）生活用水量预测　　　　单位：亿 m³

省　份	基准年	高情景			中情景			低情景		
	2007 年	2015 年	2020 年	2030 年	2015 年	2020 年	2030 年	2015 年	2020 年	2030 年
北　京	13.1	14.8	15.0	16.8	14.4	13.8	13.9	13.4	12.7	12.2
天　津	4.3	5.1	5.2	5.8	4.6	4.5	4.5	4.6	4.4	4.3
河　北	21.4	32.5	37.2	44.9	29.4	32.4	35.0	29.4	31.6	32.7
山　西	8.5	10.2	10.6	11.8	9.3	9.3	9.2	9.3	9.0	8.8
内蒙古	12.7	16.6	17.6	19.0	15.0	15.3	14.8	15.0	15.0	13.9
辽　宁	21.8	26.1	26.9	30.6	23.6	23.4	23.8	23.6	22.8	22.3
吉　林	10.5	12.8	13.4	15.2	11.6	11.6	11.9	11.6	11.3	11.1
黑龙江	16.6	19.1	19.3	21.3	17.3	16.9	16.6	17.3	16.4	15.5
上　海	19.3	22.9	22.4	23.1	20.8	19.5	18.0	20.8	19.0	16.8
江　苏	43.3	62.0	66.2	72.4	56.2	57.7	56.4	56.2	56.3	52.8
浙　江	30.3	40.5	44.4	48.9	36.7	38.7	38.1	36.7	37.7	35.6
安　徽	23.4	27.2	27.7	30.4	24.6	24.1	23.7	24.6	23.5	22.2
福　建	19.0	23.7	25.1	28.3	21.5	21.9	22.1	21.5	21.3	20.6
江　西	20.5	27.7	30.5	35.2	25.1	26.6	27.4	25.1	25.9	25.6
山　东	29.1	35.0	36.5	40.7	31.7	31.8	31.7	31.7	31.0	29.7
河　南	29.3	41.7	46.3	54.7	37.8	40.4	42.6	37.8	39.3	39.9
湖　北	26.3	31.3	32.1	35.9	28.3	28.0	28.0	28.3	27.3	26.2
湖　南	39.9	57.9	65.1	77.8	52.5	56.7	60.6	52.5	55.3	56.7
广　东	81.0	100.0	104.4	114.4	90.6	91.0	89.1	90.6	88.7	83.4
广　西	43.5	66.0	75.8	89.1	59.8	66.1	69.4	59.8	64.4	65.0
海　南	5.5	7.6	8.6	10.0	6.9	7.5	7.8	6.9	7.3	7.1
重　庆	15.5	18.7	19.4	21.8	16.9	16.9	17.0	16.9	16.5	15.9
四　川	30.8	43.4	48.0	57.0	39.3	41.8	44.4	39.3	40.8	41.5
贵　州	15.1	18.5	19.3	21.2	16.8	16.8	16.5	16.8	16.4	15.4
云　南	17.8	23.0	24.4	27.0	20.8	21.3	21.0	20.8	20.7	19.7
西　藏	1.9	2.6	2.8	3.2	2.3	2.5	2.5	2.3	2.4	2.3
陕　西	12.2	16.5	17.9	20.8	14.9	15.6	16.2	14.9	15.2	15.1
甘　肃	8.5	10.7	11.4	12.8	9.7	9.9	10.0	9.7	9.6	9.3
青　海	3.0	4.0	4.4	5.1	3.6	3.8	4.0	3.6	3.7	3.7
宁　夏	1.6	2.1	2.4	2.7	1.9	2.1	2.1	1.9	2.0	1.9
新　疆	10.1	14.6	16.6	19.4	12.2	13.7	14.3	13.2	14.1	14.1
总　计	635.7	834.8	896.7	1 017.4	756.5	781.7	792.4	756.5	761.5	741.5

5.1.2.3　区域水污染排放压力预测

（1）东部是我国废水污染物排放的主要区域，未来我国污染物区域排放将趋于均衡。2007 年，中国废水污染物排放总量为 3 916.9 万 t，COD 是水污染排放总量的主要组成部分，占废水污染物排放总量的 80%。在高排放情景下，我国废水污染物排放量在 2020 年之前仍呈上升趋势，2020 年达到 4 151.3 万 t，2030 年下降到 3 796.0 万 t。在中低情景下，我国废水污染物排放总量都呈下降趋势。在中情景下，2015 年相对 2007 年，废水污染物排量减少 7%，说明中情景不能实现我国废水 COD 减排目标。在低情景下，废水污染物排放量减少 14%（表 5-12）。

表 5-12　中国各省（自治区、直辖市）污染物排放总量预测　　　　　　单位：亿 m³

省 份	基准年	高情景			中情景			低情景		
	2007 年	2015 年	2020 年	2030 年	2015 年	2020 年	2030 年	2015 年	2020 年	2030 年
北　京	31.6	32.1	31.3	26.7	29.5	26.9	21.8	26.9	21.7	13.9
天　津	34.9	33.9	32.5	26.1	30.7	27.2	20.9	28.5	22.3	13.9
河　北	194.2	205.3	211.9	185.9	185.9	177.5	148.1	172.2	143.7	94.6
山　西	92.2	90.1	90.9	80.2	80.8	74.7	63.4	76.5	61.6	41.7
内蒙古	74.9	95.6	116.0	126.8	86.4	97.8	101.9	80.0	77.9	61.0
辽　宁	177.0	164.8	160.5	130.6	148.3	132.4	102.6	138.6	108.0	67.0
吉　林	128.2	125.3	130.1	112.0	114.0	109.7	89.1	103.9	87.1	54.5
黑龙江	129.3	141.3	155.9	152.9	128.4	132.0	122.9	117.8	105.2	74.6
上　海	55.6	47.5	43.0	46.2	42.2	34.4	36.6	41.0	29.5	24.3
江　苏	218.7	203.0	192.3	154.1	182.0	157.5	121.1	172.5	131.5	83.7
浙　江	147.9	135.9	127.8	102.0	120.9	103.0	78.9	116.1	86.5	55.0
安　徽	153.4	161.1	168.4	159.9	147.3	143.4	128.2	133.8	114.9	79.5
福　建	109.4	107.1	105.0	90.9	97.0	87.4	71.8	89.7	71.2	46.6
江　西	111.6	118.2	122.6	113.0	106.4	101.5	89.1	99.6	83.2	58.1
山　东	295.8	293.4	293.4	256.7	269.7	251.9	207.1	241.4	198.8	124.9
河　南	239.3	242.2	243.5	208.8	220.2	204.9	166.5	202.7	166.3	108.2
湖　北	166.3	165.2	167.0	152.1	149.5	139.7	121.0	138.6	113.4	76.8
湖　南	254.7	276.8	286.8	269.6	250.3	238.8	213.1	231.7	193.7	135.7
广　东	332.0	327.5	325.8	291.6	298.4	274.3	233.1	272.9	221.2	147.9
广　西	288.6	313.7	321.3	296.8	280.6	262.7	231.8	263.8	214.1	147.7
海　南	23.8	24.5	26.7	27.3	22.3	22.6	21.9	20.4	18.1	13.4
重　庆	69.8	75.8	76.2	67.5	68.1	62.6	53.0	64.3	51.8	35.3
四　川	206.1	230.4	237.5	217.7	207.2	196.4	171.4	194.0	160.2	110.1
贵　州	47.6	55.3	64.1	68.2	50.4	54.7	55.1	46.3	43.9	33.6
云　南	74.1	78.9	85.9	82.8	71.5	72.4	66.3	66.3	58.9	42.2
西　藏	2.9	6.4	10.5	16.7	6.0	9.4	13.8	5.2	7.1	7.4
陕　西	83.8	83.2	84.6	75.4	74.0	68.5	58.7	71.2	57.5	40.3
甘　肃	44.7	47.6	51.2	48.9	42.9	42.6	38.9	40.4	35.0	25.3
青　海	17.9	26.4	37.9	51.2	24.1	32.6	41.6	21.7	25.3	23.4
宁　夏	35.8	37.6	39.2	36.3	33.2	31.2	27.9	32.1	26.0	18.5
新　疆	74.9	93.4	111.5	120.8	84.1	93.3	96.2	78.0	74.5	57.9
总　计	3 916.9	4 039.5	4 151.3	3 796.0	3 652.4	3 463.8	3 014.0	3 387.8	2 809.7	1 917.4

　　2007 年，我国东部废水污染物排放总量为 1 621 万 t，中部为 1 275 万 t，西部为 1 021 万 t，东部是我国废水污染物排放的主要区域。随着我国工业由东部向中西部的梯级转移及中西部地区规模化畜禽养殖的大力发展，未来我国区域污染物排放将趋于均衡。在中排放情景下，2030 年我国东、中、西三大区域的污染物排放量分别为 1 064 万 t、993.3 万 t、956.7 万 t。从省份看，广东、山东、广西、湖南、河南、江苏等省份是我国废水污染物排放的主要省份，这六大省份的废水污染物排放量占总废水污染物排放量的 42%，而宁夏、天津、北

京、海南、青海、西藏等省份的废水污染物排放量相对较少，所占比重在4%左右。

（2）若不加大畜禽进口力度，我国农业的污染物排放量将呈增加趋势。在高情景下，我国农业的废水和污染物排放量都呈增加趋势。新疆、青海、宁夏、内蒙古、云南、贵州等省份将是规模化畜禽养殖业污染物增速最快的省份。就省份而言，2030年，山东（137.3万t）、广东（130.7万t）、河南（87万t）、湖南（87万t）、广西（68万t）、安徽（60万t）等省份是农业污染物排放量最大的省份（表5-13），占农业总污染物排放量的50%。这些省份多临近我国的河流和湖泊，如太湖和巢湖主要位于江苏、浙江和安徽，而这两个湖也是我国面源污染较为严重的湖泊，都不同程度地出现了水域的富营养化问题。而西藏、上海、青海、海南和宁夏是规模化畜禽养殖业污染物排放量相对较少的省份，其规模化畜禽养殖业污染物排放量只占总规模化畜禽养殖业污染物排放量的0.8%。

表 5-13　不同情景下中国各省（自治区、直辖市）农业污染物排放总量预测　　　　单位：万t

省　份	基准年	高情景			中情景			低情景		
	2007年	2015年	2020年	2030年	2015年	2020年	2030年	2015年	2020年	2030年
北　京	9.19	14.57	16.09	15.21	13.89	14.60	12.62	11.39	10.75	6.56
天　津	7.84	11.69	12.34	10.17	11.14	11.19	8.44	9.15	8.26	4.42
河　北	48.62	76.41	90.99	88.09	72.77	82.41	72.89	60.20	61.43	39.07
山　西	12.89	22.06	27.19	28.40	21.01	24.63	23.51	17.36	18.32	12.51
内蒙古	14.46	33.62	55.65	75.01	32.06	50.49	62.30	26.32	37.16	32.22
辽　宁	48.40	51.24	54.80	45.37	48.84	49.67	37.60	40.19	36.79	19.86
吉　林	49.11	55.66	64.74	58.78	53.07	58.70	48.75	43.61	43.37	25.57
黑龙江	35.86	58.09	78.19	89.72	55.37	70.89	74.40	45.58	52.46	39.05
上　海	3.87	5.00	4.49	16.04	4.75	4.05	13.29	3.93	3.03	6.89
江　苏	46.21	53.53	54.61	46.93	50.73	49.12	38.27	42.54	37.54	22.07
浙　江	22.18	23.94	23.30	17.45	22.73	21.00	14.30	18.89	15.82	7.94
安　徽	60.16	81.23	93.73	99.02	77.08	84.48	81.24	64.26	63.78	44.77
福　建	39.27	41.08	41.76	37.92	39.04	37.70	31.17	32.31	28.19	16.82
江　西	27.80	38.93	45.64	47.43	36.93	41.13	38.89	30.86	31.13	21.59
山　东	137.29	164.46	178.26	168.99	156.32	160.99	139.16	129.14	119.92	74.27
河　南	87.03	100.93	110.83	100.64	95.90	100.05	82.72	79.72	75.26	45.54
湖　北	50.82	62.15	71.86	76.16	59.04	64.87	62.69	49.08	48.72	34.00
湖　南	86.86	104.50	117.44	122.40	99.30	106.04	100.81	82.37	79.44	54.35
广　东	130.69	142.17	148.19	142.90	135.36	134.11	118.12	111.43	99.39	62.22
广　西	68.08	88.45	103.15	112.56	84.12	93.24	92.89	69.57	69.50	49.46
海　南	7.24	10.65	13.54	16.42	10.12	12.23	13.55	8.39	9.13	7.21
重　庆	15.01	21.44	24.19	23.88	20.33	21.79	19.55	17.01	16.53	10.93
四　川	54.99	74.41	89.62	95.87	70.63	80.83	78.75	58.89	60.96	43.23
贵　州	10.74	25.11	36.28	46.24	23.82	32.72	38.04	19.93	24.68	20.68
云　南	17.26	31.63	42.41	48.60	29.96	38.18	39.80	25.21	29.07	22.25
西　藏	0.44	4.60	8.86	15.33	4.38	8.02	12.71	3.61	5.92	6.58
陕　西	9.72	14.91	18.67	19.68	14.11	16.79	16.07	11.93	12.89	9.19
甘　肃	9.28	13.86	18.72	21.40	13.18	16.92	17.66	10.93	12.64	9.45
青　海	2.06	12.91	23.86	37.99	12.31	21.64	31.53	10.08	15.89	16.22
宁　夏	3.17	4.75	6.56	7.78	4.52	5.94	6.43	3.74	4.42	3.41
新　疆	12.64	32.40	50.71	67.25	30.86	45.93	55.70	25.38	33.92	29.05
总　计	1 129.2	1 476.4	1 726.7	1 799.6	1 403.7	1 560.3	1 483.8	1 163.0	1 166.3	797.4

随着我国对面源污染危害的逐步重视，畜禽养殖污染物排放标准的制定，以及新能源的蓬勃发展，特别是在中央和各级地方政府对农村沼气发展高度关注和强有力的资金支持下，我国政府会采取强有力的政策措施，加大对畜禽粪便的处理能力。因此，在中排放情景中，我国规模化畜禽养殖业的废水和 COD 排放量可能呈先上升后下降趋势。废水排放量由 2007 年的 14.1 亿 t 上升到 2030 年的 22.9 亿 t，增加 54%（表 5-14），规模化畜禽养殖业污染物排放量由 2007 年的 895.5 万 t 上升到 2020 年的 1 331.7 万 t，2030 年小幅下降到 1 282 万 t。从东中西三大区域而言，东部地区占到总规模化畜禽养殖业污染物排放量的 46.5%，中部比重为 36.1%，而西部只占 17.4%。说明我国规模化畜禽养殖业污染物排放量空间分布极为不均衡。东部沿海地区是我国畜禽养殖污染物排放的主要地区，未来这一地区仍将是畜禽养殖重点污染区。根据第一次全国污染源普查数据，山东的畜禽养殖粪便处理利用率仅为 16.55%，广东为 33.72%，福建为 30.84%，浙江为 36.54%，江苏为 39.18%，畜禽粪便利用率相对较低。因此，东部沿海地区应制定畜禽养殖业污染物排放标准，推动畜禽养殖业污染物的减量化、无害化和资源化利用。

在加大畜禽进口力度的低情景下，我国农业的废水和污染物排放量将呈下降趋势。2030 年废水排放量为 12 亿 t，规模化畜禽养殖的 COD 排放量 2015 年为 952.2 万 t，2020 年为 967.1 万 t，2030 年若进口依存度达到 40%，规模化畜禽养殖 COD 排放量将下降到 642.2 万 t（表 5-15）。从预测结果可知，我国规模化畜禽养殖 COD "十二五" 期间可能仍呈上升趋势，减排任务艰巨。

从本书计算的农业污染物而言，种植业污染物排放量与规模化畜禽养殖业污染物排放量相比，数量相对较少，空间分布相对较为均衡。2007 年，种植业污染物排放量占总农业面源污染的 15.7%。河南（14 万 t）、安徽（12.9 万 t）、四川（12.8 万 t）、江苏（10.8 万 t）、山东（9.8 万 t）、湖南（9.7 万 t）等是我国种植业污染物排放量较大的省份，其占总种植业污染物排放量的 45.4%（表 5-16）。这些省份也是我国单位耕地面积化肥使用量较大的省份，如 2007 年，河南的亩均化肥使用量为 50.6 kg/亩，江苏为 47.7 kg/亩，山东为 42.3 kg/亩，湖南为 39.3 kg/亩，安徽为 35.6 kg/亩，都远远超过发达国家制定的 15 kg/亩的警戒线。因此，这些省份应该是种植业污染物监控的重点地区。而青海（0.12 万 t）、北京（0.28 万 t）、西藏（0.33 万 t）、上海（0.35 万 t）、天津（0.37 万 t）等是种植业污染物排放量小的省份，所占比重为 0.95%。从东中西三大区域看，2030 年，东部、中部、西部种植业污染物排放量分别为 47.7 万 t、54.2 万 t、36.6 万 t，其比重分别为 34%、39%、27%。与规模化畜禽养殖业污染物排放量相比，种植业污染物排放量的空间分布相对较为均衡。

（3）在中、低情景下，我国工业污染物排放量呈下降趋势，可实现 "十二五" COD 减排目标。利用熵值法分别对 1998—2007 年各省份废水排放权值进行分解，计算各省份废水综合指数。另外，为反映未来各省份废水变化趋势，利用各省份 10 年的综合指数，建立基于时间序列的综合评价指数的回归预测模型，利用回归预测，计算 2015 年、2020 年和 2030 年的废水排放权重。

表 5-14　不同情景下中国各省（自治区、直辖市）规模化畜禽养殖废水排放量预测　　　单位：万 t

省份	基准年 2007年	高需水情景			中需水情景			低需水情景		
		2015年	2020年	2030年	2015年	2020年	2030年	2015年	2020年	2030年
北 京	0.04	0.06	0.06	0.06	0.05	0.06	0.05	0.04	0.04	0.03
天 津	0.05	0.07	0.09	0.10	0.07	0.08	0.08	0.06	0.06	0.04
河 北	0.59	0.80	0.96	1.12	0.76	0.86	0.94	0.62	0.64	0.49
山 西	0.13	0.17	0.21	0.24	0.16	0.19	0.20	0.13	0.14	0.11
内蒙古	0.56	0.82	1.02	1.30	0.78	0.92	1.10	0.64	0.69	0.58
辽 宁	0.35	0.49	0.59	0.70	0.46	0.54	0.59	0.38	0.40	0.31
吉 林	0.26	0.38	0.48	0.61	0.36	0.43	0.51	0.30	0.32	0.27
黑龙江	0.85	1.15	1.42	1.81	1.09	1.29	1.52	0.90	0.96	0.80
上 海	0.06	0.09	0.10	0.11	0.09	0.09	0.10	0.07	0.07	0.05
江 苏	1.05	1.42	1.71	2.04	1.35	1.54	1.71	1.11	1.15	0.90
浙 江	0.39	0.53	0.64	0.77	0.50	0.58	0.65	0.41	0.43	0.34
安 徽	0.48	0.64	0.78	0.94	0.61	0.70	0.79	0.50	0.52	0.42
福 建	0.39	0.52	0.63	0.75	0.49	0.57	0.63	0.41	0.42	0.33
江 西	0.59	0.79	0.94	1.07	0.75	0.85	0.90	0.62	0.63	0.47
山 东	0.63	0.86	1.04	1.23	0.82	0.94	1.03	0.67	0.70	0.54
河 南	0.45	0.61	0.73	0.87	0.58	0.66	0.73	0.48	0.49	0.38
湖 北	0.52	0.69	0.82	0.95	0.66	0.74	0.80	0.54	0.55	0.42
湖 南	0.75	1.02	1.22	1.43	0.97	1.10	1.20	0.79	0.82	0.63
广 东	0.87	1.18	1.36	1.53	1.12	1.23	1.29	0.92	0.91	0.68
广 西	0.81	1.04	1.23	1.39	0.99	1.11	1.17	0.81	0.83	0.61
海 南	0.14	0.20	0.23	0.22	0.19	0.21	0.18	0.15	0.15	0.10
重 庆	0.07	0.10	0.12	0.14	0.10	0.11	0.12	0.08	0.08	0.06
四 川	0.46	0.63	0.76	0.91	0.60	0.69	0.76	0.49	0.51	0.40
贵 州	0.19	0.26	0.33	0.40	0.25	0.30	0.34	0.21	0.22	0.18
云 南	0.42	0.58	0.70	0.83	0.55	0.63	0.69	0.45	0.47	0.37
西 藏	0.13	0.19	0.23	0.25	0.18	0.21	0.21	0.15	0.15	0.11
陕 西	0.22	0.28	0.34	0.38	0.27	0.30	0.32	0.22	0.23	0.17
甘 肃	0.38	0.52	0.63	0.76	0.49	0.57	0.64	0.40	0.42	0.34
青 海	0.08	0.12	0.14	0.17	0.11	0.13	0.14	0.09	0.10	0.07
宁 夏	0.26	0.34	0.42	0.49	0.33	0.38	0.41	0.27	0.28	0.22
新 疆	1.89	2.51	3.05	3.67	2.39	2.75	3.09	1.96	2.05	1.62
总 计	14.06	19.06	22.96	27.23	18.12	20.74	22.89	14.87	15.45	12.03

表 5-15 不同情景下中国各省（自治区、直辖市）规模化畜禽养殖 COD 排放量预测   单位：万 t

省　份	基准年	高情景			中情景			低情景		
	2007 年	2015 年	2020 年	2030 年	2015 年	2020 年	2030 年	2015 年	2020 年	2030 年
北　京	8.2	13.3	14.8	14.0	12.7	13.4	11.6	10.3	9.7	5.8
天　津	6.9	10.6	11.2	9.2	10.1	10.2	7.7	8.2	7.4	3.8
河　北	36.6	63.4	77.5	75.1	60.6	70.4	62.5	49.2	51.2	31.3
山　西	9.7	18.5	23.5	24.6	17.7	21.3	20.5	14.4	15.5	10.3
内蒙古	12.0	30.4	51.4	69.9	29.0	46.7	58.2	23.6	33.9	29.2
辽　宁	42.5	45.1	48.6	40.2	43.1	44.1	33.5	35.0	32.1	16.8
吉　林	43.7	49.8	58.4	52.9	47.6	53.1	44.1	38.7	38.5	22.1
黑龙江	29.8	51.0	69.9	80.7	48.7	63.5	67.2	39.6	46.1	33.7
上　海	3.1	4.2	3.8	14.9	4.0	3.4	12.4	3.3	2.5	6.2
江　苏	31.0	38.9	40.0	33.0	37.1	36.4	27.5	30.2	26.4	13.8
浙　江	17.5	19.3	18.9	13.8	18.5	17.2	11.5	15.0	12.5	5.7
安　徽	43.7	63.3	74.8	79.5	60.5	68.0	66.3	49.2	49.4	33.2
福　建	33.1	34.8	35.6	32.2	33.3	32.4	26.9	27.0	23.5	13.5
江　西	18.9	29.5	35.8	37.4	28.2	32.5	31.1	22.9	23.6	15.6
山　东	116.1	142.3	155.5	147.4	135.9	141.4	122.8	110.5	102.7	61.5
河　南	67.2	80.8	90.3	80.8	77.2	82.1	67.3	62.7	59.6	33.7
湖　北	38.3	49.8	59.2	63.8	47.6	53.8	53.1	38.7	39.1	26.6
湖　南	69.6	86.1	98.7	104.2	82.2	89.7	86.8	66.8	65.1	43.5
广　东	115.6	126.6	132.7	128.4	120.9	120.6	107.0	98.3	87.6	53.6
广　西	56.6	75.2	89.4	98.7	71.8	81.2	82.2	58.4	59.0	41.2
海　南	5.7	8.8	11.6	14.4	8.4	10.6	12.0	6.9	7.7	6.0
重　庆	10.2	16.1	18.8	18.5	15.4	17.0	15.4	12.5	12.4	7.7
四　川	39.3	57.7	72.0	77.8	55.1	65.5	64.8	44.8	47.6	32.5
贵　州	5.3	18.6	29.1	38.5	17.8	26.5	32.0	14.5	19.2	16.1
云　南	8.8	21.9	32.0	37.5	20.9	29.1	31.3	17.0	21.1	15.7
西　藏	0.1	4.1	8.1	14.3	3.9	7.4	11.9	3.1	5.4	6.0
陕　西	4.6	9.6	13.2	14.2	9.2	12.0	11.8	7.5	8.7	5.9
甘　肃	6.9	11.3	15.9	18.5	10.8	14.5	15.4	8.8	10.5	7.7
青　海	1.7	12.1	22.5	35.9	11.6	20.5	29.9	9.4	14.9	15.0
宁　夏	2.5	4.0	5.7	6.8	3.8	5.2	5.7	3.1	3.8	2.9
新　疆	10.5	29.1	46.3	61.7	27.8	42.1	51.4	22.6	30.5	25.7
总　计	895.5	1 226.4	1 465.3	1 538.7	1 171.5	1 331.7	1 282.0	952.2	967.1	642.2

表 5-16　不同情景下中国各省（自治区、直辖市）种植业污染物排放总量预测　　　单位：万 t

省份	基准年	高情景			中情景			低情景		
	2007 年	2015 年	2020 年	2030 年	2015 年	2020 年	2030 年	2015 年	2020 年	2030 年
北　京	0.36	0.31	0.29	0.28	0.28	0.26	0.21	0.27	0.24	0.20
天　津	0.45	0.40	0.39	0.37	0.37	0.34	0.28	0.35	0.32	0.26
河　北	9.33	8.94	8.86	8.74	8.28	7.71	6.66	7.88	7.34	6.22
山　西	2.52	2.44	2.44	2.43	2.26	2.12	1.85	2.15	2.02	1.73
内蒙古	1.88	1.77	1.80	1.85	1.64	1.57	1.41	1.56	1.50	1.32
辽　宁	1.42	1.36	1.37	1.39	1.26	1.19	1.06	1.20	1.14	0.99
吉　林	1.48	1.56	1.61	1.69	1.45	1.40	1.28	1.38	1.34	1.20
黑龙江	3.26	2.94	3.03	3.17	2.72	2.64	2.41	2.59	2.51	2.26
上　海	0.51	0.40	0.38	0.36	0.37	0.33	0.27	0.35	0.32	0.25
江　苏	12.56	11.24	11.09	10.87	10.41	9.65	8.28	9.91	9.19	7.74
浙　江	3.13	2.89	2.74	2.54	2.68	2.38	1.93	2.55	2.27	1.81
安　徽	12.58	12.58	12.76	13.04	11.66	11.11	9.93	11.10	10.58	9.28
福　建	3.25	3.18	3.07	2.92	2.95	2.68	2.23	2.81	2.55	2.08
江　西	7.31	6.98	7.04	7.14	6.46	6.12	5.44	6.15	5.83	5.09
山　东	11.34	10.33	10.15	9.89	9.57	8.83	7.53	9.11	8.41	7.04
河　南	14.07	13.76	13.90	14.12	12.75	12.10	10.75	12.13	11.53	10.05
湖　北	8.89	7.98	7.85	7.68	7.39	6.83	5.85	7.04	6.51	5.47
湖　南	9.93	9.81	9.78	9.74	9.09	8.51	7.42	8.65	8.11	6.94
广　东	7.35	7.27	7.14	6.95	6.74	6.21	5.30	6.41	5.92	4.95
广　西	7.72	8.09	8.06	8.03	7.49	7.01	6.11	7.13	6.68	5.72
海　南	1.12	1.20	1.21	1.24	1.11	1.05	0.94	1.06	1.00	0.88
重　庆	4.15	4.26	4.22	4.17	3.95	3.67	3.18	3.76	3.50	2.97
四　川	13.12	12.83	12.84	12.88	11.89	11.18	9.81	11.32	10.65	9.17
贵　州	5.02	5.34	5.38	5.45	4.95	4.68	4.15	4.71	4.46	3.88
云　南	7.79	8.30	8.45	8.68	7.69	7.35	6.61	7.32	7.01	6.18
西　藏	0.35	0.35	0.34	0.34	0.32	0.30	0.26	0.31	0.28	0.24
陕　西	4.60	4.47	4.44	4.41	4.14	3.87	3.36	3.94	3.69	3.14
甘　肃	1.87	1.74	1.74	1.75	1.61	1.52	1.33	1.53	1.44	1.24
青　海	0.18	0.14	0.13	0.12	0.13	0.11	0.09	0.12	0.11	0.09
宁　夏	0.51	0.48	0.49	0.50	0.45	0.43	0.38	0.43	0.41	0.36
新　疆	1.37	1.50	1.62	1.85	1.39	1.41	1.41	1.32	1.34	1.32
总　计	159.40	154.83	154.64	154.59	143.48	134.56	117.73	136.55	128.21	110.07

　　影响工业废水排放量的主要因素为工业用水量、重复用水率以及工艺设备的耗水率，根据高排放情景，在现有的工业用水趋势下，若不快速提高工业用水重复利用率，未来的工业用水量将大幅增加，相应的废水排放量也将大幅增加，不仅加剧了水资源的短缺，且给环境带来巨大压力。在高情景下，我国工业废水排放量将呈上升趋势。由 2007 年的 246

亿 t 上升到 2020 年的 305 亿 t，2030 年可能达到 298 亿 t，相对 2007 年增加 21%（表 5-17）。低排放情景则考虑了各地水资源未来的承载力以及环境压力，假设大幅提高重复利用率，通过工艺设备改革减小耗水率，则预计在未来几年内，北方缺水城市和地区，如北京、天津、河北、山西以及宁夏等地废水排放量将呈现大幅下降趋势，一些经济较为发达、水资源相对丰富的地区（如广东等地），由于重复用水率的增加，废水排放量将会小幅下降。

表 5-17　不同情景下中国各省（自治区、直辖市）工业废水排放量的预测　　　单位：亿 t

省　份	基准年	高情景			中情景			低情景		
	2007 年	2015 年	2020 年	2030 年	2015 年	2020 年	2030 年	2015 年	2020 年	2030 年
北　京	0.91	1.09	1.13	1.10	0.84	0.72	0.51	0.75	0.58	0.39
天　津	2.14	2.57	2.65	2.59	1.97	1.69	1.20	1.77	1.37	0.92
河　北	12.33	14.80	15.27	14.92	11.36	9.74	6.93	10.18	7.88	5.32
山　西	4.11	4.93	5.09	4.97	3.78	3.24	2.31	3.39	2.63	1.77
内蒙古	2.50	3.00	3.09	3.02	2.30	1.97	1.40	2.06	1.60	1.08
辽　宁	9.50	11.41	11.77	11.50	8.76	7.51	5.34	7.85	6.07	4.10
吉　林	3.96	4.75	4.90	4.79	3.65	3.13	2.23	3.27	2.53	1.71
黑龙江	3.83	4.60	4.75	4.64	3.53	3.03	2.15	3.16	2.45	1.65
上　海	4.75	5.70	5.88	5.75	4.38	3.75	2.67	3.92	3.04	2.05
江　苏	26.83	32.21	33.23	32.46	24.72	21.19	15.08	22.15	17.15	11.57
浙　江	20.09	24.11	24.88	24.30	18.51	15.87	11.29	16.58	12.84	8.66
安　徽	7.34	8.81	9.09	8.88	6.77	5.80	4.13	6.06	4.69	3.17
福　建	13.62	16.35	16.87	16.48	12.55	10.76	7.65	11.24	8.70	5.87
江　西	7.13	8.56	8.83	8.63	6.57	5.63	4.01	5.89	4.56	3.07
山　东	16.63	19.96	20.60	20.12	15.32	13.14	9.35	13.73	10.63	7.17
河　南	13.41	16.10	16.61	16.23	12.36	10.59	7.54	11.07	8.57	5.78
湖　北	9.08	10.91	11.25	10.99	8.37	7.18	5.11	7.50	5.81	3.92
湖　南	9.99	12.00	12.38	12.09	9.21	7.89	5.62	8.25	6.39	4.31
广　东	24.59	29.52	30.46	29.75	22.66	19.43	13.82	20.30	15.72	10.60
广　西	18.37	22.05	22.75	22.22	16.92	14.51	10.32	15.16	11.74	7.92
海　南	0.59	0.71	0.74	0.72	0.55	0.47	0.33	0.49	0.38	0.26
重　庆	6.89	8.27	8.53	8.33	6.35	5.44	3.87	5.69	4.40	2.97
四　川	11.45	13.74	14.18	13.85	10.55	9.04	6.43	9.45	7.32	4.94
贵　州	1.21	1.45	1.50	1.46	1.11	0.95	0.68	1.00	0.77	0.52
云　南	3.53	4.24	4.37	4.27	3.25	2.79	1.98	2.91	2.26	1.52
西　藏	0.09	0.10	0.11	0.10	0.08	0.07	0.05	0.07	0.05	0.04
陕　西	4.84	5.81	6.00	5.86	4.46	3.83	2.72	4.00	3.10	2.09
甘　肃	1.58	1.90	1.96	1.92	1.46	1.25	0.89	1.31	1.01	0.68
青　海	0.73	0.88	0.90	0.88	0.67	0.58	0.41	0.60	0.47	0.32
宁　夏	2.11	2.53	2.61	2.55	1.94	1.66	1.18	1.74	1.35	0.91
新　疆	2.09	2.51	2.59	2.53	1.93	1.65	1.18	1.73	1.34	0.90
总　计	246.23	295.58	304.97	297.93	226.85	194.50	138.38	203.28	157.40	106.17

COD 和氨氮的排放量受到污染物去除率的影响，在高排放情景下，若维持原来的污染物去除率水平，我国将不能实现"十二五"COD 减排 8% 的目标。一些发达地区，北京、

上海、天津增速缓慢，呈先上升后下降趋势。其余省份的 COD 和氨氮排放量将持续上升。在中、低排放情景下，我国都可实现"十二五"COD 减排目标，经济较发达的省份如北京、上海、江苏、浙江、福建、山东以及广东的 COD 去除率达到 95%～98%，其余省份的 COD 去除率也在现有的水平下不断提高，则预计所有省份的 COD 排放量将呈下降趋势。广西、河北、河南、山东、四川、广东等是我国工业 COD 排放量较大的省份，这些省份的工业 COD 排放量占到工业 COD 排放量的 36%。而西藏、北京、海南、贵州、天津等省份是工业 COD 排放量相对较少的省份，所占比重为 1% 左右（表 5-18、表 5-19）。

表 5-18　不同情景下中国各省（自治区、直辖市）工业 COD 排放量的预测　　　单位：万 t

省份	基准年	高情景			中情景			低情景		
	2007 年	2015 年	2020 年	2030 年	2015 年	2020 年	2030 年	2015 年	2020 年	2030 年
北　京	0.66	0.71	0.72	0.69	0.53	0.45	0.36	0.50	0.40	0.27
天　津	3.06	3.29	3.34	3.18	2.45	2.09	1.69	2.32	1.87	1.25
河　北	32.70	35.15	35.65	34.00	26.20	22.27	18.07	24.79	19.96	13.34
山　西	15.83	17.02	17.26	16.46	12.69	10.78	8.75	12.01	9.67	6.46
内蒙古	13.04	14.02	14.22	13.56	10.45	8.88	7.21	9.89	7.96	5.32
辽　宁	25.72	27.65	28.04	26.74	20.61	17.51	14.22	19.50	15.70	10.49
吉　林	16.48	17.72	17.97	17.14	13.21	11.22	9.11	12.50	10.06	6.72
黑龙江	14.21	15.28	15.49	14.77	11.39	9.68	7.85	10.77	8.68	5.80
上　海	3.37	3.62	3.67	3.50	2.70	2.29	1.86	2.55	2.06	1.37
江　苏	27.72	29.80	30.23	28.82	22.21	18.88	15.32	21.02	16.92	11.31
浙　江	26.33	28.30	28.70	27.37	21.10	17.93	14.55	19.96	16.07	10.74
安　徽	13.94	14.98	15.20	14.49	11.17	9.49	7.70	10.57	8.51	5.69
福　建	9.07	9.75	9.89	9.43	7.27	6.18	5.02	6.88	5.54	3.70
江　西	11.10	11.93	12.10	11.54	8.89	7.56	6.14	8.42	6.78	4.53
山　东	30.28	32.55	33.01	31.48	24.26	20.62	16.73	22.96	18.48	12.35
河　南	30.34	32.61	33.08	31.54	24.31	20.66	16.77	23.00	18.52	12.37
湖　北	15.99	17.19	17.43	16.62	12.81	10.89	8.84	12.12	9.76	6.52
湖　南	25.62	27.54	27.93	26.64	20.53	17.45	14.16	19.43	15.64	10.45
广　东	27.95	30.05	30.48	29.06	22.40	19.03	15.45	21.19	17.06	11.40
广　西	60.53	65.07	66.00	62.94	48.51	41.22	33.46	45.90	36.96	24.69
海　南	1.29	1.38	1.40	1.34	1.03	0.88	0.71	0.97	0.78	0.52
重　庆	10.48	11.27	11.43	10.90	8.40	7.14	5.79	7.95	6.40	4.28
四　川	28.11	30.22	30.65	29.23	22.53	19.14	15.54	21.31	17.16	11.47
贵　州	1.83	1.97	2.00	1.90	1.47	1.25	1.01	1.39	1.12	0.75
云　南	9.75	10.48	10.63	10.14	7.81	6.64	5.39	7.39	5.95	3.98
西　藏	0.09	0.10	0.10	0.10	0.07	0.06	0.05	0.07	0.06	0.04
陕　西	17.36	18.66	18.92	18.05	13.91	11.82	9.59	13.16	10.60	7.08
甘　肃	5.01	5.38	5.46	5.21	4.01	3.41	2.77	3.80	3.06	2.04
青　海	3.80	4.09	4.14	3.95	3.05	2.59	2.10	2.88	2.32	1.55
宁　夏	10.80	11.61	11.78	11.23	8.66	7.36	5.97	8.19	6.60	4.41
新　疆	16.64	17.89	18.14	17.30	13.33	11.33	9.20	12.62	10.16	6.79
总　计	509.1	547.3	555.1	529.3	408.0	346.7	281.4	386.0	310.8	207.6

表 5-19　不同情景下中国各省（自治区、直辖市）工业 NH$_3$-N 排放量的预测　　　　　单位：万 t

省 份	基准年 2007 年	高情景			中情景			低情景		
		2015 年	2020 年	2030 年	2015 年	2020 年	2030 年	2015 年	2020 年	2030 年
北 京	0.07	0.06	0.05	0.05	0.06	0.04	0.04	0.05	0.04	0.03
天 津	0.41	0.37	0.32	0.27	0.33	0.26	0.21	0.31	0.25	0.19
河 北	2.36	2.14	1.81	1.58	1.89	1.51	1.23	1.78	1.45	1.09
山 西	1.39	1.26	1.06	0.93	1.11	0.89	0.72	1.04	0.85	0.64
内蒙古	0.31	0.28	0.24	0.21	0.25	0.20	0.16	0.23	0.19	0.14
辽 宁	1.04	0.94	0.80	0.69	0.83	0.67	0.54	0.78	0.64	0.48
吉 林	0.34	0.31	0.26	0.23	0.27	0.22	0.18	0.25	0.21	0.16
黑龙江	0.98	0.89	0.75	0.65	0.78	0.63	0.51	0.74	0.60	0.45
上 海	0.27	0.24	0.21	0.18	0.22	0.17	0.14	0.20	0.17	0.12
江 苏	1.68	1.52	1.29	1.12	1.35	1.08	0.88	1.26	1.03	0.77
浙 江	2.43	2.20	1.87	1.62	1.94	1.56	1.27	1.83	1.49	1.12
安 徽	2.00	1.81	1.54	1.34	1.60	1.28	1.04	1.50	1.23	0.92
福 建	0.59	0.53	0.45	0.39	0.47	0.38	0.31	0.44	0.36	0.27
江 西	0.84	0.76	0.65	0.56	0.67	0.54	0.44	0.63	0.52	0.39
山 东	2.01	1.82	1.54	1.34	1.61	1.29	1.05	1.51	1.23	0.92
河 南	3.08	2.80	2.37	2.06	2.47	1.98	1.61	2.32	1.89	1.42
湖 北	1.85	1.68	1.42	1.24	1.48	1.19	0.97	1.39	1.14	0.85
湖 南	3.13	2.84	2.41	2.09	2.51	2.01	1.64	2.36	1.92	1.44
广 东	1.09	0.99	0.84	0.73	0.87	0.70	0.57	0.82	0.67	0.50
广 西	2.51	2.27	1.93	1.68	2.01	1.61	1.31	1.88	1.54	1.15
海 南	0.05	0.05	0.04	0.04	0.04	0.03	0.03	0.04	0.03	0.02
重 庆	0.98	0.89	0.75	0.65	0.78	0.63	0.51	0.73	0.60	0.45
四 川	1.78	1.62	1.37	1.19	1.43	1.14	0.93	1.34	1.09	0.82
贵 州	0.15	0.14	0.12	0.10	0.12	0.10	0.08	0.11	0.09	0.07
云 南	0.41	0.37	0.31	0.27	0.32	0.26	0.21	0.30	0.25	0.19
西 藏	0.00	0.00	0.00	0.00	0.00	0.00	0.00	0.00	0.00	0.00
陕 西	0.50	0.45	0.38	0.33	0.40	0.32	0.26	0.38	0.31	0.23
甘 肃	0.85	0.77	0.65	0.57	0.68	0.55	0.44	0.64	0.52	0.39
青 海	0.15	0.13	0.11	0.10	0.12	0.09	0.08	0.11	0.09	0.07
宁 夏	0.39	0.36	0.30	0.26	0.32	0.25	0.21	0.30	0.24	0.18
新 疆	0.42	0.38	0.32	0.28	0.33	0.27	0.22	0.31	0.26	0.19
总 计	34.04	30.87	26.17	22.76	27.26	21.84	17.77	25.60	20.89	15.67

（4）生活污染物排放量将呈下降趋势，南方生活废水排放量大于北方。生活污染物的削减，一方面依赖于污水处理率的提高，另一方面依靠污水处理技术的改进，提高污染物的去除率。在高、中、低 3 种排放情景下，各省份的生活废水排放量都将呈增长趋势（表 5-20），废水污染物 COD、氨氮、总氮和总磷的排放量将呈下降趋势（表 5-21、表 5-22、表 5-23、表 5-24）。在低排放情景下，假设到 2030 年，北京、天津、山东、浙江、上海以及江苏等地的污水处理率达到 90% 以上，北京的污水处理率达到 100%；污染物的

削减率达到 80% 以上，则 COD 的排放量将呈快速下降趋势，2015 年 COD 排放量比 2007
年下降 66%。

表 5-20　不同情景下中国各省（自治区、直辖市）生活废水排放量的预测　　　单位：亿 t

省　份	基准年	高情景			中情景			低情景		
	2007 年	2015 年	2020 年	2030 年	2015 年	2020 年	2030 年	2015 年	2020 年	2030 年
北　京	5.84	8.67	9.68	10.88	8.35	9.01	9.27	8.35	8.76	8.66
天　津	3.38	5.43	6.27	7.44	5.23	5.84	6.34	5.23	5.68	5.92
河　北	13.95	21.42	24.88	29.71	20.62	23.16	25.33	20.62	22.52	23.64
山　西	6.25	16.92	19.83	24.00	16.28	18.47	20.46	16.28	17.95	19.10
内蒙古	3.63	5.16	5.89	6.84	4.97	5.48	5.83	4.97	5.33	5.44
辽　宁	13.35	17.61	19.23	20.89	16.95	17.91	17.81	16.95	17.41	16.63
吉　林	5.87	7.24	7.89	8.54	6.97	7.35	7.28	6.97	7.14	6.80
黑龙江	6.43	9.77	10.66	11.55	9.41	9.92	9.84	9.41	9.65	9.19
上　海	12.79	15.78	17.00	18.03	15.19	15.83	15.37	15.19	15.38	14.35
江　苏	31.44	53.33	62.69	76.14	51.34	58.38	64.91	51.34	56.74	60.60
浙　江	21.41	34.69	41.12	50.53	33.39	38.29	43.08	33.39	37.22	40.22
安　徽	10.55	14.41	16.27	18.61	13.88	15.15	15.87	13.88	14.72	14.81
福　建	14.40	23.59	28.40	35.63	22.71	26.45	30.37	22.71	25.71	28.35
江　西	8.72	11.65	13.38	15.72	11.22	12.46	13.40	11.22	12.11	12.51
山　东	20.59	27.45	31.44	36.82	26.42	29.28	31.39	26.42	28.46	29.30
河　南	18.02	26.68	30.76	36.35	25.68	28.64	30.99	25.68	27.84	28.93
湖　北	14.62	20.17	22.30	24.76	19.42	20.76	21.11	19.42	20.18	19.70
湖　南	15.07	21.85	24.52	27.82	21.04	22.83	23.72	21.04	22.19	22.14
广　东	40.81	57.96	66.80	78.90	55.80	62.20	67.26	55.80	60.46	62.79
广　西	20.14	27.35	32.35	39.63	26.33	30.12	33.79	26.33	29.28	31.54
海　南	1.96	2.97	3.42	4.03	2.86	3.18	3.44	2.86	3.10	3.21
重　庆	8.31	15.82	18.59	22.57	15.23	17.31	19.24	15.23	16.83	17.96
四　川	15.38	25.21	29.16	34.61	24.27	27.15	29.51	24.27	26.39	27.55
贵　州	3.12	4.15	4.47	4.80	3.99	4.17	4.09	3.99	4.05	3.82
云　南	5.05	7.18	8.10	9.27	6.91	7.55	7.91	6.91	7.34	7.38
西　藏	0.19	0.18	0.19	0.19	0.18	0.18	0.17	0.18	0.17	0.15
陕　西	6.10	7.74	8.83	10.27	7.46	8.22	8.76	7.46	7.99	8.18
甘　肃	2.62	3.03	3.20	3.27	2.92	2.98	2.79	2.92	2.89	2.60
青　海	1.18	1.53	1.76	2.07	1.47	1.64	1.77	1.47	1.59	1.65
宁　夏	2.34	3.62	4.39	5.57	3.49	4.09	4.74	3.49	3.98	4.43
新　疆	3.99	5.60	6.41	7.50	5.39	5.97	6.40	5.39	5.80	5.97
总　计	337.49	504.15	579.87	682.93	485.37	539.98	582.21	485.37	524.84	543.53

表 5-21　不同情景下中国各省（自治区、直辖市）生活 COD 排放量的预测　　　　单位：万 t

省 份	基准年	高情景			中情景			低情景		
	2007 年	2015 年	2020 年	2030 年	2015 年	2020 年	2030 年	2015 年	2020 年	2030 年
北 京	12.56	9.89	8.48	5.90	8.65	6.60	4.49	8.57	5.53	3.01
天 津	16.72	12.66	11.10	7.79	11.37	8.97	6.40	11.33	7.43	4.22
河 北	85.60	68.36	60.62	42.22	63.48	51.49	38.14	63.79	42.08	24.66
山 西	47.39	37.32	33.55	24.09	34.39	28.15	21.16	34.50	23.08	13.76
内蒙古	36.65	36.87	35.49	28.75	33.64	29.20	23.99	33.66	24.07	15.77
辽 宁	79.30	66.31	59.92	43.56	60.79	49.87	37.63	60.91	40.98	24.56
吉 林	50.55	41.90	38.31	28.42	38.45	31.90	24.49	38.53	26.21	15.99
黑龙江	60.25	51.61	46.99	35.02	46.56	38.19	28.87	46.46	31.59	19.03
上 海	35.08	28.54	25.58	18.92	25.16	20.12	14.68	24.97	16.80	9.80
江 苏	110.47	88.24	77.65	52.08	80.05	63.76	44.35	80.00	52.59	29.03
浙 江	72.02	62.36	56.63	41.40	57.45	47.45	36.17	57.63	38.92	23.55
安 徽	55.87	46.25	42.48	32.04	41.88	34.69	26.61	41.83	28.66	17.51
福 建	46.80	42.83	40.74	32.75	38.29	32.61	26.10	38.12	27.09	17.33
江 西	57.26	53.13	51.07	41.74	47.47	40.84	33.16	47.26	33.93	22.04
山 东	91.12	66.65	55.35	34.18	61.68	47.08	31.69	61.94	38.46	20.38
河 南	88.12	75.70	67.58	48.07	69.53	56.46	41.95	69.69	46.35	27.32
湖 北	73.88	64.95	58.71	43.38	58.34	47.45	35.42	58.16	39.31	23.39
湖 南	111.39	114.51	112.02	94.00	102.54	89.78	74.81	102.14	74.55	49.69
广 东	125.19	112.25	105.60	83.18	100.88	85.21	67.33	100.58	70.63	44.56
广 西	138.40	136.43	128.69	99.98	126.07	107.93	86.70	126.54	88.51	56.53
海 南	12.12	9.40	8.77	6.89	8.31	6.92	5.35	8.25	5.77	3.58
重 庆	31.79	32.39	30.65	24.21	29.43	25.10	20.10	29.42	20.72	13.23
四 川	96.55	101.80	94.62	72.93	91.85	76.83	59.81	91.66	63.57	39.46
贵 州	26.87	20.87	18.74	13.95	18.32	14.64	10.68	18.16	12.25	7.16
云 南	36.12	26.35	22.66	15.14	24.10	18.87	13.25	24.13	15.50	8.63
西 藏	1.81	1.13	1.00	0.73	0.99	0.78	0.56	0.98	0.65	0.37
陕 西	44.34	37.49	35.13	26.99	34.73	29.59	23.62	34.89	24.24	15.37
甘 肃	21.48	19.63	18.83	15.29	17.66	15.20	12.35	17.61	12.60	8.18
青 海	9.74	7.20	7.70	7.26	6.73	6.49	6.17	6.77	5.31	4.04
宁 夏	18.58	17.75	17.45	14.34	16.78	15.03	12.89	16.93	12.24	8.34
新 疆	37.73	35.25	34.89	29.28	32.70	29.30	25.16	32.86	24.02	16.44
总 计	1 731.8	1 526.0	1 407.0	1 064.5	1 388.3	1 156.5	894.1	1 388.3	953.6	586.9

表 5-22 不同情景下中国各省（自治区、直辖市）生活 NH₃-N 排放量的预测 单位：万 t

省　份	基准年	高情景			中情景			低情景		
	2007 年	2015 年	2020 年	2030 年	2015 年	2020 年	2030 年	2015 年	2020 年	2030 年
北　京	1.28	0.73	0.59	0.42	0.67	0.52	0.38	0.67	0.48	0.33
天　津	1.98	1.99	1.97	1.84	1.85	1.74	1.64	1.85	1.61	1.43
河　北	8.96	6.64	6.07	4.95	6.21	5.37	4.52	6.25	4.97	3.94
山　西	6.12	5.64	5.66	5.33	5.25	4.99	4.79	5.26	4.63	4.17
内蒙古	3.60	4.38	4.27	3.93	4.05	3.74	3.48	4.03	3.48	3.04
辽　宁	7.96	6.95	6.48	5.55	6.45	5.69	4.96	6.43	5.29	4.32
吉　林	3.37	2.96	2.73	2.31	2.74	2.39	2.05	2.73	2.22	1.79
黑龙江	6.19	5.85	5.83	5.49	5.43	5.12	4.89	5.42	4.76	4.27
上　海	3.61	2.88	2.69	2.33	2.67	2.36	2.07	2.65	2.19	1.81
江　苏	9.39	8.98	8.77	7.98	8.35	7.71	7.14	8.34	7.16	6.23
浙　江	8.34	5.17	4.50	3.36	4.86	4.00	3.12	4.91	3.69	2.71
安　徽	7.92	5.92	5.69	4.98	5.53	5.03	4.52	5.56	4.65	3.94
福　建	3.64	4.24	4.03	3.56	3.93	3.54	3.17	3.92	3.29	2.76
江　西	4.67	4.08	4.12	3.93	3.79	3.62	3.52	3.79	3.37	3.07
山　东	10.03	7.95	7.34	6.14	7.40	6.47	5.53	7.42	6.00	4.83
河　南	12.32	11.76	11.40	10.19	10.96	10.05	9.18	10.98	9.32	8.00
湖　北	9.31	7.29	6.67	5.52	6.79	5.88	4.98	6.80	5.46	4.34
湖　南	12.96	12.75	12.59	11.58	11.88	11.09	10.40	11.89	10.29	9.07
广　东	12.93	10.44	10.19	9.38	9.67	8.94	8.33	9.62	8.31	7.27
广　西	9.20	11.21	11.18	10.43	10.44	9.84	9.34	10.44	9.14	8.15
海　南	0.87	0.87	0.87	0.82	0.81	0.76	0.73	0.80	0.71	0.64
重　庆	3.69	3.34	3.22	2.86	3.11	2.84	2.58	3.12	2.63	2.25
四　川	8.10	6.75	6.22	5.16	6.29	5.48	4.66	6.31	5.08	4.06
贵　州	1.90	1.70	1.62	1.44	1.58	1.42	1.28	1.57	1.32	1.12
云　南	2.44	2.01	1.94	1.74	1.87	1.71	1.55	1.87	1.58	1.36
西　藏	0.14	0.12	0.12	0.11	0.11	0.10	0.10	0.11	0.10	0.09
陕　西	3.14	3.34	3.36	3.20	3.10	2.95	2.85	3.09	2.74	2.48
甘　肃	3.29	3.82	3.59	3.10	3.56	3.16	2.78	3.56	2.94	2.43
青　海	0.87	0.87	0.93	0.94	0.81	0.81	0.83	0.81	0.76	0.73
宁　夏	1.29	1.68	1.62	1.45	1.56	1.43	1.30	1.56	1.33	1.14
新　疆	2.77	2.77	2.77	2.62	2.57	2.43	2.33	2.56	2.26	2.03
总　计	172.30	155.06	149.04	132.64	144.31	131.20	118.98	144.31	121.77	103.78

表 5-23　不同情景下中国各省（自治区、直辖市）生活总氮排放量的预测　　　　　　单位：万 t

省　份	基准年	高情景			中情景			低情景		
	2007 年	2015 年	2020 年	2030 年	2015 年	2020 年	2030 年	2015 年	2020 年	2030 年
北　京	7.37	5.74	5.05	4.18	5.31	4.35	3.68	5.30	4.15	3.49
天　津	4.56	3.62	3.24	2.69	3.35	2.79	2.37	3.34	2.66	2.25
河　北	14.95	15.56	15.64	14.05	14.39	13.46	12.38	14.37	12.85	11.74
山　西	7.99	6.40	5.74	4.69	5.92	4.94	4.13	5.91	4.72	3.92
内蒙古	6.44	5.98	5.72	5.00	5.53	4.92	4.40	5.53	4.70	4.18
辽　宁	13.61	10.91	9.73	8.13	10.08	8.37	7.17	10.07	7.99	6.80
吉　林	7.76	6.31	5.70	4.77	5.84	4.91	4.21	5.83	4.68	3.99
黑龙江	11.03	8.98	8.10	6.77	8.31	6.97	5.97	8.30	6.65	5.66
上　海	8.82	6.75	5.91	4.83	6.25	5.09	4.25	6.24	4.85	4.03
江　苏	21.70	19.56	18.44	16.05	18.08	15.87	14.14	18.06	15.14	13.41
浙　江	15.49	13.00	11.96	10.04	12.02	10.30	8.85	12.01	9.83	8.39
安　徽	12.66	10.18	9.17	7.49	9.41	7.89	6.60	9.40	7.53	6.26
福　建	9.33	8.10	7.60	6.43	7.49	6.54	5.67	7.48	6.24	5.37
江　西	9.30	8.72	8.46	7.32	8.06	7.28	6.45	8.05	6.95	6.11
山　东	23.43	18.65	16.72	13.64	17.25	14.39	12.02	17.23	13.74	11.40
河　南	17.19	17.20	17.00	15.16	15.90	14.63	13.36	15.88	13.96	12.67
湖　北	13.51	11.19	10.19	8.56	10.35	8.77	7.54	10.34	8.37	7.15
湖　南	13.76	13.66	13.47	11.99	12.63	11.59	10.57	12.62	11.06	10.02
广　东	31.91	29.56	28.50	24.61	27.33	24.53	21.69	27.30	23.41	20.57
广　西	9.25	9.56	9.62	8.59	8.84	8.28	7.58	8.83	7.91	7.18
海　南	2.14	1.99	1.92	1.65	1.84	1.65	1.46	1.84	1.58	1.38
重　庆	7.29	6.09	5.57	4.71	5.63	4.80	4.15	5.63	4.58	3.93
四　川	15.49	14.61	14.05	12.40	13.51	12.09	10.93	13.50	11.54	10.36
贵　州	5.70	5.19	4.99	4.28	4.80	4.29	3.77	4.79	4.10	3.58
云　南	7.63	7.48	7.37	6.50	6.92	6.34	5.73	6.91	6.05	5.43
西　藏	0.44	0.44	0.44	0.39	0.41	0.38	0.35	0.41	0.36	0.33
陕　西	8.15	7.81	7.58	6.68	7.22	6.52	5.89	7.22	6.23	5.59
甘　肃	4.43	3.89	3.65	3.10	3.59	3.14	2.74	3.59	3.00	2.59
青　海	1.19	1.08	1.04	0.89	1.00	0.90	0.78	1.00	0.86	0.74
宁　夏	1.44	1.37	1.34	1.16	1.27	1.15	1.02	1.26	1.10	0.97
新　疆	4.38	4.37	4.38	3.84	4.04	3.77	3.38	4.04	3.60	3.21
总　计	318.35	283.97	268.29	230.60	262.54	230.91	203.23	262.29	220.40	192.72

表 5-24　不同情景下中国各省（自治区、直辖市）生活总磷排放量的预测　　　　单位：万 t

省份	基准年	高情景			中情景			低情景		
	2007 年	2015 年	2020 年	2030 年	2015 年	2020 年	2030 年	2015 年	2020 年	2030 年
北　京	0.51	0.41	0.36	0.30	0.38	0.31	0.26	0.38	0.30	0.24
天　津	0.33	0.25	0.24	0.20	0.23	0.20	0.17	0.23	0.20	0.16
河　北	1.04	1.08	1.10	1.01	1.00	0.95	0.89	1.00	0.92	0.81
山　西	0.55	0.44	0.41	0.34	0.41	0.35	0.30	0.41	0.34	0.27
内蒙古	0.45	0.43	0.41	0.37	0.39	0.35	0.32	0.39	0.34	0.29
辽　宁	0.96	0.76	0.70	0.59	0.71	0.60	0.52	0.71	0.58	0.47
吉　林	0.55	0.44	0.41	0.34	0.41	0.35	0.30	0.41	0.34	0.27
黑龙江	0.77	0.62	0.58	0.49	0.57	0.50	0.43	0.57	0.48	0.39
上　海	0.61	0.48	0.42	0.35	0.44	0.37	0.31	0.44	0.36	0.28
江　苏	1.50	1.37	1.31	1.15	1.26	1.12	1.02	1.26	1.10	0.92
浙　江	1.08	0.91	0.85	0.72	0.84	0.73	0.63	0.84	0.71	0.57
安　徽	0.87	0.71	0.64	0.53	0.66	0.56	0.47	0.66	0.54	0.43
福　建	0.65	0.57	0.54	0.46	0.53	0.47	0.41	0.53	0.46	0.37
江　西	0.65	0.60	0.59	0.52	0.56	0.51	0.46	0.56	0.50	0.42
山　东	1.63	1.31	1.19	0.99	1.21	1.02	0.87	1.21	1.00	0.79
河　南	1.20	1.21	1.20	1.10	1.12	1.04	0.97	1.12	1.01	0.87
湖　北	0.94	0.78	0.73	0.62	0.72	0.63	0.55	0.72	0.61	0.49
湖　南	0.96	0.96	0.95	0.86	0.89	0.82	0.76	0.89	0.80	0.68
广　东	2.22	2.08	2.02	1.77	1.92	1.74	1.56	1.92	1.69	1.41
广　西	0.65	0.67	0.68	0.62	0.62	0.58	0.55	0.62	0.57	0.49
海　南	0.14	0.14	0.14	0.11	0.13	0.12	0.10	0.13	0.11	0.09
重　庆	0.51	0.43	0.39	0.34	0.39	0.34	0.30	0.39	0.33	0.27
四　川	1.08	1.03	1.00	0.89	0.95	0.86	0.78	0.95	0.84	0.71
贵　州	0.39	0.35	0.36	0.31	0.33	0.31	0.27	0.33	0.30	0.25
云　南	0.53	0.53	0.53	0.46	0.49	0.45	0.41	0.49	0.44	0.37
西　藏	0.02	0.04	0.03	0.03	0.03	0.03	0.02	0.03	0.03	0.02
陕　西	0.57	0.55	0.54	0.48	0.51	0.47	0.42	0.51	0.46	0.38
甘　肃	0.30	0.27	0.25	0.23	0.25	0.22	0.20	0.25	0.21	0.18
青　海	0.08	0.07	0.07	0.07	0.07	0.06	0.06	0.07	0.06	0.06
宁　夏	0.10	0.09	0.10	0.08	0.08	0.09	0.07	0.08	0.09	0.07
新　疆	0.30	0.30	0.31	0.28	0.28	0.26	0.25	0.28	0.26	0.22
总　计	22.12	19.88	19.04	16.61	18.38	16.39	14.64	18.38	15.96	13.24

从污染物来源角度预测，生活是废水污染物排放量的主要来源。在高排放情景下，2007年城镇生活产生的废水污染物排放量为 2 244.5 万 t，占废水污染物排放量的 57.3%，2015年生活废水污染物排放量约为 1 984.9 万 t，比重为 49.1%；2020 年生活的废水污染物排放量下降到 1 843.4 万 t，比重约为 29.6%，2030 年其排放量下降到 1 444.3 万 t，比重为

23.7%。在低排放情景下，生活的废水污染物排放量虽呈下降趋势，但其占废水污染物排放量的比重仍然较高，2015年，所占比重为36.6%，2020年为28.5%，2030年为29.3%。

具体从区域看，我国南方地区的生活污染物排放量大于北方地区。2007年，南方地区生活废水污染物排放量共计1 328万t，北方地区为917万t，南方地区约是北方地区的1.45倍。在中排放情景下，2030年，南方地区的生活废水污染物排放量共计约750.9万t，北方地区的生活废水污染物排放量共计480万t，南方地区是北方地区的1.56倍，说明未来我国南方地区的生活废水排放量增速高于北方地区。四川、山东、湖南、江苏、广西、广东等地区是我国生活废水污染物排放量较大的区域，所占的比重约为38.3%。

5.2　流域经济与水环境预测结果

5.2.1　流域经济社会发展与污染现状

"十一五"以来，全国地表水水质持续好转，重点流域、重点区域和重点城市的环境质量明显改善。2010年，我国地表水总体为中度污染，近岸海域海水水质为轻度污染。七大水系Ⅰ～Ⅲ类水质断面比例为59.6%，较2009年提高了2.3个百分点，较2005年提高了18.6个百分点，达到《国家环境保护"十一五"规划》目标要求。七大水系中，长江干流水质为优，支流水质良好。三峡水库水质为优。黄河干流水质为优，支流为重度污染。珠江干流水质良好，支流水质为优。松花江干流为轻度污染，支流为中度污染。淮河干流水质为优，支流为中度污染。海河水系为重度污染。辽河干流为轻度污染，支流为中度污染。

但是，我国个别地方和区域污染指标超过国家标准，污染依然严重，全国环境质量与发达国家相比依然存在差距，重点湖库水环境质量改善不佳，部分国控断面出现重金属超标现象，云南螳螂川富民大桥、山西汾河河津大桥断面超标严重，海河水系、辽河水系、西南诸河超标断面比例超过10%。2005年以来，滇池、鄱阳湖、洞庭湖总氮年均浓度有所上升。2010年，太湖湖体为重度污染，轻度富营养，综合营养状态指数和总氮、总磷浓度较2009年有所下降；滇池湖体为重度污染，属重度富营养，较2009年有所加重，4—8月持续出现区域性水华；洞庭湖湖体为重度污染，属轻度富营养；鄱阳湖湖体为轻度污染，属轻度富营养；巢湖湖体为中度污染，属轻度富营养，4—8月，水华发生情况较2009年有所加重；洪泽湖湖体为中度污染，属轻度富营养。

5.2.2　流域经济社会发展与污染趋势预测

5.2.2.1　流域水资源需求预测

（1）淮河、黄河和海河等流域水资源供需矛盾进一步加剧。未来，我国黄河、淮河、海河等流域的水资源供需矛盾有进一步加剧的趋势。以水利部完成的"流域水资源综合规划"中各流域的供水量作为本书供水量数据，在高需水情景下，黄河、淮河与海河的需水量都大于供水量。其中，2020 年，淮河的供水量约为 388.3 亿 m³，本书预测的需水量为 480 亿 m³（图 5-2），将缺水 91.7 亿 m³，缺水率为 19.1%。2030 年供需矛盾进一步加剧，可供水量约为 403 亿 m³，而需水量将为 538 亿 m³，缺水量可能达到 135 亿 m³，缺水率上升 33.5%。黄河流域 2020 年需水量约为 456.7 亿 m³，缺水率为 2.4%，2030 年的需水量为 504.4 亿 m³，供水量约为 443.2 亿 m³，缺水率为 13.8%。2020 年海河流域的需水量为 494.8 亿 m³，2030 年需水量约为 562.2 亿 m³，缺水量由 10.9%上升到 13.6%。

在中、低需水情景下，淮河流域的需水量仍大于供水量，供需矛盾仍较为严重。中情景下，2030 年，淮河流域的需水量为 418.6 亿 m³，缺水量约为 15.6 亿 m³，缺水率为 3.9%。中、低情景下，长江流域需水量分别为 1 910 亿 m³ 和 1 717 亿 m³，分别比高情景低 416 亿 m³ 和 608 亿 m³，珠江流域需水量分别为 942 亿 m³ 和 802 亿 m³，分别比高情景低 140 亿 m³ 和 223 亿 m³。说明长江流域和珠江流域作为我国两大流域，还有一定的节水空间，应加大各种水资源循环利用技术的推广，尤其要提高工业的重复用水利用率。

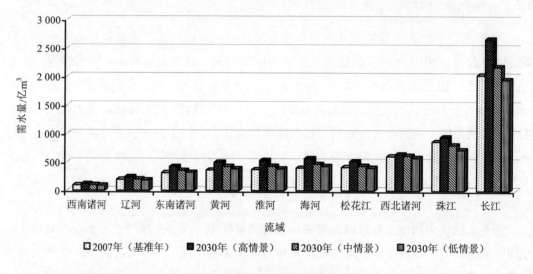

图 5-2　各流域水资源需求预测结果

（2）未来各流域工业水资源需求增速显著。从各流域的产业需水量看，工业需水量的增速最快。在高需水情景下，2007 年，我国全部流域工业需水量为 1 404 亿 m³，2015 年上升到 1 820.1 亿 m³，2020 年约为 2 047.5 亿 m³，2030 年可能达到 2 581.7 亿 m³，比 2007 年增加近 84 个百分点。工业需水量占全部需水的比重也由 2007 年的 24.6%上升到 2020 年的 31.6%，2030 年的 36.8%。在低需水情景下，由于工业重复用水空间较大，工业水资源需求量增速相对有所放缓，2015 年工业需水量所占比重小幅增加到 27%，2030 年约为 27.9%（表 5-25）。

从各流域看，东南诸河和长江流域的工业需水量所占比重最高，2007 年，比重为 36.4% 和 36%，2015 年上升到 40.2% 和 39.7%，2020 年为 43% 和 42.2%，2030 年为 48.7% 和 47%。西北诸河，工业需水量所占的比重虽是全部流域中最低的，但其增速却是最快的，工业需水量由 2007 年的 23 亿 m³ 上升到 2030 年的 83 亿 m³，增加近 2.6 倍左右。

表 5-25　高需水情景下，10 大流域不同产业部门水资源需水量预测结果

流域	农业				工业				生活			
	2007 年	2015 年	2020 年	2030 年	2007 年	2015 年	2020 年	2030 年	2007 年	2015 年	2020 年	2030 年
西南诸河	72	75	75	72	10	18	21	27	9	12	13	14
辽河	131	134	134	132	31	38	46	62	26	32	33	37
东南诸河	156	155	153	151	111	137	155	198	37	49	52	57
淮河	216	218	217	214	106	155	186	232	44	57	60	67
黄河	266	267	265	258	51	105	126	169	36	47	50	56
海河	271	269	268	260	60	122	145	182	59	79	84	97
松花江	302	303	309	322	79	82	97	131	29	35	35	39
珠江	493	476	450	385	211	217	234	293	138	185	198	222
西北诸河	541	513	511	489	23	56	49	83	18	25	27	31
长江	1 042	1 032	1 017	979	721	889	988	1 204	239	319	338	381

（3）农业需水量总体呈下降趋势，但松花江等流域的农业需水量呈增加趋势。从全部流域农业需水量预测结果看，农业需水量呈下降趋势。在高需水情景下，农业需水量从 2007 年的 3 496 亿 m^3 下降到 2020 年的 3 424 亿 m^3，2030 年的 3 420 亿 m^3。在中需水情景下，2030 年农业需水量下降到 3 116.4 亿 m^3。在低需水情景下，2030 年农业需水量下降到 2 943.4 亿 m^3。

在高需水情景下，西南诸河、松花江、辽河等流域农业需水量可能呈增加趋势。在中、低需水情景下，所有的流域基本都呈下降趋势。珠江、长江、西北诸河的农业需水下降最为显著。2030 年，农业需水相对基准年分别降低 24%、17% 和 16%（图 5-3）。

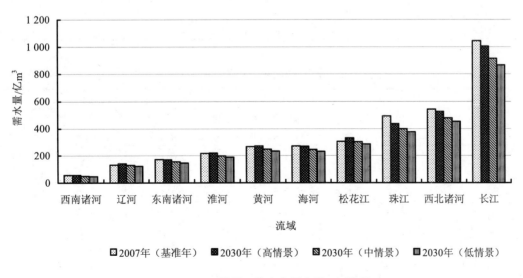

图 5-3　不同情景下的农业需水量预测结果

5.2.2.2 流域水污染产生压力预测

（1）流域水污染产生量呈增加趋势，长江、海河等流域污染物产生量大。流域水污染物废水产生量呈逐年增加趋势，各流域 2030 年废水产生量增加量都在 2007 年的 50% 以上，其中，黄河和东南诸河废水产生量增加 80% 以上（表 5-26）。流域废水污染物产生量也呈增加趋势，在高情景下，污染物产生量将由 2007 年的 16 950.7 万 t 上升到 2015 年的 23 125.6 万 t，2020 年可能达到 29 482.2 万 t，2030 年约为 38 969.8 万 t，"十二五"期间，污染物产生量可能增加 30%，"十三五"期间，增加 25%，2020—2030 年，增加 28%（表 5-27）。在低情景下，2030 年流域污染物产生量达到 21 909.6 万 t，比 2007 年增加 30%。

在各流域中，长江流域的污染物产生量最多，2007 年为 4 766.4 万 t，2015 年为 6 284.6 万 t，增加近 32%。2020 年为 7 730.1 万 t，2030 年为 9 947.8 万 t，相对基准年增加了 1 倍。其次是海河流域，2007 年污染物产生量为 2 649.5 万 t，2015 年为 3 864.2 万 t，2020 年为 4 939.8 万 t，2030 年 6 500.7 万 t。产生量第三位的是淮河，2007 年，其污染物产生量为 2 216.9 万 t，2020 年达到 3 559 万 t，2030 年为 4 520.4 万 t。

表 5-26　各流域废水产生量预测结果　　　　　　　　　　　　单位：亿 t

流域	基准年	高情景			低情景		
	2007 年	2015 年	2020 年	2030 年	2015 年	2020 年	2030 年
东南诸河	116.0	158.7	178.0	209.4	142.9	149.9	164.8
海河	128.9	176.5	197.0	228.8	160.2	167.6	181.7
淮河	100.3	133.5	148.3	171.4	120.5	125.1	134.4
黄河	73.8	103.1	115.5	135.0	93.5	98.2	107.0
辽河	52.1	67.7	74.1	83.3	61.1	62.3	64.6
松花江	41.7	55.4	61.1	69.4	50.2	51.6	53.7
西北诸河	22.1	29.3	33.1	38.9	26.3	27.7	29.2
西南诸河	8.2	10.9	12.1	13.8	9.8	10.1	10.7
长江	436.7	593.5	660.5	764.1	537.9	560.4	603.9
珠江	222.2	294.4	328.8	382.7	266.6	278.7	302.6

表 5-27　各流域污染物产生总量预测结果　　　　　　　　　　单位：万 t

流域	基准年	高情景			低情景		
	2007 年	2015 年	2020 年	2030 年	2015 年	2020 年	2030 年
东南诸河	940.4	1 151.5	1 334.6	1 610.3	1 062.9	1 103.4	993.0
海河	2 649.5	3 864.2	4 939.8	6 500.7	3 299.1	3 779.4	3 627.4
淮河	2 216.9	2 897.5	3 559.0	4 520.4	2 471.3	2 728.8	2 539.5
黄河	1 294.7	1 898.6	2 556.5	3 557.4	1 627.3	1 950.9	1 983.3
辽河	1 125.8	1 446.6	1 869.4	2 453.1	1 217.3	1 408.5	1 346.1
松花江	1 293.2	1 901.3	2 713.2	3 858.5	1 593.3	2 031.1	2 090.6
西北诸河	373.5	727.8	1 147.3	1 797.9	615.6	859.9	975.1
西南诸河	134.9	259.3	401.2	668.0	221.9	306.0	369.3
长江	4 766.4	6 284.6	7 730.1	9 947.8	5 447.5	5 967.7	5 691.3
珠江	2 155.3	2 694.2	3 231.1	4 055.7	2 316.2	2 467.7	2 294.1

（2）西北诸河、西南诸河等流域的污染物产生量增速较快。西南诸河和西北诸河污染物产生量虽相对较少，2007 年分别为 134.9 万 t 和 373.5 万 t，但其增速很快。2015 年为259.3 万 t 和 727.8 万 t，2030 年为 668 万 t 和 1 798 万 t，相对基准年增加了 3.8 倍和 4 倍。松花江流域的污染物产生量增速也相对较快，2007 年为 1 293.2 万 t，2020 年上升到 2 713.2万 t，2030 年为 3 858.5 万 t，相对 2007 年增加了 2 倍。

东南诸河的污染物产生量增速相对较为缓慢。2007 年，东南诸河的污染物产生量总计940.4 万 t，2015 年，其污染物产生量增加到 1 151.5 万 t，2030 年为 1 610.3 万 t，相对 2007年增加了 70%。未来我国北方河流的污染物产生量增速快于南方河流。

（3）各流域面源污染产生压力大，需引起高度重视。面源污染已经成为水体的主要污染之一。到 20 世纪末，全球有 30%～50%的地表水体受到面源污染的影响[96]。中国因化肥、农药的过量使用及大量畜禽粪便的排放，加之对农业面源污染排放的监管不足，使得中国农业面源污染的程度和广度都已超过欧美国家，并且愈演愈烈[97]。

根据预测结果，我国各流域的农业污染物产生量占全部污染物产生量的比重都在 40%以上。从 COD 产生量来看，2007 年，松花江、辽河、淮河、海河等流域农业面源污染的COD 产生量所占比重分别为 74.3%、73.8%、71.8%、67.9%，这些流域农业面源污染 COD产生量所占比重将呈上升趋势，2020 年，其比重分别可能达到 88.9%、85.3%、82.6%和82.7%。2030 年约为 88.2%、84.6%、81.6%、82.2%。东南诸河、长江等农业面源污染 COD产生量所占比重相对较低，2007 年，其比重分别为 40%、55.6%（表 5-28）。

表 5-28　高情景下，各流域不同来源的 COD 产生量预测结果　　　　　　单位：万 t

流域	农业			工业			生活		
	2007 年	2020 年	2030 年	2007 年	2020 年	2030 年	2007 年	2020 年	2030 年
西南诸河	35.6	272.2	501.2	10.4	14.4	16.3	27.5	31.4	56.0
西北诸河	164.7	888.3	1 452.2	33.9	46	51.9	100.3	104.0	169.8
东南诸河	334.5	531.5	620.2	184.1	256.6	293.2	303.6	406.1	541.1
黄河	598.9	1 733.2	2 531.1	226.8	312.8	355.9	160.2	132.2	246.5
辽河	721.4	1437	1 897.1	74.8	102.6	116.5	181.1	144.7	229.2
松花江	818.8	2 188.5	3 152.8	86.7	119	135.2	196.3	153.6	287.5
珠江	1 090.4	2024	2 619.4	223.3	305.9	347.1	484.3	453.7	575.1
淮河	1 231.5	2 446.9	3 136.8	132	183	208.8	353.0	330.8	499.9
海河	1 429.5	3 549.4	4 737.3	257.1	355.2	404.4	419.6	384.8	620.2
长江	1930	4 432.6	6 025.6	539.6	744.5	847.2	998.7	1 038.4	1 367.1

5.2.2.3　流域水污染排放压力预测

（1）长江和珠江等流域污染物排放量较大，西南诸河的污染物排放量相对较少。2007年，全部流域的各种污染物排放量总计 3 917 万 t，其中，长江和珠江流域的污染物排放量最大，长江流域的污染物排放量总计 1 308.7 万 t，珠江为 674.3 万 t，这两流域污染物排放量总计占全部流域污染物排放量的 50%。在高排放情景下，这两流域的污染物排放量都在 2020 年前呈上升趋势，此后，将呈小幅下降趋势。2020 年，长江流域的污染物排放量总计 1 373.3 万 t，珠江流域的污染物排放量总计 710.2 万 t。2030 年，长江流域为 1 253.8 万 t，珠江流域为 652.5 万 t。在中、低情景下，除西北诸河和西南诸河呈先上升后下降趋势外，其他流域的污染物排放量都呈下降趋势，其中东南诸河下降趋势最为显著，2015 年相对 2007 年，污染物排放量减少 14%。

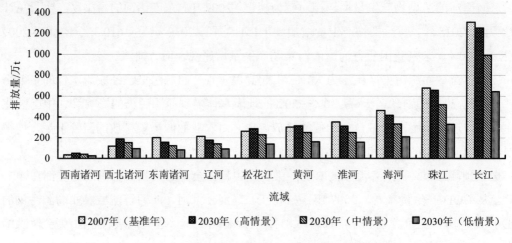

图 5-4　各流域不同情景下污染物排放量预测结果

（2）以淮河为首的"三河"流域污染物排放强度大，需进一步加强治理。利用各流域的污染物排放量与各流域面积相除，计算各流域的单位面积污染物排放强度。从计算结果可知，以淮河为首的"三河"流域单位面积污染物排放强度最大，2007 年为 18.8 t/km²，其次是珠江流域、海河流域和辽河流域，分别为 14.9 t/km²、14.5 t/km² 和 9.2 t/km²，长江流域为 7.1 t/km²。西南诸河和西北诸河单位流域面积的污染物排放量最小，分别为 0.37 t/km² 和 0.47 t/km²。在高排放情景下，我国各流域的污染物排放强度在 2020 年前均呈上升趋势。2030 年，淮河、海河、辽河等"三河"流域的排放强度分别为 16.7 t/km²、13 t/km²、7.7 t/km²，长江流域为 6.6 t/km²（表 5-29）。在加大治理力度的低排放情景下，我国各流域的污染物排放强度呈下降趋势。2030 年，淮河流域排放强度为 8.4 t/km²，珠江流域为 7.3 t/km²，长江流域为 3.5 t/km²，海河为 6.6 t/km²，辽河为 3.9 t/km²。

淮河干流在 1989 年、1992 年、1994 年发生过特大水污染事故，沙颍河等支流污水进入淮河干流，形成近百公里长的污水团在淮河传播，所经之处，水质突变，鱼虾全部死亡，水环境遭受严重破坏，对沿淮供水造成严重破坏。水污染已成为制约淮河流域经济发展的重要因素之一，严重影响了水资源的开发利用，进一步加剧了水资源短缺的矛盾。淮河流域日趋严重的水污染引起了我国政府高度重视，淮河流域的水污染防治工作已纳入国家"九五"期间"三河三湖"治理的重点。在低排放情景下，未来淮河流域的污染物排放强度有所下降，但仍面临着严峻的排放压力。从预测结果看，未来我国"三河"污染形势依然严峻，因此，需要继续加大对"三河"的治理力度，减少各种面源污染进入水体。

表 5-29　不同情景下各流域的单位面积污染物排放强度　　　　　单位：t/km²

流域	基准年	高情景			中情景			低情景		
	2007 年	2015 年	2020 年	2030 年	2015 年	2020 年	2030 年	2015 年	2020 年	2030 年
西南诸河	0.37	0.42	0.50	0.54	0.39	0.42	0.44	0.36	0.34	0.27
西北诸河	0.47	0.58	0.69	0.76	0.52	0.58	0.60	0.48	0.46	0.36
黄河	4.00	4.18	4.43	4.17	3.76	3.67	3.31	3.53	2.99	2.11
松花江	4.80	5.07	5.52	5.22	4.61	4.66	4.18	4.22	3.71	2.54
长江	7.11	7.35	7.46	6.81	6.63	6.19	5.39	6.19	5.07	3.49
东南诸河	8.30	7.91	7.62	6.38	7.11	6.25	5.00	6.68	5.16	3.34
辽河	9.19	8.87	8.93	7.65	7.99	7.40	6.04	7.45	6.00	3.86
海河	14.49	14.79	14.95	12.99	13.45	12.61	10.40	12.35	10.16	6.59
珠江	14.92	15.45	15.71	14.44	13.96	13.07	11.43	12.93	10.59	7.25
淮河	18.76	18.84	18.98	16.72	17.21	16.11	13.40	15.66	12.92	8.41

（3）生活源是各流域污染物排放量的主要来源，未来生活源排放量的比重将呈下降趋势。从各流域污染物排放量的不同来源看，生活源是我国各种污染物排放量的主要来源。从表 5-30 可知，2007 年，流域生活污染物排放量占总污染物排放量的比重都在 50% 以上，长江流域生活的污染物排放量为 814.5 万 t，所占比重为 62%，珠江流域的生活污染物排放量为 378.8 万 t，所占比重为 56%（表 5-30）。

表 5-30　高排放情景下各流域不同来源的污染物排放量预测　　　　　单位：万 t

流域	农业			工业			生活		
	2007 年	2020 年	2030 年	2007 年	2020 年	2030 年	2007 年	2020 年	2030 年
东南诸河	48.9	53.5	46.4	20	21.9	20.9	130.4	107.4	85.8
海河	134.7	215.5	203.6	72.5	79.2	75.7	253.8	180.9	134.1
淮河	129.3	177.5	169.2	28.1	30.7	29.3	191.4	144.9	112.5
黄河	60.4	119	132.2	70.4	76.8	73.3	169.1	136.1	107.5
辽河	53.9	73.3	67.8	29.9	32.6	31.1	127.1	99.0	76.7
松花江	77.2	143.8	153.5	33.9	37	35.3	150.9	120.2	95.9
西北诸河	19.2	76.6	102.3	22.6	24.6	23.5	75.8	71.3	62.8
西南诸河	7.4	24.8	32.6	2.9	3.2	3	24.0	18.0	14.6
长江	326.8	499.2	526.6	167.4	182.8	174.7	814.5	691.3	552.5
珠江	199.3	273.6	282.4	96.2	104.9	100.2	378.8	331.7	269.9

在高排放情景下，各流域因农业污染物排放量增速较快，生活的污染物排放量的贡献度有所下降，但仍是主要的污染物排放源。2030 年，长江流域生活污染物排放量为 552.5 万 t，所占比重为 44.1%，农业污染物排放量为 526.6 万 t，所占比重为 42%。黄河流域生活污染物排放量所占比重由 2007 年的 56% 下降到 2030 年的 42%，农业污染物排放量比重由 2007 年的 20% 上升到 2030 年的 42%。

第6章　国家水污染治理对社会经济的影响

本章通过建立环境经济分析系统，开展水污染治理对社会—经济的影响研究。首先，利用环境经济投入产出模型和投资乘数加速乘数原理，研究国家和区域水污染治理投资和运行费用支出对经济产出和结构的影响；其次，通过水污染治理措施的可计算一般均衡模型（CGE），定量分析水污染治理措施对宏观经济、重点工业行业、居民福利、收入、就业、进出口贸易等的影响，提出水污染治理优化经济增长的科学途径。

6.1　水污染治理对国家社会经济影响模拟结果

6.1.1　水环境治理支出对经济社会的影响

6.1.1.1　治理投资对经济社会的影响

基于 2007 年的投入产出表，根据修订的环境经济投入产出表和有关计量经济模型，计算在这种情况下经济总量所受到的影响。模拟显示，通过投资乘数加速数原理，若环境治理投资增加 1 000 亿元，社会总的固定资产投资将增加 1 340 亿元，国内生产总值将增加 1 948 亿元，就业将增加 77 万人，消费、进口均有不同程度的增加。

投资乘数会随着经济结构的调整而发生改变，由于我国正处于加快经济发展方式转变的关键时期，预计未来 10 年，我国经济增长将从投资驱动型向消费拉动型转变，因此固定资产投资乘数将会逐渐降低，消费对经济增长贡献将有所增强。假定固定资产投资乘数在 2015—2020 年相对于 2010—2015 年降低 10%，2020—2030 年相对于 2015—2020 年又降低 10%。而城镇居民消费、农村居民消费以及政府消费投资乘数则分别较前一时期增加 5%。其余的投资乘数维持不变。得到的各个阶段的投资乘数如表 6-1 所示。

6.1.1.2　治理运行费用对经济社会的影响

模拟显示，运行费用的增加对于国民生产总值、居民消费、进口的影响均为负向。当废水运行费用增加 1 000 亿元时，国内生产总值将减少 69 亿元，社会总产出增加 1 460 亿元。与前面的废水治理投资的投资乘数变化原理一致，由于社会经济向消费依赖型的转变，对消费的影响也会随之逐渐增大，对于投资的影响会逐渐减小，因此假定每个时期废水治理运行费用的固定资产投资乘数分别较上一个时期降低 10%，消费乘数则较上一个时期增加 5%，其余的乘数效应维持不变，见表 6-2。

表 6-1　预测期内各阶段的投资乘数　　　　单位：亿元

指　标	增加 1 000 亿元环境治理投资的乘数		
	2011—2015 年	2016—2020 年	2021—2030 年
环境治理投资	1 000	1 000	1 000
国内生产总值	1 948	1 948	1 948
固定资产投资	1 340	1 260	1 085
城镇居民消费	580	609	639
农村居民消费	366	384	404
政府消费	141	148	155
进口	724	724	724
就业/万人	77	77	77

表 6-2　预测期内各阶段的运行成本乘数　　　　单位：亿元

指　标	增加 1 000 亿元环境治理运行的乘数		
	2010—2015 年	2015—2020 年	2020—2030 年
环境治理投资	1 000	1 000	1 000
国内生产总值	−69	−69	−69
固定资产投资	−316	−347	−382
城镇居民消费	−330	−313	−298
农村居民消费	−56	−53	−51
进口	−16	−15	−14
社会总产出	1 460	1 460	1 460

6.1.2　不同减排方案对经济社会发展的综合影响

（1）根据投资乘数效应，高削减情景的投资方案比中、低削减情景方案具有更大的正向社会效应。测算结果表明，在高排放情景下，在 2011—2015 年、2016—2020 年和 2021—2030 年，当投资费用分别为 6 369 亿元、5 091 亿元，以及 8 035 亿元时，总的固定资产投资增加量将达到 8 534 亿元、6 415 亿元，以及 8 718 亿元，国内生产总值将分别增加 12 407 亿元、9 917 亿元和 15 652 亿元，就业岗位将分别增加 490 万人、392 万人以及 619 万人。

在中排放情景下，在 2011—2015 年、2016—2020 年和 2021—2030 年，当投资费用为 7 938 亿元、6 430 亿元和 9 801 亿元，总的固定资产投资增加将达到 10 637 亿元、8 102 亿元，以及 10 634 亿元，国内生产总值将分别增加 15 463 亿元、12 526 亿元，以及 19 092 亿元，就业人数将分别增加 611 万、495 万，以及 755 万（表 6-3）。

低排放情景下，在 2011—2015 年、2016—2020 年和 2021—2030 年，当投资费用为 7 082 亿元、5 307 亿元和 7 414 亿元，总的固定资产投资增加将达到 9 490 亿元、6 687 亿元，以及 8 044 亿元，国内生产总值将分别增加 13 796 亿元、10 338 亿元，以及 14 443 亿元，就业人数将分别增加 545 万、409 万，以及 571 万（表 6-3）。

表6-3 环境治理投资对经济和社会的影响　　　　　　　　　　　单位：亿元

	指标	高排放情景			中排放情景			低排放情景		
		2011—2015年	2016—2020年	2021—2030年	2011—2015年	2016—2020年	2021—2030年	2011—2015年	2016—2020年	2021—2030年
投资	环境治理投资	6 369	5 091	8 035	7 938.0	6 430.0	9 801.0	7 082	5 307	7 414
	国内生产总值	12 406.8	9 917.3	15 652.2	15 463.2	12 525.6	19 092.3	13 795.7	10 338.0	14 442.5
	固定资产投资	8 534.5	6 414.7	8 718.0	10 636.9	8 101.8	10 634.1	9 489.9	6 686.8	8 044.2
	城镇居民消费	3 694.0	3 100.4	5 134.4	4 604.0	3 915.9	6 262.8	4 107.6	3 232.0	4 737.5
	农村居民消费	2 331.1	1 954.9	3 246.1	2 905.3	2 469.1	3 959.6	2 592.0	2 037.9	2 995.3
	政府消费	898.0	753.5	1 245.4	1 119.3	951.6	1 519.2	998.6	785.4	1 149.2
	进口	4 611.2	3 685.9	5 817.3	5 747.1	4 655.3	7 095.9	5 127.4	3 842.3	5 367.7
	就业/万人	490.4	392.0	618.7	611.2	495.1	754.7	545.3	408.6	570.9
运行	运行费用	8 327	10 599	27 951	8 708	11 509	31 417	8 118	9 977	23 948
	国内生产总值	−574.6	−731.3	−1 928.6	−600.9	−794.1	−2 167.8	−560.1	−688.4	−1 652.4
	固定资产投资	−2 631.3	−3 677.9	−10 677.3	−2 751.7	−3 993.6	−12 001.3	−2 565.3	−3 462.0	−9 148.1
	城镇居民消费	−2 747.9	−3 317.5	−8 329.4	−2 873.6	−3 602.3	−9 362.3	−2 678.9	−3 122.8	−7 136.5
	农村居民消费	−466.3	−561.7	−1 425.5	−487.6	−610.0	−1 602.3	−454.6	−528.8	−1 221.3
	进口	−133.2	−159.0	−391.3	−139.3	−172.6	−439.8	−129.9	−149.7	−335.3
	社会总产出	12 157.4	15 474.5	40 808.5	12 713.7	16 803.1	45 868.8	11 852.3	14 566.4	34 964.1

（2）根据运行成本乘数效应，高削减情景对国民经济的负向效应大于中、低削减情景。测算结果表明，在高排放情景下，2011—2015年、2016—2020年、2021—2030年，当运行费用分别为8 327亿元、10 599亿元，以及27 951亿元时，国内生产总值将减少575亿元、731亿元，以及1 929亿元，固定资产投资将分别减少2 631亿元、3 678亿元、10 677亿元（表6-3）。

在中排放情景下，2011—2015年、2016—2020年、2021—2030年，当运行费用分别为8 708亿元、11 509亿元以及31 417亿元时，国内生产总值将降低601亿元、794亿元以及2 168亿元，固定资产投资将分别减少2 752亿元、3 994亿元、12 001亿元（表6-3）。

在低排放情景下，2011—2015年、2016—2020年、2021—2030年，当运行费用分别为8 118亿元、9 977亿元以及23 948亿元时，国内生产总值将降低560亿元、688亿元以及 1 652 亿元，固定资产投资将分别减少 2 565 亿元、3 462 亿元、9 148 亿元（表 6-3）。

（3）水环境治理投资对于国民经济的正向影响大于水污染治理运行费用增加对于国民经济的负向影响。从投资和运行费用的综合影响来看，若不考虑政府通过征税/费对生产部门产生的负面影响，单纯从政府污水处理的投资行为以及污水处理运行过程来看，水污染治理投资对于国民经济的正向影响大于水污染治理运行费用对于国民经济的负向影响（表 6-4，表 6-5）。

综合看环境治理的投资和运行影响，中排放情景的治理方案下，2011—2015 年、2016—2020 年、2021—2030 年，耗水量较大的部门如农、林、牧、渔业，GDP 的增加量将分别为 1 560 亿元、1 223 亿元，以及 1 757 亿元，对于金属冶炼及压延加工业，GDP 的增加量分别为 649 亿元、509 亿元，以及 731 亿元，对于电力行业，GDP 的增加量分别为 480 亿元、376 亿元，以及 541 亿元；对于污染排放大户，食品制造业 GDP 的增加量分别为 553 亿元、434 亿元，以及 622 亿元，纺织业 GDP 的增加量分别为 268 亿元、210 亿元，以及 303 亿元；造纸业 GDP 的增加量分别为 194 亿元、152 亿元，以及 218 亿元；石油加工业 GDP 的增加量分别为 205 亿元、161 亿元，以及 232 亿元（表 6-4）。

表 6-4　环境治理投资对国民经济各部门生产总值的影响　　　　单位：亿元

行　业	投资乘数	高排放情景			中排放情景			低排放情景		
		2015 年	2020 年	2030 年	2015 年	2020 年	2030 年	2015 年	2020 年	2030 年
农、林、牧、渔业	204.5	1 302.5	1 041.1	1 643.2	1 623.3	1 314.9	2 004.3	1 448.3	1 085.3	1 516.2
煤炭开采和洗选业	31.6	201.3	160.9	253.9	250.8	203.2	309.7	223.8	167.7	234.3
石油和天然气开采业	40.7	259.2	207.2	327.0	323.1	261.7	398.9	288.2	216.0	301.7
金属矿采选业	15.4	98.1	78.4	123.7	122.2	99.0	150.9	109.1	81.7	114.2
非金属矿及其他矿采选业	10.8	68.8	55.0	86.8	85.7	69.4	105.9	76.5	57.3	80.1
食品制造及烟草加工业	72.6	462.4	369.6	583.3	576.3	466.8	711.6	514.2	385.3	538.3
纺织业	35.1	223.6	178.7	282.0	278.6	225.7	344.0	248.6	186.3	260.2
纺织服装鞋帽皮革羽绒及其制品业	28.8	183.4	146.6	231.4	228.6	185.2	282.3	204.0	152.8	213.5
木材加工及家具制造业	18.6	118.8	94.7	149.5	147.6	119.6	182.3	131.7	98.7	137.9
造纸印刷及文教体育用品制造业	25.4	161.8	129.3	204.1	201.6	163.3	248.9	179.9	134.8	188.3
石油加工、炼焦及核燃料加工业	26.8	170.7	136.4	215.3	212.7	172.3	262.7	189.8	142.2	198.7
化学工业	89.9	572.6	457.7	722.3	713.6	578.1	881.1	636.7	477.1	666.5
非金属矿物制品业	44.7	284.7	227.6	359.2	354.8	287.4	438.1	316.6	237.2	331.4
金属冶炼及压延加工业	85.1	542.0	433.2	683.8	675.5	547.2	834.1	602.7	451.6	630.9
金属制品业	26.3	167.5	133.9	211.3	208.8	169.1	257.8	186.3	139.6	195.0
通用、专用设备制造业	65.1	414.6	331.4	523.1	516.8	418.6	638.0	461.0	345.5	482.7
交通运输设备制造业	45.8	291.7	233.2	368.0	363.6	294.5	448.9	324.4	243.1	339.6
电气机械及器材制造业	33.0	210.2	168.0	265.2	262.0	212.2	323.4	233.7	175.1	244.7
通信设备、计算机及其他电子设备制造业	48.6	309.5	247.4	390.5	385.8	312.5	476.3	344.2	257.9	360.3

行　业	投资乘数	高排放情景			中排放情景			低排放情景		
		2015 年	2020 年	2030 年	2015 年	2020 年	2030 年	2015 年	2020 年	2030 年
仪器仪表及文化办公用机械制造业	7.4	47.1	37.7	59.5	58.7	47.6	72.5	52.4	39.3	54.9
工艺品及其他制造业	11.0	70.1	56.0	88.4	87.3	70.7	107.8	77.9	58.4	81.6
废品废料	25.2	160.5	128.3	202.5	200.0	162.0	247.0	178.5	133.7	186.8
电力、热力的生产和供应业	62.9	400.6	320.2	505.4	499.3	404.4	616.5	445.5	333.8	466.3
燃气生产和供应业	1.6	10.2	8.1	12.9	12.7	10.3	15.7	11.3	8.5	11.9
水的生产和供应业	3.9	24.8	19.9	31.3	31.0	25.1	38.2	27.6	20.7	28.9
建筑业	103.6	659.8	527.4	832.4	822.4	666.1	1 015.4	733.7	549.8	768.1
交通运输及仓储业	104.4	664.9	531.5	838.9	828.7	671.3	1 023.2	739.4	554.1	774.0
邮政业	2.6	16.6	13.2	20.9	20.6	16.7	25.5	18.4	13.8	19.3
信息传输、计算机服务和软件业	43.0	273.9	218.9	345.5	341.3	276.5	421.4	304.5	228.2	318.8
批发和零售业	123.7	787.8	629.8	993.9	981.9	795.4	1 212.4	876.0	656.5	917.1
住宿和餐饮业	39.7	252.8	202.1	319.0	315.1	255.3	389.1	281.2	210.7	294.3
金融业	95.9	610.8	488.2	770.6	761.3	616.6	939.9	679.2	508.9	711.0
房地产业	87.9	559.8	447.5	706.3	697.8	565.2	861.5	622.5	466.5	651.7
租赁和商务服务业	27.2	173.2	138.5	218.6	215.9	174.9	266.6	192.6	144.4	201.7
研究与试验发展业	4.3	27.4	21.9	34.6	34.1	27.6	42.1	30.5	22.8	31.9
综合技术服务业	16.9	107.6	86.0	135.8	134.2	108.7	165.6	119.7	89.7	125.3
水利、环境和公共设施管理业	7.9	50.3	40.2	63.5	62.7	50.8	77.4	55.9	41.9	58.6
居民服务和其他服务业	28.7	182.8	146.1	230.6	227.8	184.5	281.3	203.3	152.3	212.8
教育	52.2	332.5	265.8	419.4	414.4	335.6	511.6	369.7	277.0	387.0
卫生、社会保障和社会福利业	27.2	173.2	138.5	218.6	215.9	174.9	266.6	192.6	144.4	201.7
文化、体育和娱乐业	10.9	69.4	55.5	87.6	86.5	70.1	106.8	77.2	57.8	80.8
公共管理和社会组织	62.0	394.9	315.6	498.2	492.2	398.7	607.7	439.1	329.0	459.7

表 6-5　环境治理运行费用对国民经济各部门生产总值的影响　　　　单位：亿元

行　业	运行费用乘数	高排放情景			中排放情景			低排放情景		
		2015 年	2020 年	2030 年	2015 年	2020 年	2030 年	2015 年	2020 年	2030 年
农、林、牧、渔业	−7.2	−61.8	−86.0	−225.7	−63.7	−91.7	−247.1	−60.0	−76.3	−201.2
煤炭开采和洗选业	−1.1	−9.4	−13.1	−34.5	−9.7	−14.0	−37.7	−9.2	−11.7	−30.7
石油和天然气开采业	−1.4	−12.0	−16.7	−43.9	−12.4	−17.8	−48.0	−11.7	−14.8	−39.1
金属矿采选业	−0.5	−4.3	−6.0	−15.7	−4.4	−6.4	−17.2	−4.2	−5.3	−14.0
非金属矿及其他矿采选业	−0.4	−3.4	−4.8	−12.5	−3.5	−5.1	−13.7	−3.3	−4.2	−11.2
食品制造及烟草加工业	−2.6	−22.3	−31.1	−81.5	−23.0	−33.1	−89.2	−21.7	−27.6	−72.7
纺织业	−1.2	−10.3	−14.3	−37.6	−10.6	−15.3	−41.2	−10.0	−12.7	−33.5
纺织服装鞋帽皮革羽绒及其制品业	−1.0	−8.6	−11.9	−31.3	−8.9	−12.7	−34.3	−8.3	−10.6	−28.0
木材加工及家具制造业	−0.7	−6.0	−8.4	−21.9	−6.2	−8.9	−24.0	−5.8	−7.4	−19.6

行　业	运行费用乘数	高排放情景			中排放情景			低排放情景		
		2015 年	2020 年	2030 年	2015 年	2020 年	2030 年	2015 年	2020 年	2030 年
造纸印刷及文教体育用品制造业	−0.9	−7.7	−10.8	−28.2	−8.0	−11.5	−30.9	−7.5	−9.5	−25.2
石油加工、炼焦及核燃料加工业	−0.9	−7.7	−10.8	−28.2	−8.0	−11.5	−30.9	−7.5	−9.5	−25.2
化学工业	−3.2	−27.5	−38.2	−100.3	−28.3	−40.8	−109.8	−26.6	−33.9	−89.4
非金属矿物制品业	−1.6	−13.7	−19.1	−50.2	−14.2	−20.4	−54.9	−13.3	−17.0	−44.7
金属冶炼及压延加工业	−3.0	−25.7	−35.8	−94.0	−26.6	−38.2	−103.0	−25.0	−31.8	−83.9
金属制品业	−0.9	−7.7	−10.8	−28.2	−8.0	−11.5	−30.9	−7.5	−9.5	−25.2
通用、专用设备制造业	−2.3	−19.7	−27.5	−72.1	−20.4	−29.3	−78.9	−19.2	−24.4	−64.3
交通运输设备制造业	−1.6	−13.7	−19.1	−50.2	−14.2	−20.4	−54.9	−13.3	−17.0	−44.7
电气机械及器材制造业	−1.2	−10.3	−14.3	−37.6	−10.6	−15.3	−41.2	−10.0	−12.7	−33.5
通信设备、计算机及其他电子设备制造业	−1.7	−14.6	−20.3	−53.3	−15.0	−21.7	−58.3	−14.2	−18.0	−47.5
仪器仪表及文化办公用机械制造业	−0.3	−2.6	−3.6	−9.4	−2.7	−3.8	−10.3	−2.5	−3.2	−8.4
工艺品及其他制造业	−0.4	−3.4	−4.8	−12.5	−3.5	−5.1	−13.7	−3.3	−4.2	−11.2
废品废料	−0.9	−7.7	−10.8	−28.2	−8.0	−11.5	−30.9	−7.5	−9.5	−25.2
电力、热力的生产和供应业	−2.2	−18.9	−26.3	−69.0	−19.5	−28.0	−75.5	−18.3	−23.3	−61.5
燃气生产和供应业	−0.1	−0.9	−1.2	−3.1	−0.9	−1.3	−3.4	−0.8	−1.1	−2.8
水的生产和供应业	−0.1	−0.9	−1.2	−3.1	−0.9	−1.3	−3.4	−0.8	−1.1	−2.8
建筑业	−3.7	−31.8	−44.2	−116.0	−32.7	−47.1	−127.0	−30.8	−39.2	−103.4
交通运输及仓储业	−3.7	−31.8	−44.2	−116.0	−32.7	−47.1	−127.0	−30.8	−39.2	−103.4
邮政业	−0.1	−0.9	−1.2	−3.1	−0.9	−1.3	−3.4	−0.8	−1.1	−2.8
信息传输、计算机服务和软件业	−1.5	−12.9	−17.9	−47.0	−13.3	−19.1	−51.5	−12.5	−15.9	−41.9
批发和零售业	−4.4	−37.8	−52.6	−137.9	−38.9	−56.1	−151.0	−36.6	−46.6	−123.0
住宿和餐饮业	−1.4	−12.0	−16.7	−43.9	−12.4	−17.8	−48.0	−11.7	−14.8	−39.1
金融业	−3.4	−29.2	−40.6	−106.6	−30.1	−43.3	−116.7	−28.3	−36.0	−95.0
房地产业	−3.1	−26.6	−37.0	−97.2	−27.4	−39.5	−106.4	−25.8	−32.9	−86.6
租赁和商务服务业	−1.0	−8.6	−11.9	−31.3	−8.9	−12.7	−34.3	−8.3	−10.6	−28.0
研究与试验发展业	−0.2	−1.7	−2.4	−6.3	−1.8	−2.5	−6.9	−1.7	−2.1	−5.6
综合技术服务业	−0.6	−5.1	−7.2	−18.8	−5.3	−7.6	−20.6	−5.0	−6.4	−16.8
水利、环境和公共设施管理业	−0.3	−2.6	−3.6	−9.4	−2.7	−3.8	−10.3	−2.5	−3.2	−8.4
居民服务和其他服务业	−1.0	−8.6	−11.9	−31.3	−8.9	−12.7	−34.3	−8.3	−10.6	−28.0
教育	−1.8	−15.4	−21.5	−56.4	−15.9	−22.9	−61.8	−15.0	−19.1	−50.3
卫生、社会保障和社会福利业	−1.0	−8.6	−11.9	−31.3	−8.9	−12.7	−34.3	−8.3	−10.6	−28.0
文化、体育和娱乐业	−0.4	−3.4	−4.8	−12.5	−3.5	−5.1	−13.7	−3.3	−4.2	−11.2
公共管理和社会组织	−2.2	−18.9	−26.3	−69.0	−19.5	−28.0	−75.5	−18.3	−23.3	−61.5

6.2 征收污染税对社会经济的影响

目前我国对主要污染物的削减仍然以行政命令手段为主，例如，实施强制性的污染减排目标、增加末端处理设施等。为了更加有效地控制污染物排放，我国正在制定环境税征收方案，希望通过税收激励的办法、利用市场机制从成本有效性的角度促进污染减排工作。在上报国务院的环境税征收方案中，已经将 COD 税纳入其中，纳税主体主要为排放污染物的单位，以污染物的实际排放量为计税依据，采用从量计征方式。有鉴于此，本书研究了开征 COD 税对实现削减目标的社会经济影响，假设征收生产环节的 COD 税，并用于增加政府收入。

本节分析了征收 COD 税实现 10%和 20%的 COD 削减目标对我国社会经济的影响。本研究首先运行模型的基准情景，然后相对于基准情景，考虑征收 COD 税实现 COD 排放量分别减少 10%和 20%的目标，并与基准情景进行比较，主要结果见表 6-8。这里需要特别注意的是，模拟结果仅是利用 CEPA 模型模拟征收 COD 税这一种政策的社会经济效果，而不是现实社会中多种政策措施综合实施的效果。在 COD 排放量分别减少 10%和 20%的情景下，COD 的税率分别为 66.40 元/t 和 154.60 元/t。

6.2.1 征收污染税对社会经济的影响

（1）对 GDP 的影响。从对 GDP 的影响来看，在给定的两种减排目标下，GDP 相对于基准情景值将出现损失，且损失幅度都会随着减排目标的增大而增大。这里所分析的 GDP 是用支出法描述的实际 GDP，由总消费、总投资、净出口构成。由于本模型在国际贸易平衡中采用的是国外储蓄外生给定的闭合法则，因而净出口值都固定在基准情景下的相应值，而通过对总消费和总投资的影响来影响 GDP，这种固定国外储蓄的闭合假设基本不会对 GDP 影响的方向和幅度产生影响。由于在 10%和 20%的 COD 削减目标下，对总投资和总消费的影响都是负向的，因此，GDP 出现损失。

表 6-6　COD 减排 10%和 20%的主要宏观经济影响　　　　　　单位：%

指　标	减排 10%	减排 20%
GDP	−2.56	−5.4
总投资	−1.31	−2.73
总消费	−4.9	−10.1
就业	−5.37	−10.97
农村居民可支配收入	−5.06	−10.36
城镇居民可支配收入	−4.22	−8.64
农村居民消费者价格指数	4.07	9.84
城镇居民消费者价格指数	2.21	5.61
城镇居民福利	−2 160.78	−4 452.8
农村居民福利	−4 567.22	−9 627.03

（2）对总投资的影响。由表 6-6 可知，COD 的削减目标对总投资的影响都是负向的。根据本模型的储蓄—投资闭合法则，总投资完全由总储蓄内生转化得到。总储蓄的主要组成部分为企业储蓄、居民储蓄和政府储蓄。由于政府储蓄在总储蓄中所占比重最小，因此对总投资的影响主要取决于居民储蓄和企业储蓄。在本模型中，由于增加了 COD 税收收入，政府储蓄相对基准情景增加了，但是不能抵消企业和居民储蓄的减少，所以总体上总投资相对于基准情景是下降的。

（3）对总消费的影响。在总消费方面，由于本模型采用的是政府消费外生的闭合法则，因此各方案对总消费的影响主要是通过其对居民消费的影响进行的。居民消费在总消费中占据主导地位。居民消费主要由居民可支配收入和物价水平决定，与居民可支配收入正相关，而与物价水平负相关。

模型结果显示，由于劳动力需求和企业利润的减少，城镇和农村居民可支配收入相对于基准情景都有明显下降。从消费者价格指数的变动来看，城镇和农村居民消费者价格指数都上升，与城镇和农村居民可支配收入下降的综合作用自然使得这两种方案下城乡居民消费都减小，进而导致总消费的减少。

（4）对就业的影响。由表 6-6 可知，两种目标下就业都相对于基准情景减少了。其直接原因是征税造成生产成本上升，产量减少从而导致劳动力需求下降。

（5）对居民福利的影响。居民福利通过希克斯等价变动来测度。希克斯等价变动是以实施某项政策前的各种商品价格为基础，以支出函数测算该项政策实施前后的效用变化，因此，由于削减目标情景商品价格的提高，因此两种削减目标都造成了农村居民和城镇居民福利的减少，而且农村居民福利减少高于城镇居民福利的减少。

（6）对部门产出的影响。由图 6-1 可知，开征 COD 税导致纺织业，农林牧副渔，纺织服装皮革羽绒，食品制造及烟草加工业，造纸印刷文教用品制造业，工艺品及其他制造业，商业饮食业，石油加工及核燃料，天然气开采业，煤炭开采和洗选业，木材加工及家具制造业，化学工业，电力、蒸汽、热力的生产和供应业，石油开采业，燃气生产和供应业，非金属和其他矿采选业，交通运输设备制造业等大多数部门产出下降，以纺织业下降最多；而仪器设备、通信设备和金属采选冶炼等 13 个部门的产出上升。

（7）对部门产出价格的影响。如图 6-2 所示，两种削减目标下，农林牧副渔、食品制造及烟草加工业、造纸印刷文教用品制造业、纺织服装皮革羽绒、木材加工及家具制造业、工艺品及其他造纸业、商业饮食业的产出价格出现了上升，以农林牧副渔的产出价格上升最多。其他 26 个部门的产出价格出现了下降，以废品废料产出价格下降最多。

部门产出和价格的变化取决于供给和需求。对于征收 COD 税的部门，一方面可以提高产品的相对价格（将税收负担转嫁给消费者），另一方面，可以通过降低要素报酬（将税收负担转嫁给要素提供者）。税收负担转嫁的程度取决于商品市场和要素市场。对于商品市场，如果消费者的需求弹性较小，生产者的供给弹性越大，则生产者就越能转嫁税收负担，反之则反是。对于要素市场，要素提供者的供给弹性越小，生产者的需求弹性越大，则生产者就越能转嫁税收负担，反之则反是。在一般情况下，生产者不太可能将所有的税收负担都转嫁出去，也就是这些部门将承担部分税收负担，则利润将会下降，从而导致供给曲线内移。

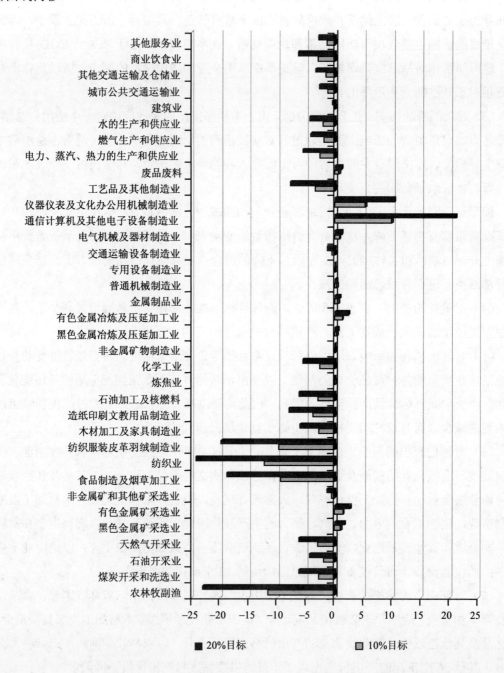

图 6-1 10%和 20%的 COD 减排目标对各部门产出的影响

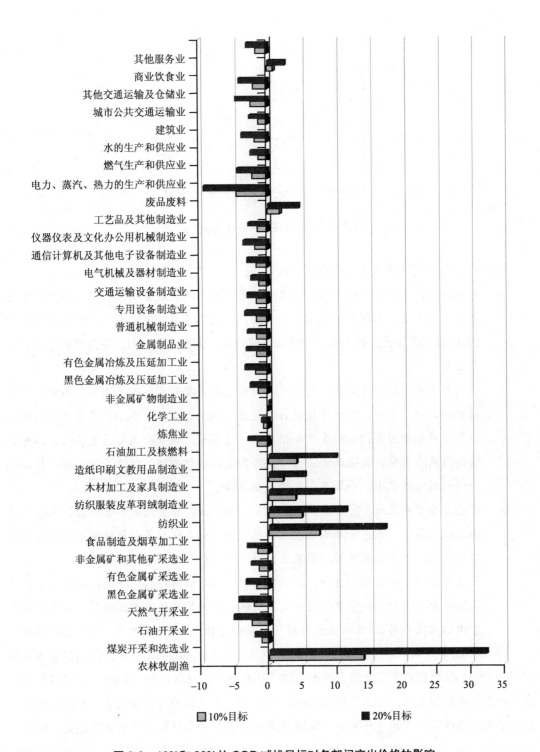

图 6-2　10%和 20%的 COD 减排目标对各部门产出价格的影响

　　但是需求曲线的变化较为复杂，可以内移（税负较重的产品），也可以外移（税负较轻的产品和非税产品）。在供给曲线内移的情况下，需求曲线外移，将导致均衡价格升高，产量下降；需求曲线内移，则产量和价格都会出现下降，如图 6-3 所示。

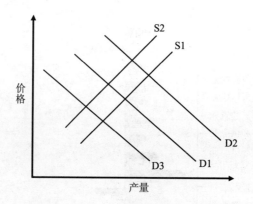

图 6-3　供给和需求曲线变化示意图

因此，这些部门产出和价格变化的原因如下：

➢ 农林牧副渔、食品制造及烟草加工业、纺织业、纺织服装皮革羽绒、造纸印刷文教用品制造业、木材加工及家具制造业、工艺品及其他造纸业、商业饮食业由于 COD 排放量较大，税负较重，供给曲线内移，需求曲线内移，导致产出下降，价格上升。

➢ 煤炭开采业，石油开采业，天然气开采业，非金属和其他矿采选业，石油加工及核燃料，化学工业，交通运输设备制造业，电力、蒸汽、热力的生产和供应业，燃气生产和供应业，水的生产和供应业，建筑业，城市公共交通运输业，其他交通运输及仓储业，其他服务业由于供给和需求曲线内移，供给曲线内移，但供给曲线移动幅度较小，导致产出和价格都下降。

➢ 黑色金属矿开采业、有色金属矿开采业、炼焦业、非金属矿物制造业、黑色金属冶炼及压延业、有色金属冶炼及压延业、金属制品业、普通机械制造业、专用设备制造业、电器机械及器材制造业、通信计算机及其他电子设备制造业、仪器仪表及文化办公用机械制造业、废品废料由于供给曲线外移（征税使得价格上涨导致供给曲线内移，而资本劳动投入品价格的下降导致供给曲线外移，综合两项因素供给曲线外移），需求曲线外移（移动幅度较小），导致产出上升，价格下降。

（8）对部门 COD 产生的影响。如图 6-4 所示，在 10%和 20%的 COD 削减目标下，各部门的 COD 排放相对于基准情景是不同的。纺织业，农林牧副渔，纺织服装皮革羽绒，食品制造及烟草加工业，造纸印刷文教用品制造业，工艺品及其他制造业，商业饮食业，石油加工及核燃料，天然气开采业，煤炭开采和洗选业，木材加工及家具制造业，化学工业，电力、蒸汽、热力的生产和供应业，石油开采业，燃气生产和供应业，非金属和其他矿采选业，交通运输设备制造业这些部门的 COD 都不同程度地实现了削减，削减程度随减排目标而增加。这些实现 COD 削减的部门是和产出下降的部门一一对应的，由于 COD 产生量取决于总的产出水平。其中，COD 产生较大的纺织业和农林牧副渔的削减量最大。但是，由于其余 13 个部门总产出的增加，COD 产生量也有不同程度的增加。

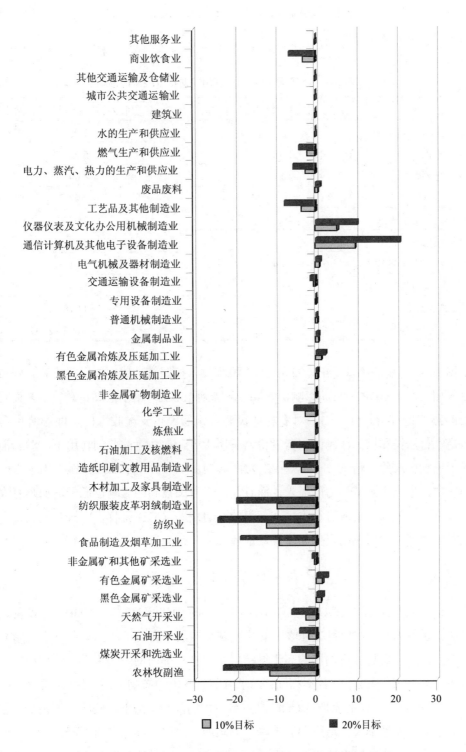

图6-4　10%和20%的削减目标对各部门COD产生量的影响

（9）COD税收收入两种用途对社会经济收入的影响。由于本研究只考虑了对生产部门征收COD税，并将COD税收收入用于增加政府收入，因此，在此基础上，我们进一步考虑了将增加的COD税收收入按照统一比率补贴生产部门的生产税，即保持COD税收中性。

在 20%的削减目标下，COD 税收收入增加政府收入与按照统一比率补贴生产税两种情景的社会经济影响如表 6-7 所示。

表 6-7　COD 税收收入两种用途对社会经济的影响　　　　　　　单位：%

指　标	COD 税收收入增加政府收入	COD 税收收入按照统一比率补贴生产税
GDP	−5.4	−1.23
总投资	−2.73	5.62
总消费	−10.1	−8.04
就业	−10.97	−2.92
农村居民可支配收入	−10.36	−2.02
城镇居民可支配收入	−8.64	−0.47
农村居民消费者价格指数	9.84	18.16
城镇居民消费者价格指数	5.61	11.95
城镇居民福利	−4 452.8	−4 018.31
农村居民福利	−9 627.03	−7 607.92

根据表 6-7，我们可以看出，如果 COD 税收收入按照统一比率补贴生产税，则与增加政府收入相比，对 GDP 的负面影响由 5.40%下降到 1.23%，由于拉动了总投资，而且，对总消费的影响也有所降低，由于对农村居民和城镇居民可支配收入的负面影响也明显降低，但是农村居民和城镇居民的消费者价格有所上升，在两者的共同作用下，对总消费的影响低于增加政府收入情景。对于就业的负面影响由 10.97%下降到 2.92%，由于生产部门产量的增加，扩大了对劳动力的需求。而且，对于居民福利的影响也低于增加政府收入情景。由此可见，未来如果政府征收生产部门的 COD 税，COD 税收收入按照统一比率补贴生产税对社会经济的影响明显低于增加政府收入。

6.2.2　小结

研究结果表明：征收 COD 税实现 10%和 20%的 COD 削减，对 GDP、总投资、总消费、就业、居民福利、居民可支配收入的影响是负向的，而对于居民消费价格的影响是提升的；而且，对于农村居民的影响高于城镇居民。从对部门的影响来看，各部门的产出、产出价格以及 COD 削减影响各不相同；由于对部门产出的影响不同，各部门的 COD 削减也不同，但是 COD 削减主要来自 COD 产生量较大的部门，由于这些部门的税负较重，完全转移成本的可能性不大，造成利润下降，需求曲线内移，部门产出下降。

如果征收的 COD 税收按照统一比率补贴生产税，则对社会经济的影响明显低于增加政府收入，未来政府考虑征收 COD 税，建议可以考虑此种情景。上述模型结果反映了征收 COD 税用来增加政府收入这种情况对社会经济以及各部门的影响。

基于此，建议我国在征收 COD 税时，要重点考虑：①对居民的税收返还或补贴问题，尤其是农村居民，充分考虑 COD 税收征收对于弱势群体的影响；②COD 税政策实施和其他政策配套实施，本模型中由于征收 COD 税，城镇和农村居民消费价格都提高了，所以建议政府要考虑制定抑制通货膨胀的配套措施；③为了和缓征收 COD 税对经济的负面影响，建议引入对生产部门的税收减免或补贴措施应成为未来 COD 税税收方案设计的基本原则之一。GDP 是衡量减排政策的社会经济成本的重要指标。我国作为一个发展中国家，为了满足全体人民的基本需求和日益增长的物质文化需要，保持较快的经济增长速度尤为重要。税收是国家筹集资金的重要手段，对于发展中国家而言更是如此。在这种情况下，如果不打算对 COD 税收入规定专门用途，而是将其全部归入政府收入，则需要在征税方式上考虑对生产部门的保护。

第 7 章　国家中长期水环境与经济协调发展对策

本章在经济—水资源—水环境系统预测的基础上，结合我国水资源和水污染治理现状，提出我国水资源和水污染治理优化的政策建议。具体从水环境约束下的国家经济优化发展对策、水环境治理对策、水环境支撑体系建设及水环境安全战略实施步骤等方面进行政策分析。

7.1　以水环境约束优化国家社会经济发展

（1）建立经济与水环境综合决策机制，保障国家水环境安全。我国水资源短缺，人均淡水资源仅为世界平均水平的 1/4，人均可利用水资源量仅为 900 m^3，且分布极不均衡，是全球人均水资源最贫乏的国家之一。本书预测结果显示，未来 20 年我国水资源需求量仍将增大，供需矛盾进一步凸显，预计到 2020 年和 2030 年缺水量将分别达到 148 亿 m^3 和 300 亿 m^3。另一方面，水污染物排放总量居高不下，导致水环境形势严峻。2009 年国家环境监测网实际监测的 408 个地表水监测断面中有 18.4%的断面为最劣等水质。全国一半的城市市区地下水污染严重，一些地区甚至出现了"有河皆干、有水皆污"的现象。日趋严重的水污染不仅降低了水体的使用功能，进一步加剧了水资源短缺的矛盾，使南方水资源丰富的地区和城市也出现了"水质型"缺水问题，严重威胁到城市居民的饮水安全和健康。

水既是基础性的自然资源，又是战略性的经济资源，同时也是各种污染物的受纳环境。水环境和经济是一个有机整体，水资源的数量和质量约束着经济发展的速度和水平，同时经济发展的速度和水平又直接影响着水环境的质量。因此，要解决我国面临的两大水问题，保障我国水环境安全，应该在国民经济综合规划与决策中建立综合经济与水环境决策机制，深入研究分析经济发展与水资源需求和水环境压力之间的关系以及后者对经济社会发展的制约条件，为我国水资源与水环境的可持续发展奠定机制保障。①建立综合经济与水环境决策工作机制，在开展综合环境经济规划编制工作之初，可以采取主管部门指导协调，科研机构紧密联合的形式开展工作，经过不断的探索和试运行，逐步建立稳定的综合环境经济规划工作制度，不断完善对重大经济社会和水环境安全问题的科学化、民主化、规范化决策程序。②深入研究经济与水资源、水环境压力之间的关系，明确经济与水环境之间的压力—状态—响应关系，以不同的经济发展速度和水平为情景，分析经济发展对水环境产生的不同压力，并进一步分析不同压力对水环境质量的影响，从而为做出科学合理的经济—水环境综合决策提供技术支撑。③构建包括统计、跟踪和评价制度在内的保障支撑体系，完善污染物统计核算体系，加强责任追究，推行信息公开，强化监督评价机制，为综合环境经济决策的实施提供制度保障和数据支持。

（2）逐步优化产业与布局结构，缓解局部性水资源矛盾。我国水资源空间分布不均，区域性水资源供需矛盾突出。淮河区和海河区是我国水资源供需矛盾最为突出的区域。淮河区人均占有水资源量 457 m^3，为全国人均的 21%，亩均占有水资源 405 m^3，为全国平均水平的 24%，水资源总量不足和水资源短缺是长期面临的形势。海河作为我国政治文化中心和经济发达地区，人均占有水资源量 356 m^3，流域现状水资源开发利用率 106%。水资源过度利用引起了河道断流、湿地萎缩、河口生态恶化、地下水位下降等生态环境问题，加剧了地区间争水矛盾。

从本书预测结果可知，2030 年淮河流域的缺水率将由 2007 年的 19.1%上升到 33.5%，海河流域的缺水率也会小幅上升，由 2007 年的 10.9%上升到 13.6%。水资源的供需矛盾进一步凸显。匮乏的水资源和超量利用，决定了极为有限的水体纳污能力，这两个流域的水环境质量也呈现进一步恶化的趋势。同时淮河和海河流域的单位污染物排放强度也较大，2007 年淮河和海河的污染物排放强度分别为 18.6 t/km^2 和 13.5 t/km^2，在低排放情景下，这两个流域的污染物排放强度下降幅度也非常有限，预测期内仍然是我国最严重的水环境污染流域。从水环境—经济综合决策的角度分析，要缓解淮河、海河等局部地区水资源供需矛盾和水环境恶化趋势，必须逐步优化其产业和布局结构，减少水资源需求和水环境压力。

综合水资源需求压力和水环境承载力两方面考虑，未来我国的高污染产业宜向松花江流域和长江流域适度集聚。松花江和长江流域供水量相对充足，污染物排放强度相对较低。2007 年，松花江和长江流域的污染物排放强度分别为 4.5 t/km^2 和 7 t/km^2，预测期内污染物强度增加的幅度也较小。同时，从我国区域发展的空间格局看，我国经济发展重心逐步从长三角、珠三角和京津冀都市圈向东北地区和长江中游地区扩散，国家已提出"东北振兴"与"中部崛起"的区域发展计划。因此，未来我国一些耗水量大、水污染严重的产业可适度向这两流域集聚，尤其是排污量大的规模化畜禽养殖业。

淮河和海河应从调整产业结构入手，缓解水资源需求矛盾。从预测结果可知，2030 年淮河流域的农业、工业及生活的 COD 排放量所占比重分别为 49.8%、19.9%、30.3%，海河流域的比重分别为 55.3%、10.3%和 34.4%，与 2007 年相比，淮河和海河流域农业 COD 排放比重将分别增加 18.3%和 17.2%。未来，淮河和海河流域应适度控制农业发展，提高农业灌溉用水率和化肥利用效率，加大对畜禽粪便的综合利用率，大力发展节水农业和绿色农业，减少农业面源污染产生压力。同时，从经济总量上限制钢铁、水泥、有色金属、煤炭、石油、化工等高耗能、高污染行业的发展速度，着力发展高附加值、低耗水、低排放的工业行业。位于海河流域的京津冀都市圈，作为我国经济增长引擎，水资源已经成为约束其经济发展的要素之一。为缓解水资源需求矛盾，京津冀都市圈应进一步优化产业布局和结构，大力发展知识密集型的高新技术制造业和生产性服务业，把水资源需求量大且污染量严重的产业进一步地向沿海地区集聚，加大天津滨海新区和河北曹妃甸工业区的发展力度。

（3）开源节流并举，突破水资源瓶颈。一方面，我国水资源短缺，是全球人均水资源最贫乏的国家之一；另一方面，我国又存在水资源利用效率底下，水资源浪费现象严重的问题，突出表现在农业和丰水地区工业的用水效率低下。目前我国的农业灌溉利用率不足40%，而以色列等国家已达到90%，灌溉节水潜力巨大；农副、造纸以及电力等工业用水大户的重复用水率较低，不到60%。大量的再生水资源没有得到合理有效的利用。目前，我国每年处理的污水量已经达到 250 亿 m^3 的规模，而真正得到利用的再生水资源不足10%，尤其是在一些水资源丰富的省份，如吉林、青海、江西、湖北、福建以及上海等地区污水再生利用量几乎为零。近年来，江苏、广东、浙江、辽宁、上海、福建等东部省份地区的用水量增速较快，年增速均在25%以上，预测未来仍将以相对较快的速度增加。

坚持节约优先的方针。解决我国的水资源安全问题，根本的出路在于坚持节约与开发并重，节约优先的方针。提高农业用水效率，发展节水农业。力争到 2030 年，农业灌溉利用率达到 65%，农业总需水量下降12%～15%。综合运用阶梯灌溉水价、发放取水配额等经济手段，改造灌区输配水条件、推广滴灌和喷灌等先进的节水灌溉技术，大力推进农业节水。同时加强重点区域、流域的农业用水控制。预测表明，到 2030 年，农业总需水量大的省份主要是新疆、江苏、黑龙江、湖南、广西、内蒙古、广东，这 7 个省份的农业需水量占全国农业总需水量的46%，因此要重点加强这些省份的用水管理。提高工业行业的重复用水率，加大工业用水管理力度。到 2030 年，工业行业重复利用率平均水平要达到80%～90%，重点行业的重复利用率应达到85%～90%，才能实现在 2020 年达到拐点。要加强对水资源丰富地区工业行业的节水管理，综合运用取水许可、水权交易、水价等刺激机制和严格监管、加大惩罚力度等命令控制政策，促进工业节水。

大力推进再生水的开发利用。到 2030 年，污水再生利用率应达到 30%～35%，才能保证供需水的基本平衡。要加快再生水利用的基础设施建设，在政策上给予积极的扶持，建立健全再生水利用市场。国家、各省、市、区、县都应当制定明确的再生水发展利用规划和目标，合理规划再生水厂建设和再生水利用项目，积极鼓励和引导更多的用户使用再生水，为再生水利用创造广阔的市场需求。

开发利用海水资源，注重水资源的战略储备。资源性缺水以及水质性缺水双重缺水特征的出现已成为制约我国经济社会发展的重大瓶颈，特别是我国东部沿海地区，水资源供需矛盾突出，据预测，到 2020 年，北方沿海四省缺水量将达到 273 亿～393 亿 m^3；且长期过度依赖地下水和过度开采地下水的单一用水结构，造成生态环境日益恶化。海水利用可在实现水资源的有效替代，优化水资源结构发挥独特作用。要通过政府引导，示范先行，因地制宜，制定目标，力争到 2020 年，我国海水淡化能力达到 250 万～300 万 m^3/d，海水直接利用能力达到 1 000 亿 m^3/a，大幅度扩大和提高海水化学资源的综合利用规模和水平。将海水利用对解决沿海地区缺水问题的贡献率达到 26%～37%[①]。

（4）确保污染源控制目标，促进水环境质量改善。近几年我国水环境状况出现局部好

---

① 《海水利用专项规划》（发改环资[2005]1561 号）。

转，但总体状况仍不容乐观。2010 年全国约 700 条大中河流中近 1/2 的河段受到污染，仍然有 1/5 的河段被严重污染，在水资源严重短缺的海河、淮河、黄河流域，许多地表水已失去其使用价值。全国从南到北 10 大水系均受到不同程度的污染。目前，全国有 90% 以上城市水域受到污染，有 7 亿人在饮用大肠杆菌含量超标的水，1.7 亿人饮用有机物污染的水，近 2 亿农村居民仍然在饮用非安全饮用水。

如果按照本书提出的经济社会发展方案，即在今后 20 年经济总量翻两番、城镇人口增加 57% 的情况下，即使采用最先进的生产和节水工艺，我国水环境中的各种污染物和废水产生量都将呈增长趋势，其中，废水产生量将比 2007 年增加 44%，COD 产生量将比 2007 年增加 1.6 倍；如果耗水与水污染治理水平维持过去 10 年内的提高幅度，即低情景治理方案下，废水排放量和污染物排放总量将分别比 2007 年增加 20.5% 和 7%，其后果必然是水环境污染进一步加重。"十一五"减排目标的实现与全国水质的初步好转，表明总量控制对遏制我国水环境质量恶化起到极为重要的作用。因此，必须制定更加严格的水污染排放总量控制目标，提高水资源利用效率，严防水污染排放总量反弹，促进水环境质量改善。需要特别注意的是，我国现有的污染减排目标中，没有包括农业面源污染，但许多研究都表明农业面源污染是我国许多地区河流、水库、湖泊等水体水质富营养化的重要原因，目前我国仍然有近一半的湖泊都处于严重的富营养化状态。根据本书的预测结果，即使到 2030 年规模化畜禽粪便处理率提高到 85%、化肥利用率提高到 65%，农业面源污染仍然是污染排放的最主要来源，处于农业面源污染高风险水平的省级区域将会接近 20 个，可能仍有一半以上的湖泊处于严重的富营养化状态。如果今后的减排目标纳入农业面源污染，未来我国水污染减排的总量控制难度将会更大。

（5）加强落后产能转移指导，防范区域水环境风险转移。中西部地区因东部产业梯度转移可能承受较大的环保压力。随着"西部开发""中部崛起"战略的深入实施，以及沿海地区"产业升级"政策的逐步推进和劳动力成本上升等因素，加上 2009 年金融危机的影响，东部沿海经济发达地区不少行业的企业正加速向中西部地区转移。这就会促使东部地区的落后产能向中西部地区转移，由于中西部地区的生态环境脆弱，承载能力有限，随着资源大规模开发和落后产业的转移，水土资源破坏问题和水污染问题将会变得更加突出和尖锐。

高度关注落后产能转移趋向，建立严格的监管制度。针对产生污染的生产设备进行监管，作为防止产业污染转移的重要手段。我国目前有针对产生污染设备的监管制度，但主要是针对国外引进设备以及企业之间的生产设备转移的监管，而且配套的措施不完备。应该建立对产生污染严重的生产设备的备案登记制度，以及在地区之间转移的备案登记制度甚至行政许可制度。

强化环境影响评价制度。实施规划环评制度，污染产业的转移实质上是整体性的产业规划和布局，因此有必要对规划的实施进行环境影响评价，并且针对目前环境影响评价流于形式的问题，进一步提高其法律地位。其次要对具体的产业转移行为，如一家污染企业的搬迁作为一个整体进行环境影响评价，也就是不仅要对污染企业转移对迁入地的影响做环境影响评价，也要对整个迁移的过程做环境影响评价。

转变政绩考核体系，考核指标应由量向质转变。目前东、中、西部地区污染转移和产业同构现象很大程度上是由于"唯 GDP 是瞻"以及一刀切的政绩考核指标造成的。要绿化政绩考核指标，强化节能、节水、资源利用、环境保护指标，促进考核指标由量向质转变，由一刀切向因地制宜转变，从而改变地方政府引进产业的盲目性和急功近利的思想。此外，要建立地方管理部门有关产业转移的责任追究机制。对引进、接纳、新建落后生产工艺技术和装备的企业，各级人民政府以及有关部门应依据有关法律法规责令其停产关闭，并追究业主及地方管理部门责任。

7.2 建立农业—城市—工业水污染治理体系

7.2.1 高度重视农业面源污染，加强农业面源污染控制

面源污染对水体的影响日益凸显，已成为水环境污染的一个重要来源。有关研究表明，全球有 30%～50%的地表水体受到面源污染的影响[104]。中国因化肥、农药的过量使用及大量畜禽粪便的排放，加之对农业面源污染排放的监管不足，使得中国农业面源污染的程度和广度都已超过欧美国家，并且愈演愈烈[105]。根据本书的预测结果，我国农业面源污染占总污染的比重由 2007 年的 38%可能上升到 2030 年的 51%，将成为我国最主要的污染源。因此，控制农业面源污染将是今后 20 年的一项长期而艰巨的任务。

（1）建立科学完善的农业面源监测与环境统计核算体系。我国目前尚未建立农业面源污染的监测统计体系，严重影响了国家对于未来污染排放总量和减排重点的分析、判断与决策。中国对农业面源污染的研究开始于 20 世纪 80 年代，已有研究主要针对局部湖泊和地区，不同研究得到的关键技术参数差别较大；第一次污染源普查对全国各地区农业面源污染进行了全国的核查，系统研究了面源污染产排污系数、建立了一套从下至上的农业面源排放量核算方法，为摸清农业面源污染奠定了基础，但由于基础薄弱、经验不足导致部分面源污染数据还需要进一步的核实。应该说，底数不清是农业面源污染减排工作面临的最大瓶颈。因此，建立科学完善的农业面源统计核算与监测体系迫在眉睫。

（2）开展农业面源污染控制政策体系专项研究，从源头上减少农业面源污染。农业面源污染物排放具有随机性、分散性、难以计量核算等特点，传统的命令控制与惩罚性政策措施对于面源污染的控制效果非常有限。国际上先进国家控制农业面源主要采用的是源头控制的对策，其核心思想是研究和发展环境友好的新型农业生产技术替代原有技术，并通过鼓励农民自愿或政府奖惩措施，推动新技术的应用，在重要的水源保护区和流域，制定和执行限制性农业生产技术标准，减少氮磷径流和淋溶。我国农业环境问题复杂，治理工作艰巨，应结合国外经验制定综合性的农业污染防控手段，但在具体政策设计时，应充分考虑地区、经济和教育发展水平差异，对国外成功的经验手段加以甄别，根据各地区农业生产特点和环境特征（地理特征、主要污染要素、农业产业结构、生产方式），制定因地

制宜的农业减排政策框架和配套制度。

（3）采取综合措施有效控制面源污染。为有效控制农业面源污染，我国应制定与农业面源污染控制相关的法律、法规和技术标准，在重要的水源保护区和流域，制定和执行限定性农业生产技术标准。针对化肥和农药使用及管理问题，建立国家清洁生产的技术规范体系，引导和帮助农民科学施肥、安全用药。推广发展高效的施肥技术，加强农业生态系统中的养分循环和优化养分管理，从源头控制化肥氮磷的非点源污染。加大规模化、科学化畜禽养殖管理，促进有机废物的循环利用，提高养殖场畜禽排放物的无害化处理和资源化率。以经济激励型政策和教育引导型政策为主，利用污染费、用水费、补贴赠款、税收减免等多种形式的税收或补贴政策刺激或鼓励农民改变自身对环境不友好的行为，制定全国性的教育计划，开展针对农户一对一的指导培训，开发与农业面源污染和农业相关的信息和教育资源网站，免费提供农业面源污染宣传教育手册，逐步引导农民自觉自愿减少农业面源污染排放。

7.2.2　提高工业污染防治水平，严防工业污染排放反弹

我国在未来 20 年内仍将处于工业化中期、重化工业化阶段。水资源的压力集中体现在经济增长的刚性需求带来的压力。预测在未来几年内，我国的工业总产值仍将维持不低于 9%的高速增长势头。而粗钢、有色金属、水泥、酸碱、化学纤维、发电设备、汽车等重化工业产品以及造纸、印刷、农副以及食品制造等污染较为严重的轻工业的年增长率均高于 GDP 和工业增加值年增长率，特别是在中西部地区，经济发展的势头迅猛，这种增长格局，使减排和节水工作面临更大的压力。产业的低端化发展带来了污染贡献率与经济贡献率的长期倒挂。2007 年，水污染排放大户造纸、农副、饮料、纺织和化工的 COD 产生量占到了总的工业 COD 产生量的 73.0%，而经济贡献率只占工业行业的 17.5%。预测表明，到 2030 年，这种现象仍将持续，五个行业的 COD 产生量依然占到总工业 COD 产生量的 68.5%，而经济贡献率也相应下降为 14.6%。

（1）加快对落后产能的淘汰，减少工业污染排放总量。转变发展思路，从注重发展速度向注重发展质量转变。加大对落后产能的淘汰力度，压缩部分产能过剩和落后生产能力的行业，依法对产品质量低劣、资源浪费和污染严重、不具备安全生产条件的厂矿予以关闭；对资源枯竭的矿山要积极稳妥地进行关闭或转产；对达不到排放标准但不属取缔和关闭范围的企业，一律限期停产整改；根据有关法律法规和政策规定对被取缔企业收回生产许可证，对被关闭和取缔的企业取消调运资格，工商局对取缔和关闭的企业吊销营业执照；电力部门停止供电，使其无生存基础。

（2）实行科学的总量控制，设定新污染源准入标准。加强对主要污染物 COD 和氨氮的总量控制，开展有关污染物排放量与环境容量关系的研究，实行总量控制制度，力争结合当地的环境容量，改进目前自上而下总量分解减排指标的做法，根据不同地区的社会、经济、资源以及环境容量，实现污染物的分区、分类总量控制。从地区环境容量和环境排放标准两方面，制定新污染源准入标准，对违反环保要求和国家产业政策的项目，应加强

监管，严厉禁止高污染、高排放项目的建设和开发。

（3）加大科技投入力度，加快发展新型产业，培育新的经济增长点。要摆脱对传统产业的过度依赖，需要加快培养一批资源节约型、环境友好型产业。要制定有关新型产业发展规划，选好战略重点，确立有关发展指标，带动新产品的开发以及产业技术升级。

7.2.3 加强城镇污水处理设施规划与管理，保证城镇生活源排放持续降低

目前我国城镇污水处理规划与管理主要存在的问题有：污水处理设施建设规划缺乏对地区经济社会发展趋势系统深入的研究，布局不合理，盲目重复建设，且建设规模一味求大、排放标准一味求高；重投资轻运行，重建厂轻管网；污水处理投资成本与经济发展水平倒挂，中西部运行费用严重不足；城市污水处理厂污泥处置问题被长期搁置，污泥随意堆放引发的二次污染严重。针对以上问题，为了确保未来城镇生活污染排放按既定目标持续下降，提出以下五项建议：

（1）结合未来城镇化特点，优化城镇污水处理厂规划布局与规模。科学测算各地未来的污水处理能力需求，以需建网，按需定能，避免污水处理设施建设规模的盲目扩张。污水处理厂应适度规模化建设，不能单纯强调集中处理和把污水处理厂建的越大越好，而是按照最佳效益规模原则，根据城市功能、人口、结构等因素把城市划分成若干个区域，按区域规划和建设适当规模的污水处理厂，尽可能实现城市污水的就地处理和回用，减少污水集中输出和回用时的管道建设，降低投资和运行成本。

（2）结合区域特点，合理确定排放标准及处理工艺。对于规模较小的城镇污水处理厂，升级改造的成本较高，且小型的污水处理厂一般建在经济不发达的小城镇，盲目的升级改造往往会加大污水处理费征收的难度，给当地财政带来负担，改革的阻力加大。对于规模较大的污水处理厂，其升级改造的单位成本较低，且往往建在经济较为发达的地区，推行较为容易。建议以满足排水口功能区的水质标准为主要考虑因素，兼顾地方财政承担能力，推进污水处理厂排放标准的改革。对于总磷和总氮为影响水质好转的主要污染物的地区，应坚定不移提高污水处理厂的排放标准，并率先在经济较发达的地区进行污水处理厂的升级改造。目前经济较为发达的直辖市和东部沿海地区的城镇污水处理价格已经超过或接近1 元/t，具备了污水处理厂升级改造的基本条件，可率先在这些地区进行污水处理厂的升级改造。

（3）完善收费监管体系，保障处理设施稳定运营。汲取水费政策成本核算的经验教训，规范污水处理成本的构成，严格核定污水处理成本，逐步提高污水处理费以及污水处理费占总水价的比重，完善污水处理厂运营成本的科目划分，推动污水处理费的合理上涨，保障污水处理设施的稳定运营。对于中西部以及落后地区，加大污水处理费用的财政转移的力度，解决中西部地区污水处理运行经费不足的问题。

（4）完善污水处理厂配套管网建设，提高污水处理厂实际运转能力。污水处理厂的运转负荷较低已经严重阻碍了污水处理的运行效率，加大配套管网建设的投入力度，探索建立"政府引导、市场推进、社会参与"的投入机制，把污水截流管网铺设作为公共财政支

出的重点，大幅增加财政直接投入，保证生活污水集中入网。

（5）充分重视污泥处理处置问题，大力提高污泥处置能力。解决好污泥处理处置问题，将是"十二五"以及今后 20 年我国环境污染防治的重要工作之一。应当结合各地实际情况，科学规划污泥处置与利用途径，以资源循环利用为主，研发适合我国实际情况的低能耗、可持续的污泥处理处置技术体系。

7.3　建设国家水环境管理技术支撑体系

7.3.1　建立目标责任明确的水环境管理支撑体系

受我国政府体制历史与传统的影响，水资源的开发与利用和水环境保护由政府几个部门承担，形成"多龙管水，多龙治水"的局面。由于相关法律和各级机构的"三定"方案中对各个部门的职责规定比较笼统，因此产生职责分工不明确和相互扯皮现象。按照"水资源开发利用与水环境保护职责相分离"的原则，建议对环保部、水利部、住房和城乡建设部、国家海洋局等水环境管理职能进行再配置，明确各部门的职能，避免交叉。

进一步明确机构职责与协作机制。环保部门应进一步加强监督执法职能，要明确哪些法律是由环保部门负责监督实施的，同时要切实加强执法监督的支撑能力（包括监测、科技与信息发布）。水利部门应根据《中华人民共和国水法》和《水污染防治法》，组织全国的水资源保护，参与流域水污染防治规划的制定和实施。并加强对水利工程和水资源的经营管理，但水利工程和水资源经营应符合《水污染防治法》，而且接受环保部门统一监督。城建部门负责污水处理厂的建设规划，但规划必须与环保部门协商，而且污水处理厂的运营和处理排放必须受环保部门监督，污水处理厂应逐步实现企业化运营。农业部门在环保部门的统一规划和组织下，负责农业面源（农药化肥污染）治理工作，同时负责农村地区的饮用水水质保护。海洋管理部门把相关的海洋环境保护职能划入环保部门，由环保部门统一组织管理海洋环境保护工作。

推广流域水污染防治联席会议制。流域水污染防治联席会议制度被实践证明是一种目前比较有效的流域污染防治协调机制，联席会议组成人员除了国务院相关部门领导以及地方政府领导之外，建议吸收流域水资源保护管理局人员、地方环保局官员，流域水污染防治联席会议办公室建议直接设在环保部。联席会议的主要任务是统筹流域水环境综合治理的各项工作；监督治理方案及相关专项规划的制定和实施；细化职责分工，分解落实流域水环境综合治理的各项任务和政策措施；定期评估治理方案执行情况，通报流域水环境综合治理工作进展情况；协调解决流域水环境综合治理重大问题和跨省、自治区、直辖市的水环境纠纷，全面促进流域水环境综合治理能力的增强。联席会议要制定相关章程，形成决议，共同遵守。联席会议下设专家咨询委员会，为联席会议科学决策提供技术支撑。

强化各部门间的协调与沟通机制，建立"多龙治水"的协调机制。由于水污染防治牵扯许多部门，所以在理清各部门水污染防治职责（包括水质管理与监测、水环境功能区划、水功能区划、海洋功能区划、海洋水环境功能区划、流域水资源保护管理机构的关系等）的基础上，要加强各部门之间的沟通协调。成立一个协调委员会，专门负责各部门在水资源利用和水环境保护方面的沟通和协调，对涉及各部门共同关注的课题或项目时，各部门可同时参加，共同完成。同时，各部门在研究、制定和实施各种规划时，可邀请其他相关部门参加，对其规划的制定实施提供建议和意见，各部门互通信息，相互交流，建立"多龙治水"的协调机制，发挥各部门的综合协同效应。

7.3.2　形成由下至上的水环境管理技术支撑研究体系

环境技术管理体系以解决环境管理制度实施缺乏技术支撑问题、提高环境管理有效性为目标，建立起科学的、有效的、与我国环境管理相适应的环境技术管理体系，增强环境技术创新能力和对环境管理的技术支撑能力，促进环境质量的改善。中国水环境管理技术支撑研究体系还比较薄弱，水环境生态功能分区的原则、指标体系以及不同区域的水环境容量还不完全明确，缺乏科学有效的水污染减排区域分配方法，流域的水环境管理决策支持系统不完善，基层技术力量尤为薄弱，使得我国在水环境流域规划、环境保护规划编制等方面缺乏有效的技术支撑。

我国区域和流域特征差异较大，"十五"和"十一五"采用的由上至下逐层分解污染减排目标的水污染治理规划，对区域和流域差异性无法综合考虑，在具体实施中遇到较大阻力；在本书的研究中也发现由上至下的水环境目标分解方式，与根据典型省份和流域基础数据——由下至上预测——得到的结果存在一定差异。同时，综观国际上成功的水污染防治规划或法规，也都采用以底层水污染控制单元为基础，逐级分区、逐级核算、逐级确定目标、逐级确定治理方案的技术路线，并开发相应的水环境管理技术支撑体系。因此，我国在"十二五"期间要着力构建自下而上的水环境管理技术支撑研究体系，为科学规划与决策奠定技术基础。①建立不同流域水生态功能分区的原则、路线及指标体系，提出十大流域二级分区的指标和分区方案，提出重点流域规划的"流域—控制区—控制单元"的规划分区体系；②成立专家研究小组，研究分析我国实施流域水污染物容量总量控制的技术路线和重点流域水污染物分类控制指标体系的建议，为污染源达标排放、污染物总量削减、节能减排和环境保护目标的实现提供可靠的技术保障；③综合集成不同流域结构减排、工程减排和管理减排等关键技术，为国家重点流域水环境质量改善提供技术支撑；④开发水环境宏观决策支持系统，以及开展流域综合管理政策和流域生态补偿技术研究，通过构建不同区域的数据库、方法库、模型库、决策库，为全面建立流域生态环境补偿机制提供技术支撑。

7.3.3　构建完善的水环境监测与统计核算体系

我国的环境监测网络经过 30 多年的发展，初步建立了依托各类环境监测网的分级业务管理和指导的管理模式，拥有了以常规、自动监测为基础的监测技术装备体系，建成了包括环境质量监测、污染源监督监测、环境突发事件应急监测、环境预警监测和环保专项调查监测在内的环境监测体系，但目前环境监测与统计还存在覆盖范围不全面、技术方法落后、监测与统计技术体系缺乏有效衔接以及数据质量审核体系尚未建立等问题，难以适应污染减排新形势的需要，影响了环境科学决策进程。

建立覆盖农业、工业和生活的水环境监测与统计核算体系。"十一五"期间工业源和生活环境监测与统计核算得到了进一步加强和完善，国控和省控企业基本具备自动在线监测能力，但具体来看，工业源统计与监测能力依然薄弱，没有建立有效的工业污染源动态管理机制，重污染行业的特征污染物没有纳入监测范围，非重点源产排污系数缺乏技术标准，缺乏有效的水污染物核算方法；同时，城镇生活产排污系数和核算方法也不能完全反映实际情况。此外，目前广大农村地区基本没有开展环境监测，农业面源排污量存在极大的不确定性，给环境监管和污染减排带来很大困难。因此，应该从工作体系、技术体系和监管核查体系等 3 个方面加强环境统计与监测能力建设，建立完善的水环境监测与统计核算体系。

分别针对工业源、农业源和生活源排放特点建立有针对性的环境统计技术方法体系。具体包括：①工业、生活和农业污染源名录的建立、更新维护和管理体系；②工业、生活和农业污染源统计范围的确定原则和程序；③工业、生活和农业污染源的数据测算方法及其适用范围，即连续在线监测、手动监测、产排污系数、工程估算、物料衡算和模型测算等，以及各种方法的组合使用；④环境统计调查方法及确定原则。重点调查、抽样调查、典型调查、专项调查和普查等不同方法的适用范围，以及各种调查方法的具体实施、调查周期和调查效果；⑤数据收集方式及其适用范围，如通过统一的信息管理系统以电子形式或非电子形式收集，排污单位直接上报或逐级上报等。

"十二五"期间重点开展农村环境监测网络体系建设，利用污染源普查工作奠定的良好基础，加强与农业相关部门的沟通协作，明确环保部门在农村环境管理中的定位与职能，通过建立农村环境监测网络体系等基础性工作的开展，为环保部今后在农村环境管理工作中发挥更大的作用打下坚实基础。同时，要充分利用现有监测系统，组建国家级和地方级两个层面的农村环境监测站网和产排污系数实验基地；以农业产排污系数动态更新体系为支撑，学习国际先进经验，通过试点和试验，建立科学合理的农业污染物核算体系；通过指标设置和报表制度设计及统计软件功能开发，实现农业源统计与现有统计体系的衔接；建立农业源污染物排放监测系统以及农业面源污染减排途径和减排指标分解技术体系，为国家级流域水环境信息共享平台的建设奠定基础。

7.3.4　设计灵活高效的水环境管理政策体系

完善流域水环境保护政策机制。流域水环境问题的"跨区域"特性以及"九龙治水"的低效管理现状加剧了流域水环境问题的复杂性。据本书预测，随着我国工业和生活水资源需求量的增加，我国各大流域的水资源供需矛盾将日益突出，未来我国供需矛盾日益突出，以淮河流域和海河流域最为突出，2030 年淮河流域的缺水量将占到需水量的20%。探索和建立有利于流域水污染防治和经济发展方式转变的经济政策具有紧迫性和必要性。①要建立有效的横向、纵向协调管理机制。打破行政区域的界限，根据流域覆盖的地理范围，环境重要性等指标建立从国家级到地方级的流域管理框架。如对于跨省级行政区的流域应由环保部协调各个相关部门直接负责和管理；对于省境内跨市级行政区的流域应由省级环保行政主管部门协调各个部门直接负责和管理。②建立排污权交易机制。探索用市场机制来解决流域水污染问题，在保证水污染排放严格达标以及当地水环境容量允许的前提下，积极尝试排污权交易以及水权交易机制。③探索对饮用水源地、流域上游地区实施生态补偿机制。明确饮用水保护区的受益者范围，根据"谁受益，谁补偿"的原则，以整个水源地保护区为对象，界定生态补偿对象，根据其在水源地生态保护中贡献的大小，在能够调动其积极性的前提下确定补偿标准，由受益者给水源保护区提供补偿。在流域上游及大中型水库汇水区建立重要生态功能区，增加财政转移支付、环境保护建设的投入力度。

研究和解决农村水环境保护管理机制。由于城乡二元结构的存在，农村以较低的经济发展水平、较低的水污染治理投资和较多的城市环境转移压力，使农村抵御水环境恶化的能力低于城市，农村环境呈现脆弱性、隐蔽性和难恢复性等特征。因此，研究和解决农村水环境保护管理体制、运行模式、资金投入等问题，探索与中国农村社会经济条件以及污染特点相适应的农村水环境保护管理机制具有重大意义。①逐步建设农村环境保护的基础性支撑配套体系。尽快完善省级农业农村监测站，在此基础上建设地市级和县级农业环境监测站，逐步建成省、市、县三级农村污染监测网，建立起完善的农业农村污染动态监测网络体系。②积极开展农业农村污染防治技术研究与示范。总结适宜不同农业耕作类型地区的水环境污染防治技术和模式，优先在农业高度集约地区、重要饮用水源地、南水北调东中线沿线、重要湖泊和南方河网地区等水环境敏感区域启动农业污染防治技术示范。③加强农村环境保护专项法律法规的研究与制订。尽快制订《农业清洁生产条例》，引导地方出台地方性法律法规，从源头上防范农业面源污染的发生。修改和制定农业面源污染、农村生活污染和农村饮用水污染防治的相关标准、技术规范和操作规程，对相关限制性开发的主体功能区、主要农业生产区、重要饮用水源地、重要湖泊水域和南方河网地区，要制定并颁布限定性的农业技术标准和管理规程。

转变思路，积极试点，完善和创新水环境管理政策。借鉴国内外经验，开展试点，进行水环境管理改革探索。进行城镇污水处理厂管理机制和收费政策研究。进行城镇污水处理厂管理方式创新，如尝试实行政府投资建厂市场运营的管理机制，解决目前污水处理厂存在的只建不管，管理运行成本偏高，运行效率低下的问题；针对目前水价上涨的争议，开展有关供水水价以及污水处理收费政策的研究，理顺成本与定价，公平和效率的关系。开展水环境保护投融资管理机制创新工作。进一步明确政府市场投入主体、明晰职责分工，进一步清晰地界定水环境服务公共物品的属性，财政与金融的作用范围，借鉴他国经验，制定配套政策，重新划分政府、企业和个人承担的事权，建立科学有效的水环境保护投融资机制，扩大水环境管理融资渠道，并保证所投入资金的高效运作。创新环保产业管理机制和相关政策，促进清洁生产、循环经济的发展。制定税收、补贴等优惠政策，为环保产业创造市场空间，进一步严格环境标准，在行业准入标准方面制定环保方面的约束性指标，鼓励企业的发展清洁生产技术，为环保产业创造有利的市场环境。采取税收优惠和"以奖代补"等政策支持环保产业在西部地区的发展。

7.3.5　建立科学合理的水环境考核与监管体系

建立政府考核机制，确保水环境责任的层层落实。有关部门应对水环境规划实施情况进行年度考核，并将考核指标定量化和制度规范化。考核重点是规划项目完成情况和考核断面水质达标情况，考核结果不但与下年度资金拨付有关，而且考核结果将作为政府政绩考核的重要依据。规划实施结束后将对规划执行情况进行终期考核。对未完成的规划任务、未达到规划目标的省市，追究行政首长责任。完成状况好的省市，要给予表彰。

建立水环境信息共享与公开制度，确保公众参与。充分利用现有监测系统，组建国家级和地方级两个层面的监测站网，建立国家级流域水环境信息共享平台，以及省级、流域层面的分平台，统筹规划流域监测站网，分级建设，分级管理。抓紧制定统一的监测技术规范和标准，做到信息统一发布，实现信息共享。实现饮用水水源地、流域水质、重点污染源、污染事故等有关信息的共享，并及时发布信息，让公众了解流域与区域水环境质量。加强环境宣传与教育，调动全社会的积极性，推动规划各项任务的实施。

加强环境执法，建立先进的环境监测预警和完备的环境执法监督体系，提升环境监管能力。加强对重点污染企业的在线监测，扩大监控范围，所有省级重点排污单位全部安装废水排放在线自动监测装置，增加现场突击检查的频次，加强对污染源的监督检测。实现对饮用水水源地及取水口水质的全面实时监控。流域机构要加强对省界断面的监测和管理。构建科学、合理、完备的污染物总量控制指标体系、监测体系和考核体系，加强监督执法能力建设，提高执法人员队伍素质。完善和加强流域和区域间的联合执法，努力打破部门分割和地方保护，杜绝重复监管、相互推诿和转嫁污染等现象。严格落实执法监管的各项措施，严厉打击违法排放行为。规范环境执法行为，实行执法责任追究制，加强对环境执法活动的行政监察。

7.3.6　制定切实有效的水污染治理资金保障体系

根据本书预测，未来 20 年水污染治理投入将逐年递增，到 2030 年治理投入将达到 11 412.6 亿元，比 2007 年增加 57 倍，而且随着未来水处理能力的快速提高，水污染治理运行费用占总治理投入的比例将逐年提高，在 2021—2030 年，运行费用占废水总治理投入的比例将超过治理投资所占比例，达到 60.9%，"十二五"和"十三五"期间这一比例分别为 37.5%和 45.8%。因此，未来要加大水环境污染治理力度，改善水环境质量，就必须加大水环境污染的治理投资，同时制定切实有效的水污染治理资金保障体系。

创新融资手段，充分运用社会资金加大水污染治理投资。水污染投资可以从政府投资、企业投入、社会化融资、国家产业政策等多个角度进行筹集，合理安排环境保护专项资金、主要污染物减排专项资金和生态环境保护资金用于水污染治理、重点污染源自动监控、主要污染物的排污权交易平台建设和水污染防治新技术新工艺推广应用项目。各级政府要将污水治理服务作为基本公共服务的重要领域，加大投入，全面推进城镇水环境公共基础设施和监管能力基础设施建设，积极推动各项环境基础设施、环境保护管理工作向农村延伸和辐射。同时，以水污染治理项目为核心，通过财政投入、政策性融资、引导风险投资、建立科研基金、税收优惠等财政税收政策与手段，对水污染控制技术进步进行扶持和引导，实施非专向性补贴政策。利用证券市场支持水产业发展，选择已经上市环保企业进入再生水产业。支持环保企业上市融资，通过获得来自证券市场的资金，推动环保企业加大在城市污水厂项目上的投资力度。积极推行排污许可证制度，开展通过排污权质押从银行等金融机构融资。积极引导国家政策性银行贷款、国际金融组织及国外政府优惠贷款、商业银行贷款和社会资金参与海河流域污染综合防治工程。

拓宽融资渠道，运用市场机制保障水污染治理设施正常运转。鼓励社会资本和专业化公司参与或承担污水处理等基础设施的建设和运营，对新建污水处理厂等项目推行 BOT、TOT，对现有污水处理厂探索基础设施资产证券化（ABS）等多种社会融资方式，促进饮用水、污水处理等具备一定收益能力的项目形成市场化融资机制。尽快建立和完善符合市场机制的污水收费制度，以污水处理成本为基准，完善污水处理收费体系，逐步提高污水处理费，规范污水处理成本的构成，严格核定污水处理成本，逐步提高污水处理费以及污水处理费占总水价的比重。积极推行按污水污染程度分类、分档计价收费，重点提高工业污水，特别是重污染行业和企业的污水处理费收取标准。逐步提高污泥处置能力，循序渐进纳入污泥处理收费。以补偿成本和合理收益为原则，科学核定再生水供水成本，结合再生水的水质和用途，与自来水价格保持适当差价。安排主要污染物减排专项资金补助国控重点污染源监督性监测运行费用。

7.4 实施国家中长期水环境安全战略

7.4.1 2011—2015 年水环境安全战略

在"十二五"期间，工业仍然保持高速增长，规模化养殖比例大幅提高，城镇化人口不断增长，农村面源污染、重污染型工业排放和城镇生活污染排放都呈增长态势，水环境压力持续增大。

到 2015 年，在国民生产总值增加到 51.5 万亿元的情况下，重点水污染行业工业增加值占国民生产总值的比例较 2007 年上升 0.7%，工业废水 COD 和 NH_3-N 去除率分别提高到 80.5% 和 66.5%，较 2007 年分别提高 9.3% 和 6.2%；城镇生活污水处理率提高到 72%，较 2007 年提高 22.9%；工业和生活 COD 和 NH_3-N 排放量分别降低到 2 007.3 万 t 和 237.1万 t，分别比 2007 年下降 10.5% 和 1.5%。力争使化肥利用率、规模化畜禽粪便处理率和农村生活污水处理率分别提高到 42.4%、60.0% 和 25.0%，在规模化畜禽养殖比例大幅提高的情况下，农业面源污染排放量出现一定增长。

到 2015 年，农业灌溉用水系数、工业重复用水率和城镇生活废水回用率分别提高到
0.52、73.7%和 14.6%，较 2007 年分别提高 7.0%、7.8%和 10.2%，保证需水量控制在 5 861.3
亿 m³。如要实现上述目标，"十二五"期间需要投入 11 672.6 亿元用于水污染治理，其中
治理投资 7 298.9 亿元，运行费用 4 373.7 亿元。

在"十二五"期间，结合目前重点流域与湖库的面源污染特点，优化种植业和规模化
畜禽养殖产业布局，科学划分禁养区、控养区和可养区，调整优化养殖场布局，鼓励养殖
小区、养殖专业户和散养户进行适度集中，对污染物统一收集和治理，加快农村生活集中
式污水治理设施的投资与运行，着力解决重点流域和湖库的面源污染问题；重点调整水资
源、水污染矛盾突出区域和流域的工业产业布局，根据各地水资源禀赋和水环境功能区划
制定并落实切实有效的耗水型与重水污染企业搬迁计划，提高重点污染流域的行业准入环
保标准，严格限制高耗水、水污染物负荷高的项目建设；在城市集中式饮用水水源地、城
市建成区禁止新建、扩建造纸、化工、纺织印染、皮革、医药等重污染企业。加快城镇污
水处理及配套管网建设，填平补齐污水处理设施能力缺口，大幅提升污水处理能力。

在"十二五"期间，各级政府要着力建立经济与水环境综合决策机制以及目标责任明
确的水环境管理支撑体系，强化水资源与水环境管理部门间的协调与沟通机制；初步构建
以底层水污染控制单元为基础，逐级分区、逐级核算、逐级确定目标、逐级确定治理方案
的水环境规划与管理技术支撑体系；建立初步的农业面源统计核算与监测体系，开展产排
污系数实验基地建设，制定农业面源污染物排放技术指南，重点开展农村环境监测网络体
系建设与农业面源污染控制政策体系专项研究；初步建立水环境信息共享与公开制度以及
包括水环境质量责任目标在内的政府考核机制；研究制定切实有效的水污染治理资金保障
政策体系，保证企业和城镇污水治理厂、农村集中式污水治理设施项目的资金来源。

7.4.2　2016—2020 年水环境安全战略

在"十三五"期间，国民经济依然保持高速增长态势，人民生活水平持续提高，畜禽
养殖总量不断增长，农村面源污染压力依然较大，工业产业结构调整和工业产出总量快速
增长此消彼长，城镇生活污染排放初见成效，水资源和水环境压力出现逆转势头。

到 2020 年，在国民生产总值增加到 77.1 万亿元的情况下，重点水污染行业生产总值
占国民生产总值的比例较 2015 年下降 0.75%，工业废水 COD 和 NH_3-N 去除率分别提高到
85.4%和 71.6%，较 2007 年分别提高 14.2%和 11.3%，较 2015 年分别提高 4.9%和 5.0%；
城镇生活污水处理率提高到 85%，较 2007 年和 2015 年分别提高 25.9%和 13.0%；工业和
生活 COD 和 NH_3-N 排放量分别降低到 1 684.4 万 t 和 230.7 万 t，分别比 2007 年下降 24.9%
和 4.1%，比 2015 年下降 16.1%和 2.7%。将化肥利用率、规模化畜禽粪便处理率和农村沼
气化率分别提高到 45.0%、70.0%和 35.0%，比 2015 年提高 2.6%、10.0%和 10.0%，确保
农业面源污染排放量能够维持现状。

到 2020 年，农业灌溉用水系数、工业重复用水率和城镇生活废水回用率分别提高到
0.56、77.3%和 20%，较 2007 年分别提高 11.0%、10.3%和 15.6%，较 2015 年分别提高 4.0%、

10.3%和5.4%，保证需水量控制在5 907亿 m^3。如要实现上述目标，"十二五"期间需要投入13 823亿元用于水污染治理，其中治理投资7 487.1亿元，运行费用6 335.9亿元。

在"十三五"期间，经济结构调整基本完成，种植业和规模化畜禽养殖产业布局得到优化，农村生活污水集中处理率进一步提高，引导农民科学施肥，加大规模化、科学化畜禽养殖管理，以生猪、奶牛等标准化规模养殖场（小区）建设项目和大中型畜禽养殖场沼气工程为重点，加强粪污处理设施建设，推进畜禽粪污的无害化治理和利用，促进全国性的农业面源污染问题得到基本遏制。严格环保准入，进一步调整产业结构，优化工业布局，完善和提高地方水污染物排放标准，加大高耗水、污染重、规模小的造纸、纺织印染、化肥、食品加工等产业的淘汰力度，逐步建立重点行业工业企业水耗、产排污强度评价制度，对排名后位的落后企业实行强制末位淘汰。科学规划城镇污水处理厂布局和建设规模，大力推进重点建制镇的污水处理厂建设，对污水处理厂实行提标改造，促进新、老污水处理厂实现稳定达标。

在"十三五"期间，农村环境监测网络体系基本建成，建立覆盖农业、工业和生活的水环境监测与统计核算体系，形成较完善的农业源、工业源和生活源环境统计与监测技术体系以及动态更新工作机制，为综合水环境规划与管理技术支撑体系的建立奠定基础；扩大重点污染企业的在线监测范围和对象，加强环境执法，建立较完善的水环境信息共享与公开制度，全面实施包括水环境质量责任目标在内的政府考核制度；制定与面源污染控制相关的法律、法规和技术标准，在重要的水源保护区和流域制定和执行限定性农业生产技术标准，针对化肥和农药使用及管理问题建立国家清洁生产的技术规范体系。加快激励与引导并重的水环境管理政策体系构建，充分运用市场手段促进节水减污，运用财税政策扶持再生水产业发展。创新融资手段，充分运用社会资金加大水污染治理投资。

7.4.3　2021—2030年水环境安全战略

在"十四五"和"十五五"期间，农业保持稳定发展，第三产业比重进一步提高，工业高速增长带来的结构性污染有所减缓，城镇生活污水和农村面源污染成为水环境污染主要控制对象。全力改善水环境质量，实现全国范围内水环境质量的根本性好转。

到2030年，在国民生产总值翻两番增加到135.7万亿元的情况下，重点水污染行业生产总值占国民生产总值的比例较2020年下降3.4%，工业废水COD和 NH_3-N去除率分别提高到89.2%和77.8%，较2007年分别提高18.0%和17.5%，较2020年分别提高3.8%和6.2%；城镇生活污水处理率提高到95%，较2007年和2020年分别提高46.9%和10%；工业和生活COD和 NH_3-N排放量分别降低到1 311.3万t和198.2亿t，分别比2007年下降41.5%和17.6%，比2020年下降22.2%和14.1%。化肥利用率、规模化畜禽粪便处理率和农村生活沼气化率分别提高到50.0%、85.0%和55.0%，比2020年提高5%、15%和20%，确保农业面源污染排放开始下降。

到2030年，农业灌溉用水系数、工业重复用水率和城镇生活废水回用率分别提高到0.65、83.7%和30.0%，较2007年分别提高20%、16.7%和25.6%，较2020年分别提高9.0%、

6.4%和 10.0%，保证需水量控制在 5 666.3 亿 m³，水资源短缺形势开始得到初步扭转。如要实现上述目标，"十四五"和"十五五"期间共需要投入 29 187 亿元用于水污染治理，其中治理投资 11 412.6 亿元，运行费用 17 774.4 亿元。

在"十四五"和"十五五"期间，继续推广发展高效的施肥技术，加强农业生态系统中的养分循环和优化养分管理，按照综合利用优先，资源化、无害化和减量化的原则，坚持农牧结合、种养平衡，从源头控制面源污染；实施清洁养殖工程，加强规模化畜禽养殖场治理；进一步提高农村生活污水集中处理率，确保农村生活污水治理设施的正常运转，彻底解决人禽粪便流失造成的水体污染问题。积极培育节水环保、再生水、电子信息等战略性新兴产业发展；积极推进清洁生产，大力发展循环经济，降低水污染物排放强度，加快节水减排技术产业示范和推广；全面推进工业节水，强化工业用水的重复循环利用，加强重点工业源废水深度处理，全面提升工业水污染治理水平。城镇污水集中处理率、管网配套率以及正常运转率均达到 100%以上，大力推进再生水回用设施和配套管网建设，黄河、淮河、海河流域等严重缺水地区再生水利用率提高到 40%以上，一般缺水地区再生水利用率达到 25%以上，南方丰水地区达到 10%以上，同时全面启动污泥安全处置处理，全国污泥无害化处理率平均不低于 70%。

在"十四五"和"十五五"期间，按流域环境容量、总量和断面质量控制目标要求发放排污许可证，重点区域和流域建成包括农业面源在内的主要污染物排污权交易平台，实现按污染源进行总量管理、按断面进行质量考核的分级分区水环境综合规划管理体系，全面落实水环境责任考核机制。结合各地区农业生产特点和环境特征，实施因地制宜的农业减排政策和配套制度，利用污染费、用水费、补贴赠款、税收减免等多种形式的税收或补贴政策以及教育培训手段，实现农民自觉自愿减少农业面源污染排放。加强重点区域排污口及重点企业污水处理厂的监管，全面落实和完善重点污染源在线监控制度，建立区域和流域水环境风险评估技术和管理体系，把非常规污染物纳入水环境管理领域。加强污水处理厂的运营与监管，实现污水处理厂进出水的实时动态监督与管理，所有建制镇污水处理厂安装中控系统，加快建立城镇污水处理系统效能评价指标体系，促进优化运行参数，强化污水处理厂的运行效果管理。加强污水处理费征收管理，确保污水处理和污泥处置设施正常运行。拓宽融资渠道，鼓励社会资本和专业化公司参与或承担污水处理等基础设施的建设和运营，运用市场机制保障水污染治理设施运营投入。

参考文献

[1] 张新. 从上市公司绩效看中国经济增长的可持续性[J]. 经济社会体制比较，2003（1）：41-48.

[2] 林毅夫. 展望新千年的中国经济[A]//张卓元. 21 世纪中国经济问题专家谈[C]. 郑州：河南人民出版社，2000.

[3] 李京文. 21 世纪中国经济发展预测与分析（2000—2050 年）[A]//张卓元. 21 世纪中国经济问题专家谈[C]. 郑州：河南人民出版社，2002.

[4] 王小鲁. 中国经济增长的可持续性与制度变革[A]//王小鲁，樊纲. 中国经济增长的可持续性[C]. 北京：经济科学出版社，2000.

[5] 郭道丽. 赶上美国需要多久[A]//曹子坚. 复苏——中国经济年报（2001 年版）. 兰州：兰州大学出版社，2001.

[6] 许宪春. 中国未来经济增长及其国际经济地位展望[J]. 经济研究，2002（3）：27-35.

[7] 张雅君，刘全胜. 北京工业需水量的多元回归分析及预测[J]. 给水排水，2002，28（11）：53-55.

[8] 汪妮，孙博，张刚. 改进的灰色模型在城市工业需水量预测中的应用[J]. 西北大学学报，2009，39（2）：313-316.

[9] 陈家琦. 中国水资源问题及 21 世纪初期供需展望[J]. 水问题论坛，1994（1）：17 - 19.

[10] 张岳. 中国水资源与可持续发展[M]. 南宁：广西科学技术出版社，2000.

[11] 王浩，汪党献，倪红珍，等. 中国工业发展对水资源的需求[J]. 水利学报，2004（4）：109-113.

[12] 陈家琦，王浩. 水资源学概论[M]. 北京：中国水利水电出版社，1995.

[13] 钱正英，张光斗. 中国可持续发展水资源战略研究报告集[R]. 北京：中国水利水电出版社，2001.

[14] 环境规划院等编. 2008—2020 年中国环境经济形势分析与预测[M]. 北京：中国环境科学出版社，2008.

[15] 曹东，於方，高树婷，等. 经济与环境：中国 2020[M]. 北京：中国环境科学出版社，2005.

[16] 王丽芳，吴纯德，阮梅芝，等. 综合增长指数法在工业废水排放量预测中的应用[J]. 工业用水与废水，2008（3）：5-7.

[17] 张军，夏训峰，贾春蓉，李铁松. 中国城镇生活废水排放量影响因素及情景分析[J]. 资源开发与市场，2009，25（5）：397-399.

[18] Fraas A，Munley V. Municipal wastewater treatment cost[J]. Journal of Environmental Economics and Management，1984，11（1）：28-38.

[19] McConnell，Virginia D，Gregory E，et al. The supply and demand for pollution control：evidence from wastewater treatment[J]. Journal of Environmental Economics and Management，1991（23）：54-77.

[20] Committee on Wastewater Management for Coastal Urban Areas，National Research Council. Managing Wastewater in Coastal Urban Areas[M]. Washington，D. C. ：National Academy of Sciences. 1993. 324-327.

[21] 秦肖生，曾光明. 利用灰区间解决费用函数线性化区间划分问题[J]. 湖南大学学报（自然科学版），2008，28（1）：83-87.

[22] 刘振中，李越. BP 神经网络在沉淀池费用函数模型中的应用[J]. 南昌工程学院学报，2006，25（3）：50-52.

[23] 林澍，黄平. 运用遗传算法进行污水处理厂费用函数拟合[J]. 四川环境，2002，26（6）：123-126.

[24] 邵玉林. 天津市工业污染治理费用函数研究[J]. 城市环境与城市生态，1999，12（1）：29-32.

[25] 何秉宇，阿屯古丽，白山，等. 干旱区水污染控制工程费用函数研究——以新疆为例[J]. 干旱区地理，2001，24（1）：90-93.

[26] 曹东. 工业污染经济学[M]．北京：中国环境科学出版社，1999.

[27] 方国华，钟淋涓，毛春梅. 水污染经济损失计算方法述评[J]. 水利水电科技进展，2004，24（3）：58-60.

[28] 黄凯，郭怀成，郁亚娟，等. 流域水污染综合防治的生态效益分析[J]. 中国人口·资源与环境，2007，17（6）：109-112.

[29] Ronald Chadderton，Irene Kropp. An evaluation of eight waste-load allocation methods[J]. Water Resources Bulletin，1985，21（5）：833-839.

[30] Gu Ruochuan，Dong Mei. Water quality modeling in the watershed-based approach for waste load allocation[J]. Water Science and Technology，1998，38（10）：165-172.

[31] Ecker J G. A geometric programming model for optimal allocation of stream dissolved oxygen[J]. Management Science，1975，21（6）：658-668.

[32] Converse A. O.. Optimum number and location of treatment plants[J]. Water Pollution Control Federation Journal，1972，44（8）：438-447.

[33] Revelle C S，Loucks D P，Lynn W R. Linear programming applied to forecasting[J]. Water Resources Research，1968，4（1）：1-9.

[34] Thomann R V，Sobel M S. Estuarine water quality management and forecasting[J]. Journal of Sanitary Engineering Division，ASCE，1964，89（SA5）：9-36.

[35] Santa Barbara. Developing a nutrient management plan for the Napa river watershed[EB/OL]. http://www. bren. ucsb. edu/reseach/documents/naps final. pdf.

[36] A Kampasa，B White. Selecting permit allocation rules for agricultural pollution control：a bargaining solution[J]. Ecological Economics，2003，47：134-147.

[37] Lohani B N，Thanh N C. Probabilistic water quality control polices[J]. Journal of Environmental Engineering Division，ASCE，1979，105（4）：713-725.

[38] Fujiwara O，Gnanendran S K，Ohgaki S. River quality management under stochastic stream flow[J]. Journal of Environmental Engineering，1986，112（2）：185-198.

[39] Donald H B, et al. Optimization modeling of water quality in an uncertain environment[J]. Water Resources Research, 1985, 21 (7): 934-940.

[40] Donald H B, Brabara J L. Comparison of optimization formulations for waste-load allocations[J]. Journal of Environmental Engineering, 1992, 118 (4): 597-612.

[41] Li S Y, Tohru Morioka. Optimal allocation of waste loads in a River with probabilistic tributary flow under transverse mixing[J]. Water Environment Research, 1999, 71 (2): 156-162.

[42] Ellis J H. Stochastic water quality optimization using imbedded chance constraints[J]. Water Resources Research, 1987, 23 (12): 2227-2238.

[43] CS Lee, CG Wen. Application of multi-objective programming to water quality management in a river basin[J]. Journal of Environmental Management, 1996, 47: 11-26.

[44] 胡康萍, 许振成. 水体污染物允许排放总量分配方法研究[J]. 中国环境科学, 1991, 11(6): 447-451.

[45] 曹瑞钰, 顾国维. 水环境治理工程费用优化模型[J]. 同济大学学报, 1997, 25 (5): 548-552.

[46] 尹军, 李骁君, 官正. 水污染控制系统污染物削减量优化分配[J]. 环境科学丛刊, 1997, 10 (3): 49-52.

[47] 许洪余, 王照之, 刘年丰, 等. 墨水湖水污染物总量控制方案的优化研究[J]. 环境科学与技术, 1993, 62 (3): 10-12.

[48] 李开明, 陈铣成. 东莞运河水环境容量优化研究[J]. 环境科学研究, 1991, 20 (5): 13-15.

[49] 王有乐. 区域水污染控制多目标组合规划模型研究[J]. 环境科学学报, 2002, 22 (1): 107-110.

[50] 郑英铭, 周晶璧, 袁国兵. 控制排污总量的水质管理——实例介绍[J]. 水资源保护, 1993(2): 13-18.

[51] 夏军, 张祥伟. 河流水质灰色非线性规划的理论与应用[J]. 水利学报, 1993 (12): 1-9.

[52] 张祥伟, 王敦春. 城市河段污染控制灰色动态规划的应用[J]. 城市环境与城市生态, 1994, 7 (3): 37-42.

[53] 陈治谏. 模糊最优化方法在河流水质规划中的应用[J]. 中国环境科学, 1989, 9 (1): 64-68.

[54] 毛战坡, 李怀恩. 总量控制中削减污染物合理分摊问题的求解方法[J]. 西北水资源与水工程, 1999, 10 (1): 25-30.

[55] 徐华君、徐百福. 污染物允许排放总量分配的公平协调思路与方法[J]. 新疆大学学报（自然科学版）, 1996, 13 (3): 86-89.

[56] 林高松, 李适宇, 李娟. 基于群决策的河流允许排污量公平分配博弈模型[J]. 环境科学学报, 2009, 29 (9): 2010-2015.

[57] 徐鸿德. 河流水污染物协调分配系统分析[J]. 中国环境科学, 1991, 11 (4): 275-278.

[58] 李嘉, 张建高. 水污染协同控制[J]. 水利学报, 2002 (1): 1-5.

[59] 淮斌, 等. 离散规划在近海地区排海废水污染物总量控制中的应用[J]. 城市环境与城市生态, 1999, 12 (1): 37-39.

[60] 苏惠波. 嫩江水污染物排放总量分配方法研究[J]. 环境科学进展, 1997, 5 (5): 70-74.

[61] 王西琴, 周孝德. 区域水环境经济系统优化模型及其应用[J]. 西安理工大学学报, 1999, 15 (2): 80-85.

[62] 贾桂林. 水污染物总量分配的原则和方法[J]. 中国环境监测，1993，9（1）：47-48.

[63] 李如忠，钱家忠. 水污染物允许排放总量分配方法研究[J]. 水利学报，2003（5）：112-129.

[64] 孟祥明，张宏伟，孙韬，等. 基尼系数法在水污染物总量分配中的应用[J]. 中国给水排水，2008，24（23）：105-108.

[65] 孟祥明. 基尼系数法在水污染物总量分配中的应用[D]. 天津大学硕士论文，2007.

[66] 吴悦颖，李云生，刘伟江. 基于公平性的水污染物总量分配评估方法研究[J]. 环境科学研究，2006，19（2）：66-71.

[67] 杨玉峰，傅国伟. 区域差异与国家污染物排放总量分配[J]. 环境科学学报，2001，21（2）：129-133.

[68] 杨玉峰. 污染物排放总量控制系统的不确定性分析[D]. 清华大学博士论文，1999：148-173.

[69] 郑佩娜，陈海波，陈新庚，等. 基于 DEA 模型的区域削减指标分配研究[J]. 环境工程学报. 2007，1（11）：133-139.

[70] 王学东，等. 总量控制与线性规划[J]. 干旱环境监测，2001，15（1）：39-40.

[71] 欧向军，甄峰，秦永东，等. 区域城市化水平综合测度及其理想动力分析——以江苏省为例[J]. 地理研究，2008，27（5）：993-1002.

[72] 李杰兰，焦慧元，刘晓乾，等. 基于熵值法的区域循环经济发展评价模型[J]. 安徽农业科学，2009，37（16）：7686-7688.

[73] 焦永兰，潘玲巧. 基于熵值法和广义效用函数法的联络线接轨方案比选[J]. 铁路运输与经济，2009，31（11）：91-94.

[74] USEPA. Compendium of tools for watershed assessment and TMDL Development（EPA841-B-97-006）[R]. US Environmental Protection Agency Office of Water，Washington D C，1997.

[75] USEPA. The twenty needs report：how research can improve the TMDL Program（EPA841-B-02-002）[R]. US Environmental Protection Agency Office of Water，Washington D C，2002.

[76] 赵学涛，於方，马国霞，等. 战略环评和费用效益分析方法在环境规划中的应用[M]. 北京：中国环境科学出版社，2012.

[77] 王金南，田仁生，吴舜泽，等. 努力探索"十二五"污染物排放总量控制新模式[J]. 重要环境信息参考，2009，11.

[78] Miller R E，Blair P D. Input-output analysis：foundations and extensions. Prentice Hall，Englewood Cliffs，New Jersey，1985.

[79] Lenzen M.，Foran B.. An input–output analysis of Australian water usage. Water Policy，2001（3）：321-340.

[80] Wang Y，Xiao H. L.，Lu M. F.. Analysis of water consumption using a regional input–output model：Model development and application to Zhangye City，Northwestern China. Journal of Arid Environments，2009（10）：894-900.

[81] Esther Velázquez. An input–output model of water consumption：Analysing intersectoral water relationships in Andalusia. Ecological Economics，2006（56）：226-240.

[82] Maria Llop. Economic impact of alternative water policy scenarios in the Spanish production system：An

input–output analysis. Ecological Economics，2008（68）：288-294.

[83]　Zhao X.，Chen B.，Yang Z. F.. National water footprint in an input–output framework—a case study of China 2002. Ecological Modelling，2009（2）：245-253.

[84]　Rosa Duarte，Julio Sánchez-Chóliz，Jorge Bielsa. Water use in the Spanish economy：an input–output approach. Ecological Economics，2002（43）：71-85.

[85]　Tomohiro Okadera，Masataka Watanabe，Kaiqin Xu. Analysis of water demand and water pollutant discharge using a regional input–output table：An application to the city of Chongqing，upstream of the Three Gorges Dam in China. Ecological Economics，2006（58）：221-237.

[86]　陈锡康，杨翠红. 投入产出技术[M]. 北京：科学出版社，2011.

[87]　陈锡康，杨翠红. 农业复杂巨系统的特点与全国粮食产量预测研究[J]. 系统工程理论与实践，2002（6）：108-112.

[88]　何静，陈锡康. 中国 9 大流域动态水资源影子价格计算研究[J]. 水利经济，2005，23（1）：14-19.

[89]　何静，陈锡康. 水资源影子价格动态投入产出优化模型研究[J]. 系统工程理论与实践，2005（5）：49-54.

[90]　夏炎，杨翠红，陈锡康. 中国能源强度变化原因及投入结构的作用[J]. 北京大学学报（自然科学版），2010，46（3）：442-448.

[91]　陈锡康，王会娟. 投入占用产出技术理论综述[J]. 管理学报，2010，7（11）：1579-1583.

[92]　陈锡康，刘秀丽，张红霞，等. 中国 9 大流域水利投入占用产出表的编制及在流域经济研究中的应用. 水利经济，2005，23（2）：3-6.

[93]　Terry Roe，Ariel Dinar，Yacov Tsur，Xinshen Diao. Feedback links between economy-wide and farm-level policies：With application to irrigation water management in Morocco. Journal of Policy Modeling，2005（27）：905-928.

[94]　Berrittella M.，Arjen Hoekstra Y.，Rehdanz K.，Roson R.，Tol. R.. The economic impact of restricted water supply：A computable general equilibrium analysis. Water Research，2007（41）：1799-1813.

[95]　Jan H.，van Heerden，James Blignaut，Mark Horridge. Integrated water and economic modelling of the impacts of water market instruments on the South African economy. Ecological Economics，2008（66）：105-116.

[96]　Jian Xie，Sidney Saltaman. Environmental policy analysis：An environmental computable general-equilibrium approach for developing countries. Journal of Policy Modeling，2000，22（4）：453-489.

[97]　武亚军，宣晓伟. 环境税经济理论及对中国的应用分析[M]. 北京：经济科学出版社，2002.

[98]　夏军，黄浩. 海河流域水污染及水资源短缺对经济发展的影响[J]. 资源科学，2006（28）：2-7.

[99]　邓群，夏军，杨军，等. 水资源经济政策 CGE 模型及在北京市的应用[J]. 地理科学进展，2008（27）：141-151.

[100]　赵永，王劲峰，蔡焕杰. 水资源问题的可计算一般均衡模型研究综述[J]. 水科学进展，2008（19）：756-762.

[101]　国家统计局. 中国统计年鉴 2008. 北京：中国统计出版社，2009.

[102]　余杰，田宁宁，王凯军. 中国城市污水处理厂污泥处理处置问题探讨分析[J]. 环境工程学报，2001，1（1）：82-86.

[103]　范剑勇. 市场一体化、地区专业化与产业集聚趋势——兼谈对地区差距的影响[J]. 中国社会科学，2004（6）：39-51.

[104]　Dennis L. C.，Peter J. V.，Keith L. Modeling non-point source pollution in vadose zone with GIS［J］. Environmental Science and Technology，1997（8）：2157-2175.

[105]　宋涛，成杰民，李彦，等. 农业面源污染防控研究进展[J]. 环境科学与管理，2010，35（2）：39-42.

附件1 31省、自治区、直辖市经济预测与分析结果

1. 北京市

作为我国的政治文化中心，北京的产业结构在不断优化，2008年和2009年第二产业增速分别为2.4%和9.7%，而第三产业增速为11.7%和10.3%。同时，高技术制造业、现代制造业增加值占工业的比重在60%以上。

未来20年以转变经济增长方式和推动产业结构升级为目标，按照"高端带动、自主创新、重点突破、循环集约、进退有序"的原则，构建"以现代服务业和高新技术产业为双引擎、以现代制造业和基础服务业为双支撑、以都市型工业和现代农业为重要补充"并与北京城市功能相吻合的产业格局，稳定提升具有比较优势的支柱产业，大力培育发展空间较大的潜力产业，促进产业发展高端化、轻型化，努力实现产业综合竞争能力和城市综合服务能力双突破。

附表1-1 北京市各年经济增加值预测 单位：亿元

行 业	2007年	2010年	2015年	2020年	2030年
农业	101	118	119	121	123
煤炭开采和洗选业	46	60	60	60	60
石油和天然气开采业	12	12	13	14	14
黑色金属矿采选业	9	12	19	24	27
有色金属矿采选业	0	0	0	0	0
非金属矿采选业	1	2	3	4	5
其他采矿业	0	0	0	0	0
农副食品加工业	18	26	45	70	95
食品制造业	36	47	70	91	124
饮料制造业	35	47	68	98	133
烟草制品业	17	22	31	39	53
纺织业	18	23	32	43	61
纺织服装、鞋、帽制造业	27	33	43	54	73
皮革、毛皮、羽毛（绒）及其制品业	1	1	2	2	3
木材加工业	3	3	5	6	9
家具制造业	10	14	22	34	61
造纸及纸制品业	15	20	30	42	66
印刷业和记录媒介的复制业	34	46	71	105	176
文教体育用品制造业	4	5	7	10	20
石油加工、炼焦及核燃料加工业	55	71	87	96	106
化学原料及化学制品制造业	70	93	113	124	137

202

行　业	2007 年	2010 年	2015 年	2020 年	2030 年
医药制造业	79	102	157	225	387
化学纤维制造业	1	2	2	3	5
橡胶制品业	4	5	8	12	20
塑料制品业	14	20	31	45	73
非金属矿物制品业	51	67	74	81	90
黑色金属冶炼及压延加工业	227	317	335	354	391
有色金属冶炼及压延加工业	6	8	12	16	20
金属制品业	40	54	81	112	153
通用设备制造业	82	107	156	228	325
专用设备制造业	82	113	177	276	494
交通运输设备制造业	188	269	344	399	440
电气机械及器材制造业	83	118	203	329	647
通信设备、计算机及其他电子设备制造业	351	504	881	1 449	2 830
仪器仪表及文化、办公用机械制造业	68	102	181	291	579
其他制造业	27	30	37	42	48
废弃资源和废旧材料回收加工业	1	1	3	8	27
电力、热力的生产和供应业	343	475	607	703	857
燃气生产和供应业	21	31	52	81	153
水的生产和供应业	7	9	13	18	36
建筑业	406	543	727	884	1 078
第三产业	6 442	8 818	14 316	21 962	44 108
合计	8 816	12 350	19 236	28 554	54 109

2. 天津市

2009 年全市生产总值超过 7 500 亿元,按可比价格计算,比上年增长 16.5%。分三次产业看,第一产业实现增加值 131.01 亿元,增长 3.4%;第二产业增加值 4 110.54 亿元,增长 18.2%;第三产业增加值 3 259.25 亿元,增长 15.1%。三次产业结构为 1.7∶54.8∶43.5。按常住人口计算,全市人均生产总值达到 62 403 元,折合 9 136 美元,增长 11.1%。

工业为拉动天津经济增长的主要动力。全年实现工业增加值 3 749.81 亿元,增长 18.5%,拉动全市经济增长 9.2 个百分点,贡献率达到 55.6%。八大优势产业初步形成。航空航天、石油化工、装备制造、电子信息、生物医药、新能源新材料、国防科技、轻工纺织八大优势产业完成工业总产值 12 119.03 亿元,占全市规模以上工业总产值的 92.8%。高新技术产业产值完成 3 920.63 亿元,占规模以上工业的比重为 30.0%,比 2008 年提高 1.6 个百分点。新产品产值完成 3 949.76 亿元,增长 12.9%。

未来 20 年天津坚持走新型工业化道路,以信息化带动工业化,高水平推进新一轮嫁接改造调整,增强自主创新能力和国际竞争力,建设面向世界的现代制造业基地。首先,继续壮大电子信息产业、汽车工业、化学工业、冶金工业、生物技术与现代医药产业、新能源和环保产业、轻纺工业等优势产业,更好地发挥优势产业的支撑和带动作用。其次,振兴装备制造业,优先发展加工母机及关键基础零部件,由零部件专业化向机电一体化、自动化、智能化、网络化功能部件发展,由单机向成套、成线、系统化发展。用信息技术提升成套设备和组合加工设备的集成化、自动化水平,提高企业技术开发效率和工艺水平。发展船舶制造业和空港设备制造业,推进国家民航科技产业化基地建设。最后,开发高新技术产业,按照产业化、集聚化、国际化的方向,以增强自主创新能力为核心,加快技术创新,培育自主品牌,提高分工层级,扩大产业规模。建立信息安全、电动汽车、细胞工程、中药现代化、重型机器装备等 10 个重大产业技术平台,大力开发具有自主知识产权的关键技术和核心技术。在集成电路、智能化仪器仪表、新能源等领域取得重大突破。

附表 1-2　天津市各年经济增加值预测　　　　　单位:亿元

行　业	2007 年	2010 年	2015 年	2020 年	2030 年
农业	110	128	157	188	247
煤炭开采和洗选业	13	17	25	30	36
石油和天然气开采业	415	429	451	472	493
黑色金属矿采选业	0	0	0	0	0
有色金属矿采选业	0	0	0	0	0
非金属矿采选业	7	9	13	19	25
其他采矿业	0	0	0	0	0
农副食品加工业	39	57	98	150	205
食品制造业	26	34	50	66	89
饮料制造业	27	36	53	75	103
烟草制品业	7	8	12	15	20
纺织业	19	25	34	46	66
纺织服装、鞋、帽制造业	20	25	32	40	54
皮革、毛皮、羽毛(绒)及其制品业	6	7	9	12	14
木材加工业	4	5	7	9	14
家具制造业	8	12	19	30	53
造纸及纸制品业	10	13	20	27	43
印刷业和记录媒介的复制业	9	12	19	29	48
文教体育用品制造业	7	9	13	19	36
石油加工、炼焦及核燃料加工业	30	39	59	83	125
化学原料及化学制品制造业	122	161	237	326	431
医药制造业	62	81	125	178	306
化学纤维制造业	2	2	3	4	6
橡胶制品业	18	24	39	59	99
塑料制品业	35	48	75	109	178
非金属矿物制品业	27	35	51	68	94
黑色金属冶炼及压延加工业	389	543	854	1178	1518
有色金属冶炼及压延加工业	14	19	29	39	47
金属制品业	68	92	138	192	263
通用设备制造业	112	146	215	312	446

行　业	2007 年	2010 年	2015 年	2020 年	2030 年
专用设备制造业	54	74	117	182	326
交通运输设备制造业	193	276	465	734	1 398
电气机械及器材制造业	85	121	209	338	665
通信设备、计算机及其他电子设备制造业	415	597	1 043	1 714	3 349
仪器仪表及文化、办公用机械制造业	19	28	50	81	161
其他制造业	9	10	12	14	16
废弃资源和废旧材料回收加工业	4	7	17	39	136
电力、热力的生产和供应业	101	140	225	323	566
燃气生产和供应业	5	7	12	19	35
水的生产和供应业	7	9	13	19	37
建筑业	219	294	452	644	1 047
第三产业	1 956	2 678	4 348	6 670	13 395
合计	4 672	6 256	9 799	1 4550	26 190

3．河北省

2009 年全省生产总值实现 17 026.6 亿元,比上年增长 10%。其中,第一产业增加值 2 218.9 亿元,增长 3.3%;第二产业增加值 8 874.9 亿元,增长 10.5%;第三产业增加值 5 932.8 亿元,增长 11.4%。三次产业结构由上年的 12.7：54.3：33.0 调整为 13.0：52.1：34.9。人均生产总值 24 283 元,增长 9.3%。工业生产回升势头增强。全部工业增加值完成 7 902.1 亿元,比上年增长 9.6%,其中交通运输设备制造业、黑色金属矿采选业、电气机械及器材制造业、皮革毛皮羽毛（绒）及其制品业、黑色金属冶炼及压延加工业、石油加工、炼焦及核燃料加工业、金属制品业、化学纤维制造业、通用设备制造业等行业增速在 14.0%~30.1%。

未来 20 年河北将坚持走新型工业化道路,存量调强,增量调优,做大做强钢铁、装备制造和石油化工业,改造提升食品、医药、建材建筑、纺织服装业,实施名牌战略,提高产品技术含量。加快企业联合重组,发展规模经济,实现规模效益,积极培育和发展一批具有国际竞争力的大型企业集团。同时,积极扶持中小企业上规模、上质量、上水平,积极融入京津冀经济圈。

附表 1-3　河北省各年经济增加值预测　　　　　　　单位：亿元

行　业	2007 年	2010 年	2015 年	2020 年	2030 年
农业	1 809	2 098	2 577	3 085	4 045
煤炭开采和洗选业	221	287	428	518	620
石油和天然气开采业	329	340	358	374	391
黑色金属矿采选业	326	436	656	827	955
有色金属矿采选业	15	18	26	34	42
非金属矿采选业	18	23	36	50	67
其他采矿业	0	0	0	0	0
农副食品加工业	205	297	511	787	1 073

行　业	2007 年	2010 年	2015 年	2020 年	2030 年
食品制造业	96	126	187	243	330
饮料制造业	78	104	153	218	298
烟草制品业	68	86	120	153	206
纺织业	197	251	344	461	663
纺织服装、鞋、帽制造业	49	60	77	97	131
皮革、毛皮、羽毛（绒）及其制品业	123	147	190	240	294
木材加工业	39	50	69	93	141
家具制造业	22	32	51	78	140
造纸及纸制品业	76	102	157	218	343
印刷业和记录媒介的复制业	29	39	61	91	152
文教体育用品制造业	5	7	10	14	27
石油加工、炼焦及核燃料加工业	168	219	326	460	693
化学原料及化学制品制造业	303	401	590	812	1 073
医药制造业	110	143	220	314	541
化学纤维制造业	12	16	22	30	48
橡胶制品业	47	65	103	156	262
塑料制品业	84	114	180	260	426
非金属矿物制品业	286	374	542	730	1 006
黑色金属冶炼及压延加工业	1 534	2 139	3 368	4 644	5 982
有色金属冶炼及压延加工业	59	80	125	167	205
金属制品业	164	222	334	464	636
通用设备制造业	184	240	352	512	733
专用设备制造业	141	194	305	476	852
交通运输设备制造业	155	222	374	590	1 123
电气机械及器材制造业	183	261	450	729	1 432
通信设备、计算机及其他电子设备制造业	34	49	86	142	278
仪器仪表及文化、办公用机械制造业	16	23	41	66	132
其他制造业	11	12	15	17	19
废弃资源和废旧材料回收加工业	3	4	11	25	85
电力、热力的生产和供应业	467	648	1 044	1 495	2 624
燃气生产和供应业	7	11	18	28	52
水的生产和供应业	11	15	22	32	61
建筑业	653	874	1 345	1 918	3 117
第三产业	4 455	6 098	9 901	15 188	30 504
合计	12 792	16 928	25 784	36 836	61 801

4. 山西省

2009 年全省地区生产总值 7 365.7 亿元，比上年增长 5.5%。其中，第一产业增加值 477.6 亿元，增长 4.2%；第二产业增加值 4 021.2 亿元，增长 2.3%；第三产业增加值 2 867.0 亿元，增长 10.3%。第三产业中，金融保险业增加值 351.6 亿元，增长 22.3%；交通运输、仓储和邮政业增加值 513.4 亿元，增长 3.2%；批发和零售业增加值 557.9 亿元，增长 17.1%；房地产业增加值 173.3 亿元，增长 5.7%。人均地区生产总值 21 544 元，按 2009 年平均汇率计算达到 3 154 美元。

受产业结构调整影响，规模以上工业主营业务收入 9 060.1 亿元，比上年下降 9.1%。其中，四大传统支柱产业实现主营业务收入 7 257.0 亿元，下降 11.3%，煤炭、焦炭、冶金和电力工业分别实现主营业务收入 3 383.8 亿元、1 086.4 亿元、1 889.1 亿元和 897.8 亿元，分别增长–1.2%、–28.8%、–21.9%和 10.9%；新兴产业中，装备制造业和医药工业分别实现主营业务收入 711.2 亿元和 67.6 亿元，分别增长–0.3%和 1.7%。

未来 20 年山西省继续发展煤炭、金属冶炼、电力、炼焦四大传统支柱产业。同时，大力培育煤化工业，重点发展甲醇及衍生物、乙炔化工、粗苯加工、化肥、煤焦油深加工、煤制油以及煤层气和焦炉煤气多联产利用等项目。努力实现载重汽车整车和煤机成套设备两大突破，整合培育和做大做强重型机械、铁路和轻轨机械、纺织机械、基础机械、煤化工和环保设备、精密铸锻件、汽车发动机及零部件等产业，全面提升装备制造业的规模和效益。重点鼓励发展以煤矸石、粉煤灰、工业废渣为原料的新型水泥和新型墙体材料，大力发展钕铁硼材料、纳米材料、耐火材料、高岭土材料、高性能陶瓷和纤维材料等。积极发展电子信息、生物技术和新能源等高新技术产业，大力发展医药产业、食品加工业以及轻纺工业。

附表 1-4   山西省各年经济增加值预测   单位：亿元

行　业	2007 年	2010 年	2015 年	2020 年	2030 年
农业	270	314	385	461	604
煤炭开采和洗选业	1 088	1 416	2 109	2 558	3 058
石油和天然气开采业	0	0	0	0	0
黑色金属矿采选业	47	62	94	118	136
有色金属矿采选业	7	9	13	17	21
非金属矿采选业	6	7	11	16	21
其他采矿业	0	0	0	0	0
农副食品加工业	24	34	59	91	124
食品制造业	17	22	33	43	58
饮料制造业	28	38	55	79	107
烟草制品业	12	15	22	28	37
纺织业	5	6	9	12	17
纺织服装、鞋、帽制造业	2	3	3	4	6
皮革、毛皮、羽毛（绒）及其制品业	0	0	0	0	0
木材加工业	1	1	1	2	3
家具制造业	0	0	1	1	2
造纸及纸制品业	3	5	7	10	15
印刷业和记录媒介的复制业	2	3	4	7	11
文教体育用品制造业	2	3	4	6	12
石油加工、炼焦及核燃料加工业	322	419	624	879	1 326
化学原料及化学制品制造业	121	160	235	323	427
医药制造业	28	37	57	81	139
化学纤维制造业	2	3	4	5	8
橡胶制品业	3	4	7	10	17
塑料制品业	3	5	7	11	17

行　业	2007 年	2010 年	2015 年	2020 年	2030 年
非金属矿物制品业	45	59	85	114	157
黑色金属冶炼及压延加工业	472	658	1 037	1 429	1 841
有色金属冶炼及压延加工业	135	185	287	384	470
金属制品业	11	15	23	32	44
通用设备制造业	36	48	70	102	145
专用设备制造业	63	87	136	212	380
交通运输设备制造业	26	37	63	99	189
电气机械及器材制造业	11	15	26	42	83
通信设备、计算机及其他电子设备制造业	25	36	63	103	201
仪器仪表及文化、办公用机械制造业	5	8	13	22	43
其他制造业	0	0	0	0	0
废弃资源和废旧材料回收加工业	0	0	0	0	0
电力、热力的生产和供应业	257	357	574	822	1 443
燃气生产和供应业	1	1	2	3	5
水的生产和供应业	5	7	10	14	28
建筑业	282	378	581	829	1 347
第三产业	1 935	2 648	4 300	6 596	13 248
合计	5 303	7 102	11 012	15 563	25 790

5. 内蒙古自治区

2009 年生产总值 9 725.78 亿元，按可比价格计算，比上年增长 16.9%，位居全国首位。其中，第一产业增加值 929.02 亿元，增长 2.3%；第二产业增加值 5 101.39 亿元，增长 21.4%；第三产业增加值 3 695.37 亿元，增长 15%。第一产业对经济增长的贡献率为 1.3%，第二产业对经济增长的贡献率为 62.2%，第三产业对经济增长的贡献率为 36.5%。全区生产总值中第一、第二、第三产业比例由上年的 10.7∶51.5∶37.8 调整为 9.6∶52.4∶38。按常住人口计算，全年人均生产总值 40 225 元，比上年增长 16.5%，按 2009 年平均汇率折算达 5 888 美元。

全年全部工业增加值 4 503.31 亿元，比上年增长 21.2%。其中，规模以上工业企业完成增加值 4 400.45 亿元，比上年增长 24.2%。能源、冶金、化工、装备制造、农畜产品加工业和高新技术六大优势特色产业增加值占规模以上工业的 87.4%，成为拉动工业生产快速增长的主要动力。从工业产品产量看，全区原煤产量首次突破 6 亿 t，达 6.01 亿 t，比上年增长 22.8%；发电量达到 2 239.85 亿 kWh，增长 5%；啤酒产量突破 10 亿 L，达 11.04 亿 L，增长 12.3%。此外，水泥、钢材和化肥产量分别比上年增长 48.1%、30.1% 和 94.5%，载货汽车增长 8.4%，其他主要工业产品产量均有不同程度增长。

未来内蒙古自治区重点产业调整方向如下：①煤炭工业。加大结构调整力度，提高产业集中度，增强煤炭深加工和就地转化能力。②电力工业。加快电源点和电网建设，重点建设西电东送、煤电一体化和区内用电项目，鼓励和支持自备电厂建设。大力开发利用风能、太阳能和生物质能源。加快电网建设，形成多条交、直流外送通道。③天然气工业。重点建设大中型气田，加快勘探和开采步伐，推进油页岩等非常规油气资源的开发利用。④化学工业。重点发展煤化工、天然气化工和盐碱化工，提高加工深度，在资源产地和基础条件较好的地区规划建设若干大型化工基地。

附表 1-5　内蒙古自治区各年经济增加值预测　　　　　单位：亿元

行　业	2007 年	2010 年	2015 年	2020 年	2030 年
农业	764	886	1 134	1 400	1 905
煤炭开采和洗选业	466	607	1 020	1 250	1 506
石油和天然气开采业	53	55	58	60	63
黑色金属矿采选业	64	86	129	163	188
有色金属矿采选业	84	104	146	195	239
非金属矿采选业	28	36	57	79	106
其他采矿业	0	0	1	1	3
农副食品加工业	138	199	343	527	719
食品制造业	126	165	245	318	432
饮料制造业	34	46	67	96	131
烟草制品业	24	30	42	53	72
纺织业	86	110	151	202	290
纺织服装、鞋、帽制造业	5	6	7	9	13
皮革、毛皮、羽毛（绒）及其制品业	2	2	3	4	5
木材加工业	20	25	35	46	70
家具制造业	3	4	6	10	18
造纸及纸制品业	10	14	21	30	47
印刷业和记录媒介的复制业	1	2	3	4	7
文教体育用品制造业	0	0	0	0	0
石油加工、炼焦及核燃料加工业	44	57	85	120	181
化学原料及化学制品制造业	127	169	248	341	451
医药制造业	33	42	65	93	160
化学纤维制造业	0	0	0	1	1
橡胶制品业	1	1	1	2	4
塑料制品业	6	8	12	17	28
非金属矿物制品业	75	98	199	312	477
黑色金属冶炼及压延加工业	335	468	894	1 313	1 778
有色金属冶炼及压延加工业	201	276	428	574	703
金属制品业	9	12	18	25	34
通用设备制造业	19	25	37	54	77
专用设备制造业	45	63	98	153	275
交通运输设备制造业	29	42	70	111	211
电气机械及器材制造业	10	14	25	40	79
通信设备、计算机及其他电子设备制造业	22	32	57	93	182
仪器仪表及文化、办公用机械制造业	0	0	0	0	0
其他制造业	5	6	7	8	10
废弃资源和废旧材料回收加工业	0	0	1	2	7
电力、热力的生产和供应业	313	435	730	1 095	2 137
燃气生产和供应业	32	47	79	122	230
水的生产和供应业	6	8	12	17	33
建筑业	392	524	807	1 151	1 870
第三产业	2 078	2 844	4 617	7 082	14 225
合计	5 691	7 547	11 957	17 175	28 965

6. 辽宁省

2009 年生产总值 15 065.6 亿元，按可比价格计算，比上年增长 13.1%。其中，第一产业增加值 1 414.9 亿元，增长 3.1%；第二产业增加值 7 821.7 亿元，增长 15.6%；第三产业增加值 5 829 亿元，增长 12.1%。生产总值三次产业构成为 9.4∶51.9∶38.7。人均生产总值 34 898 元，按可比价格计算，比上年增长 12.9%。

工业生产较快增长。全年全部工业增加值 6 841 亿元，按可比价格计算，比上年增长 14.4%。支柱产业带动作用增强。装备制造业增加值比上年增长 18.3%，占规模以上工业增加值的比重达到 31.5%。其中，通用设备制造业增加值增长 22.0%，交通运输设备制造业增加值增长 13.5%，专用设备制造业增加值增长 23.8%，电器机械及器材制造业增加值增长 26.3%。冶金工业增加值比上年增长 23.8%，占规模以上工业增加值的比重为 19.3%。农产品加工业增加值比上年增长 21.7%，占规模以上工业增加值的比重为 18.9%。其中，农副食品加工业增加值增长 24.0%，烟草制品业增加值增长 3.8%，饮料制造业增加值增长 27.9%。石化工业增加值比上年增长 6.8%，占规模以上工业增加值的比重为 16.6%。

辽宁省未来将以调整优化结构为主线，建设新型产业基地。①加快建设先进装备制造业和高加工度原材料工业基地。以信息化带动工业化，走新型工业化道路，大力发展装备制造业，带动原材料等产业的优化升级。充分发挥产业基础较好、技术力量雄厚的优势，抓住世界制造业加速转移和我国推进重大装备国产化的有利时机，加快发展重大装备产业和配套产业。②进一步发挥原材料工业基础优势，大力推进石化、冶金、建材等重点产业向集约化、高级化、系列化和深加工方向发展，提高产业技术装备水平、产品水平和经济效益。③注重发展轻型工业、劳动密集型产业，积极发展纺织、服装、食品、造纸、家电、日用品、医药、工艺美术等最终消费类产品。④大力发展高新技术产业，用高技术和先进适用技术改造传统产业。

附表 1-6　辽宁省各年经济增加值预测　　　　　　　　　　单位：亿元

行　业	2007 年	2010 年	2015 年	2020 年	2030 年
农业	1 136	1 318	1 619	1 937	2 540
煤炭开采和洗选业	87	113	168	204	244
石油和天然气开采业	234	242	254	266	278
黑色金属矿采选业	92	123	185	233	269
有色金属矿采选业	33	40	57	76	93
非金属矿采选业	21	28	44	61	82
其他采矿业	0	0	0	1	1
农副食品加工业	242	350	603	928	1 266
食品制造业	46	61	90	118	160
饮料制造业	52	69	101	145	197
烟草制品业	20	26	36	46	62
纺织业	51	66	90	120	173
纺织服装、鞋、帽制造业	77	94	122	154	208
皮革、毛皮、羽毛（绒）及其制品业	40	47	61	77	95

行　业	2007 年	2010 年	2015 年	2020 年	2030 年
木材加工业	47	60	84	112	170
家具制造业	43	60	97	149	266
造纸及纸制品业	28	38	59	82	129
印刷业和记录媒介的复制业	15	20	31	47	78
文教体育用品制造业	5	6	9	13	24
石油加工、炼焦及核燃料加工业	427	555	827	1 165	1 757
化学原料及化学制品制造业	186	246	362	498	658
医药制造业	61	79	122	174	300
化学纤维制造业	17	22	32	43	68
橡胶制品业	38	52	83	126	211
塑料制品业	84	115	181	261	427
非金属矿物制品业	237	310	450	606	835
黑色金属冶炼及压延加工业	721	1 006	1 583	2 183	2 812
有色金属冶炼及压延加工业	115	157	310	460	592
金属制品业	134	182	274	380	521
通用设备制造业	367	478	702	1 022	1 461
专用设备制造业	169	232	366	570	1 021
交通运输设备制造业	324	464	782	1 234	2 351
电气机械及器材制造业	187	267	460	745	1 464
通信设备、计算机及其他电子设备制造业	145	208	364	599	1 169
仪器仪表及文化、办公用机械制造业	30	46	81	130	259
其他制造业	13	15	19	22	24
废弃资源和废旧材料回收加工业	2	4	10	22	75
电力、热力的生产和供应业	251	349	561	804	1 411
燃气生产和供应业	6	8	14	22	42
水的生产和供应业	12	15	23	33	63
建筑业	621	832	1 280	1 825	2 965
第三产业	3 857	5 280	8 571	13 149	26 409
合计	10 274	13 685	21 166	30 839	53 231

7. 吉林省

2009 年全省实现地区生产总值 7 203.18 亿元,按可比价格计算,增长 13.3%。其中,第一产业实现增加值 980.50 亿元,增长 2.8%;第二产业实现增加值 3 491.96 亿元,增长 16.7%;第三产业实现增加值 2 730.72 亿元,增长 12.7%。按常住人口计算,当年全省人均 GDP 达到 26 319 元,增长 13.1%。三次产业比例为 13.6∶48.5∶37.9,对经济增长的贡献率分别为 2.7%、59.4%、37.9%。

2009 年,全省规模以上工业企业完成增加值 2 926.65 亿元,按可比价格计算,增长 16.8%,增幅高于年初规划目标 1.8 个百分点。其中轻工业实现增加值 809.39 亿元,增长 22.9%;重工业实现增加值 2 117.26 亿元,增长 14.7%。在全省规模以上工业中,九大支柱、优势和特色行业共实现增加值 2 267.99 亿元,按可比价格计算,增长 14.3%,对全省工业生产增长的贡献率为 68.4%。其中,交通运输设备制造业实现增加值 734.57 亿元,增长 13.6%;食品工业实现增加值 498.20 亿元,增长 20.7%;石化工业实现增加值 405.64 亿元,增长 5.8%；医药制造业实现增加值 175.05 亿元，增长 25.4%；冶金工业实现增加值 150.24 亿元，增长 11.8%；建材工业实现增加值 174.15 亿元，增长 25.8%。

吉林省未来产业发展方向如下：①做大做强石化产业集群。以建设国内重要的综合性石油化工基地为目标，统筹规划化工园区，扩大原料规模，强化精深加工，延伸产品链条，加速企业集聚，大力提高石化行业综合产出水平。②发展完善汽车产业集群。加大改造建设力度，突出发展整车制造，积极发展汽车零部件，建设国内重要的轻微型车和商务车生产基地。③改造提升冶金产业集群。积极采用高新技术，大力发展高品质、高附加值冶金产品，形成比较完善的冶金产业体系。④积极培育农产品加工产业集群。围绕实现农业工业化，促进资源优势向经济优势的转化，把农产品加工业培育成新兴支柱产业。⑤发展壮大轻纺产业集群。以化纤、造纸、家电产业为主导，同时，注重开发中下游产品，延长产业链条，促进全行业上规模、上水平。⑥大力发展高新技术产业集群。追踪当代科技发展趋势，突出相对优势领域，加强技术创新和技术转化，加快高新技术产业化进程，带动产业结构转换升级。⑦改造提升机械、建材、医药等传统产业。积极采用先进技术，加强重点企业改造，大力优化产品结构。

附表 1-7 吉林省各年经济增加值预测 单位：亿元

行　业	2007 年	2010 年	2015 年	2020 年	2030 年
农业	786	911	1 119	1 340	1 757
煤炭开采和洗选业	46	60	89	109	130
石油和天然气开采业	236	244	256	268	280
黑色金属矿采选业	19	25	38	48	56
有色金属矿采选业	12	15	21	28	34
非金属矿采选业	10	13	21	29	39
其他采矿业	0	0	0	1	2
农副食品加工业	159	230	397	610	832
食品制造业	33	44	65	84	114
饮料制造业	43	57	83	119	162
烟草制品业	34	42	60	76	102
纺织业	13	17	23	31	44
纺织服装、鞋、帽制造业	7	8	10	13	18
皮革、毛皮、羽毛（绒）及其制品业	1	1	2	2	3
木材加工业	47	59	83	111	168
家具制造业	6	8	13	19	35
造纸及纸制品业	11	15	23	32	50
印刷业和记录媒介的复制业	6	8	12	18	30
文教体育用品制造业	1	1	1	2	4
石油加工、炼焦及核燃料加工业	17	22	33	47	71
化学原料及化学制品制造业	141	186	273	377	497
医药制造业	108	140	216	308	530
化学纤维制造业	10	13	18	25	39
橡胶制品业	2	3	5	7	12
塑料制品业	15	20	31	45	74

行　　业	2007 年	2010 年	2015 年	2020 年	2030 年
非金属矿物制品业	70	92	134	180	248
黑色金属冶炼及压延加工业	83	115	182	250	323
有色金属冶炼及压延加工业	34	47	73	98	120
金属制品业	17	22	34	47	64
通用设备制造业	24	32	46	68	97
专用设备制造业	34	46	73	113	203
交通运输设备制造业	551	790	1 332	2 101	4 003
电气机械及器材制造业	22	31	54	87	172
通信设备、计算机及其他电子设备制造业	10	14	24	40	78
仪器仪表及文化、办公用机械制造业	2	3	5	8	17
其他制造业	1	2	2	2	3
废弃资源和废旧材料回收加工业	2	4	9	21	72
电力、热力的生产和供应业	111	154	248	356	624
燃气生产和供应业	4	6	9	15	28
水的生产和供应业	5	6	10	14	27
建筑业	290	388	597	851	1 383
第三产业	1 935	2 649	4 300	6 597	13 250
合计	4 956	6 544	10 025	14 596	25 791

8. 黑龙江省

2009 年全年实现地区生产总值 8 288.0 亿元，按可比价格计算比上年增长 11.1%。其中，第一产业增加值 1 154.3 亿元，增长 5.2%；第二产业增加值 3 920.4 亿元，增长 13.0%；第三产业增加值 3 213.3 亿元，增长 10.1%。三次产业结构为 13.9∶47.3∶38.8。第一、第二、第三产业对 GDP 增长的贡献率分别为 5.1%、62.9%和 32.1%。人均地区生产总值 21 665 元，工业生产逐步企稳回升。全年规模以上工业企业实现增加值 2 905.5 亿元，比上年增长 12.1%。全年四大主导产业实现工业增加值 2 617.6 亿元，比上年增长 11.2%，占规模以上工业的 90.1%。其中，装备工业增长 7.6%；石化工业增长 14.5%；能源工业增长 8.7%；食品工业增长 31.5%。

未来黑龙江省产业发展方向如下：①着力振兴先进装备制造业。充分利用重型装备制造的产业基础，努力建设成为国内一流、特色突出、具有较强国际竞争力的现代化重大装备制造基地和世界重要的装备制造加工区。②加快发展石化煤化工业。进一步发挥石油、天然气、煤炭、粮食资源丰富的优势，大力发展石油化工、天然气化工、煤化工，积极发展粮食化工等生物质化工。③进一步发展能源工业。抓住能源需求持续增长的有利时机，加大能源资源勘探开发力度，建设东北地区能源基地。④积极发展绿色、特色食品工业。采用先进适用技术和高新技术，加快食品工业产业升级步伐。充分利用原产地农产品资源，坚持规模化、集约化发展，提高农副产品转化程度和精深加工比重，把食品工业建成效益最优、竞争力最强、最具发展前景的产业。⑤做大做强医药产业。依托北药资源和现有产业优势，加快推进中药现代化，建设我国北药生产基地。⑥调整发展森林工业。充分发挥森林资源优势和对俄森工经贸合作优势，加快林业产业体系建设，提高林地生产力、原木加工转化能力和木材、林产品的精深加工比重，建设以木材和非林木产品精深加工并重的新型林业产业体系，建成国内最大的山特产品生产加工基地。⑦大力发展高新技术产业。大力发展电子信息技术、生物技术、新材料技术、航空航天技术、新能源技术和环境保护等重点产业，培育更多新的增长点。

附表 1-8　黑龙江省各年经济增加值预测　　　　　　单位：亿元

行　业	2007 年	2010 年	2015 年	2020 年	2030 年
农业	917	1 064	1 307	1 565	2 052
煤炭开采和洗选业	128	167	248	301	360
石油和天然气开采业	1 733	1 793	1 884	1 972	2 060
黑色金属矿采选业	3	4	7	8	10
有色金属矿采选业	11	13	19	25	30
非金属矿采选业	2	3	5	7	9
其他采矿业	0	0	0	0	0
农副食品加工业	105	152	262	403	550
食品制造业	64	84	124	162	220
饮料制造业	37	50	73	105	143
烟草制品业	23	29	41	53	71
纺织业	11	14	20	26	38
纺织服装、鞋、帽制造业	1	2	2	3	4
皮革、毛皮、羽毛（绒）及其制品业	2	3	3	4	5
木材加工业	22	28	39	53	80
家具制造业	9	12	20	31	55
造纸及纸制品业	9	12	19	27	42
印刷业和记录媒介的复制业	3	4	6	10	16
文教体育用品制造业	1	1	2	2	4
石油加工、炼焦及核燃料加工业	134	175	354	626	1 128
化学原料及化学制品制造业	49	65	235	506	829
医药制造业	52	68	105	149	257
化学纤维制造业	2	3	4	5	8
橡胶制品业	5	7	11	16	27
塑料制品业	11	14	23	33	53
非金属矿物制品业	28	37	53	72	99
黑色金属冶炼及压延加工业	41	57	90	124	160
有色金属冶炼及压延加工业	7	9	14	19	23
金属制品业	9	12	18	25	34
通用设备制造业	91	119	175	254	363
专用设备制造业	46	64	101	157	281
交通运输设备制造业	66	95	271	571	1 407
电气机械及器材制造业	43	61	105	170	334
通信设备、计算机及其他电子设备制造业	4	6	10	16	32
仪器仪表及文化、办公用机械制造业	7	10	18	30	59
其他制造业	2	2	3	3	3
废弃资源和废旧材料回收加工业	1	2	5	10	36
电力、热力的生产和供应业	205	285	617	1 049	2 218
燃气生产和供应业	8	11	19	30	56
水的生产和供应业	4	5	8	11	22
建筑业	351	469	722	1 030	1 674
第三产业	2 345	3 209	5 210	7 993	16 054
合计	6 594	8 222	12 251	17 654	30 905

9. 上海市

2009 年全年实现上海市生产总值 14 900.93 亿元，按可比价格计算，比上年增长 8.2%。其中，第一产业增加值 113.82 亿元，下降 1.1%；第二产业增加值 5 939.96 亿元，增长 3.1%；第三产业增加值 8 847.15 亿元，增长 12.6%。第三产业增加值占全市生产总值的比重为59.4%，比上年提高 3.4 个百分点。

全年电子信息产品制造业、汽车制造业、石油化工及精细化工制造业、精品钢材制造业、成套设备制造业、生物医药制造业等 6 个重点发展工业行业完成工业总产值 15 346.24亿元，比上年增长 7.3%，占全市规模以上工业总产值的比重达到 64.3%。全年高技术产业完成工业总产值 5 560.65 亿元，比上年增长 8.2%，占全市规模以上工业总产值的比重为23.3%。

上海市坚持“三、二、一”产业发展方针，坚持第二、第三产业共同推动经济发展，优先发展现代服务业和先进制造业，加快生产型经济向服务型经济转变。把发展现代服务业放在更加突出的位置。同时，着力提升先进制造业竞争力。依托大产业、大基地、大项目，运用新技术、新工艺、新装备提高先进制造业的技术能级，大力实施品牌战略，形成更多拥有自主知识产权的核心技术和知名品牌。同时，要依托中央在沪企业，培育壮大船舶、航天、航空等战略产业。积极推进现子信息产品制造业、汽车制造业、石油化工及精细化工制造业、精品钢材制造业、成套设备制造业、生物医药制造业等新兴产业发展。

附表 1-9　上海市各年经济增加值预测　　　　单位：亿元

行　业	2007 年	2010 年	2015 年	2020 年	2030 年
农业	102	118	124	128	134
煤炭开采和洗选业	2	2	2	2	2
石油和天然气开采业	2	2	2	2	2
黑色金属矿采选业	0	0	0	0	0
有色金属矿采选业	0	0	0	0	0
非金属矿采选业	0	0	0	0	0
其他采矿业	0	0	0	0	0
农副食品加工业	44	64	111	170	232
食品制造业	62	81	120	156	212
饮料制造业	29	38	56	80	109
烟草制品业	60	76	107	136	183
纺织业	78	99	115	133	163
纺织服装、鞋、帽制造业	93	114	147	186	251
皮革、毛皮、羽毛（绒）及其制品业	28	33	43	55	67
木材加工业	18	23	32	43	65
家具制造业	42	60	96	148	264
造纸及纸制品业	40	54	83	115	181
印刷业和记录媒介的复制业	35	47	74	110	184
文教体育用品制造业	35	45	66	97	185
石油加工、炼焦及核燃料加工业	208	270	329	363	401
化学原料及化学制品制造业	346	458	557	615	680

行　业	2007 年	2010 年	2015 年	2020 年	2030 年
医药制造业	58	76	116	166	285
化学纤维制造业	23	30	42	57	90
橡胶制品业	36	49	77	117	197
塑料制品业	99	135	213	307	503
非金属矿物制品业	89	117	136	157	192
黑色金属冶炼及压延加工业	343	479	491	491	491
有色金属冶炼及压延加工业	92	126	129	129	129
金属制品业	177	240	362	502	688
通用设备制造业	403	526	773	1 124	1 607
专用设备制造业	128	176	278	433	775
交通运输设备制造业	503	721	1 215	1 917	3 652
电气机械及器材制造业	336	478	825	1 335	2 626
通信设备、计算机及其他电子设备制造业	1 062	1 527	2 667	4 385	8 566
仪器仪表及文化、办公用机械制造业	69	104	182	294	586
其他制造业	25	28	34	39	44
废弃资源和废旧材料回收加工业	9	15	37	83	288
电力、热力的生产和供应业	154	214	315	402	490
燃气生产和供应业	13	19	32	49	93
水的生产和供应业	7	9	13	19	36
建筑业	362	484	589	651	719
第三产业	6 123	8 381	13 607	20 873	41 922
合计	11 335	15 520	24 195	36 070	67 294

10. 江苏省

2009 年全省实现生产总值 34 061.2 亿元，比上年增长 12.4%；其中，第一产业增加值 2 201.7 亿元，增长 4.5%；第二产业增加值 18 416.1 亿元，增长 12.5%；第三产业增加值 13 443.4 亿元，增长 13.6%。人均地区生产总值 44 232 元，按当年汇率折算达到 6 475 美元。经济结构进一步优化。三次产业增加值比例调整为 6.4∶54.1∶39.5。先进制造业水平提升，全年实现高新技术产业产值 21 987 亿元，增长 19.5%，占规模以上工业比重达 30%，比上年提高 1.5 个百分点。服务业特别是现代服务业增长加快、比重上升，实现服务业增加值 13 555.6 亿元，比上年增长 13.6%，占 GDP 比重 39.8%，提高 1.1 个百分点。新兴行业加快发展，新能源、新医药、新材料、环保产业产值分别增长 66%、30%、22% 和 21%，软件业销售收入增长 35.7%，服务外包执行总额增长 177%。

未来 20 年江苏省将继续坚持走新型工业化道路，切实转变经济增长方式，推进产业全面优化升级。调强第一产业发展能力，加快传统农业向现代农业转变；调优第二产业结构，提升制造业发展质量；调高第三产业比重，加速发展现代服务业。通过专业化和深加工，不断提高增加值率，形成以高新技术为主导、高效农业为基础、先进制造业为主体、现代服务业为支撑的产业发展新格局。

附表1-10　江苏省各年经济增加值预测　　　　　　　　单位：亿元

行　业	2007年	2010年	2015年	2020年	2030年
农业	1 820	2 112	2 594	3 104	4 071
煤炭开采和洗选业	86	112	167	203	242
石油和天然气开采业	58	60	63	66	69
黑色金属矿采选业	17	23	35	44	51
有色金属矿采选业	2	3	4	5	6
非金属矿采选业	24	32	49	68	92
其他采矿业	1	1	2	4	9
农副食品加工业	231	334	576	886	1 207
食品制造业	65	85	126	164	222
饮料制造业	92	123	180	257	351
烟草制品业	194	244	342	437	587
纺织业	958	1 221	1 673	2 241	3 223
纺织服装、鞋、帽制造业	415	509	659	830	1 124
皮革、毛皮、羽毛（绒）及其制品业	89	106	137	172	212
木材加工业	134	169	236	317	480
家具制造业	28	39	63	97	174
造纸及纸制品业	176	236	363	507	795
印刷业和记录媒介的复制业	45	61	95	141	236
文教体育用品制造业	74	94	137	203	387
石油加工、炼焦及核燃料加工业	112	146	217	307	462
化学原料及化学制品制造业	1 130	1 495	2 197	3 026	3 997
医药制造业	190	247	381	543	934
化学纤维制造业	259	333	468	634	1 004
橡胶制品业	105	143	228	345	581
塑料制品业	220	300	473	682	1 117
非金属矿物制品业	321	420	609	820	1 130
黑色金属冶炼及压延加工业	1 029	1 434	2 258	3 113	4 010
有色金属冶炼及压延加工业	336	460	715	958	1 172
金属制品业	457	619	931	1 292	1 770
通用设备制造业	735	959	1 409	2 050	2 930
专用设备制造业	349	481	758	1 181	2 114
交通运输设备制造业	544	780	1 314	2 073	3 950
电气机械及器材制造业	869	1 240	2 136	3 460	6 803
通信设备、计算机及其他电子设备制造业	1 513	2 177	3 802	6 252	12 212
仪器仪表及文化、办公用机械制造业	172	259	457	735	1 466
其他制造业	58	67	80	93	105
废弃资源和废旧材料回收加工业	11	18	44	101	348
电力、热力的生产和供应业	524	727	1 170	1 676	2 941
燃气生产和供应业	21	31	52	80	151
水的生产和供应业	24	31	47	66	129
建筑业	1 226	1 642	2 526	3 603	5 854
第三产业	9 190	12 579	20 422	31 328	62 921
合计	23 902	32 151	50 193	74 163	131 639

11. 浙江省

2009 年全省生产总值为 22 832 亿元,比上年增长 8.9%。其中,第一产业增加值 1 162 亿元,第二产业增加值 11 843 亿元,第三产业增加值 9 827 亿元,分别增长 2.3%、6.8% 和 12.5%。人均 GDP 为 44 335 元(按年平均汇率折算为 6 490 美元),增长 7.6%。三次产业增加值结构从上年的 5.1∶53.9∶41 调整为 5.1∶51.9∶43。

2009 年,全部工业增加值为 10 457 亿元,比上年增长 5.9%,其中规模以上工业增加值 8 232 亿元,增长 6.2%,轻、重工业增加值分别增长 5.5% 和 6.7%,制造业中,高新技术产业增加值 1 771 亿元,比上年增长 6.9%,占规模以上工业的比重为 21.5%。汽车产量为 28.2 万辆,增长 77.2%,其中轿车产量为 22.4 万辆,增长 73.1%。

未来浙江省将着力自主创新,推进产业结构优化升级。加快建设先进制造业基地,全面实施环杭州湾、温台沿海地区和金衢丽高速公路沿线等产业带发展规划,优先发展具有重大带动作用的高技术产业,加快改造提升传统优势产业,积极发展临港重化工业,大力发展成套设备等装备制造业,推动"块状经济"加快转型提升。培育一批拥有自主知识产权和知名品牌的大企业大集团,支持一批科技含量高、专业特色强的中小企业发展,形成一批产业层次高、竞争优势明显的特色产业集群。进一步增强建筑业发展优势。

附表 1-11　浙江省各年经济增加值预测　　　　单位:亿元

行　业	2007 年	2010 年	2015 年	2020 年	2030 年
农业	988	1 146	1 408	1 685	2 210
煤炭开采和洗选业	3	4	6	8	9
石油和天然气开采业	0	0	0	0	0
黑色金属矿采选业	5	7	10	13	15
有色金属矿采选业	9	11	16	21	26
非金属矿采选业	24	31	48	67	91
其他采矿业	0	0	0	0	0
农副食品加工业	97	140	241	371	506
食品制造业	62	81	120	156	211
饮料制造业	112	149	219	313	426
烟草制品业	187	236	331	422	567
纺织业	896	1 142	1 565	2 096	3 013
纺织服装、鞋、帽制造业	379	466	603	759	1 028
皮革、毛皮、羽毛(绒)及其制品业	265	317	410	516	634
木材加工业	75	95	133	178	269
家具制造业	89	126	202	311	557
造纸及纸制品业	156	210	323	450	706
印刷业和记录媒介的复制业	61	82	128	191	319
文教体育用品制造业	84	107	156	231	441
石油加工、炼焦及核燃料加工业	109	142	212	299	450
化学原料及化学制品制造业	447	591	868	1 195	1 579
医药制造业	181	235	362	516	888
化学纤维制造业	233	300	421	571	904

行　业	2007 年	2010 年	2015 年	2020 年	2030 年
橡胶制品业	83	114	181	274	461
塑料制品业	311	426	670	967	1 584
非金属矿物制品业	239	313	453	610	841
黑色金属冶炼及压延加工业	198	276	435	600	773
有色金属冶炼及压延加工业	193	265	411	551	674
金属制品业	321	436	655	909	1 245
通用设备制造业	641	836	1 229	1 788	2 556
专用设备制造业	231	319	502	782	1 400
交通运输设备制造业	481	689	1 162	1 833	3 492
电气机械及器材制造业	679	969	1 669	2 704	5 316
通信设备、计算机及其他电子设备制造业	334	480	838	1 379	2 693
仪器仪表及文化、办公用机械制造业	135	203	357	575	1 147
其他制造业	149	171	206	237	268
废弃资源和废旧材料回收加工业	20	33	81	184	638
电力、热力的生产和供应业	620	860	1 385	1 983	3 481
燃气生产和供应业	9	13	21	33	62
水的生产和供应业	34	44	66	94	181
建筑业	1 001	1 340	2 062	2 941	4 780
第三产业	7 305	9 999	16 234	24 904	50 018
合计	17 446	23 401	36 398	53 716	96 458

12. 安徽省

2009 年全年生产总值 10 052.9 亿元,按可比价格计算,比上年增长 12.9%。分产业看,第一产业增加值 1 495.6 亿元,增长 5%;第二产业增加值 4 902.8 亿元,增长 16.8%;第三产业增加值 3 654.5 亿元,增长 11.1%。三次产业结构为 14.9∶48.8∶36.3。按常住人口计算,人均生产总值 16 391 元(折合 2 400 美元),比上年增加 1 944 元。

全年规模以上工业增加值 3 987.9 亿元,增长 22.6%,其中轻、重工业分别增长 29.3% 和 19.9%,轻重工业增加值比例由上年的 27.9∶72.1 变化为 30.9∶69.1。股份制企业继续快速增长。电气机械及器材制造业、黑色金属冶炼及压延加工业、非金属矿物制品业、交通运输设备制造业、电力热力的生产和供应业、煤炭开采和洗选业等十大行业累计实现利润占全部规模以上工业的 70.9%。

未来安徽将推进新型工业化进程,抓住深化改革、技术进步、结构升级、规模扩张和产业集群五个关键环节,以信息化带动工业化,积极推进新型工业化,加快形成以高新技术产业为先导、以先进制造业和基础产业为支撑、大中小企业合理布局的主导工业体系,全面完成工业化中期初级阶段的历史性任务。

附表 1-12　安徽省各年经济增加值预测　　　　　　单位：亿元

行　业	2007 年	2010 年	2015 年	2020 年	2030 年
农业	1 203	1 395	1 714	2 051	2 690
煤炭开采和洗选业	225	293	437	530	634
石油和天然气开采业	0	0	0	0	0
黑色金属矿采选业	36	49	73	92	106
有色金属矿采选业	11	13	18	25	30
非金属矿采选业	10	14	21	29	40
其他采矿业	0	0	0	0	0
农副食品加工业	115	165	285	439	598
食品制造业	42	55	82	107	145
饮料制造业	55	74	108	154	211
烟草制品业	110	139	194	248	333
纺织业	68	87	119	159	229
纺织服装、鞋、帽制造业	21	26	33	42	56
皮革、毛皮、羽毛（绒）及其制品业	22	26	34	43	52
木材加工业	26	33	47	63	95
家具制造业	4	6	9	14	25
造纸及纸制品业	21	28	43	61	95
印刷业和记录媒介的复制业	15	21	32	48	80
文教体育用品制造业	8	10	15	21	41
石油加工、炼焦及核燃料加工业	23	30	44	62	94
化学原料及化学制品制造业	128	170	249	343	454
医药制造业	29	38	59	84	144
化学纤维制造业	8	11	15	21	33
橡胶制品业	32	44	71	107	180
塑料制品业	56	77	121	175	287
非金属矿物制品业	109	142	206	278	382
黑色金属冶炼及压延加工业	245	342	538	742	955
有色金属冶炼及压延加工业	142	194	301	404	494
金属制品业	54	73	110	152	209
通用设备制造业	99	129	190	277	395
专用设备制造业	55	76	120	186	334
交通运输设备制造业	182	261	440	694	1 322
电气机械及器材制造业	245	349	602	975	1 917
通信设备、计算机及其他电子设备制造业	38	55	96	158	309
仪器仪表及文化、办公用机械制造业	13	20	36	57	115
其他制造业	10	11	14	16	18
废弃资源和废旧材料回收加工业	3	5	13	31	106
电力、热力的生产和供应业	191	265	426	610	1 071
燃气生产和供应业	4	6	11	17	32
水的生产和供应业	8	10	15	22	42
建筑业	511	684	1 052	1 500	2 438
第三产业	2 747	3 760	6 104	9 364	18 807
合计	6 927	9 187	14 099	20 401	35 600

13. 福建省

2009 年全年实现地区生产总值 11 949.53 亿元，比上年增长 12.0%。其中，第一产业增加值 1 182.87 亿元，增长 4.7%；第二产业增加值 5 812.42 亿元，增长 12.9%；第三产业增加值 4 954.24 亿元，增长 12.5%。人均地区生产总值 33 051 元，比上年增长 11.3%。产业结构继续调整。第一产业、第二产业比重与上年比略降，第三产业比重上升。三次产业比例由上年的 10.7∶49.1∶40.2 调整为 9.9∶48.6∶41.5。

全部工业增加值 4 918.12 亿元，比上年增长 12.1%，其中规模以上工业增加值 4 585.23 亿元，增长 13.0%。规模以上工业中三大主导产业实现增加值 1 569.03 亿元，增长 11.4%。其中，机械装备业实现增加值 728.37 亿元，增长 6.9%；电子信息业实现增加值 385.18 亿元，增长 12.0%；石油化工业实现增加值 455.48 亿元，增长 18.7%；高技术产业增加值 492.96 亿元，比上年增长 7.8%。

未来福建省将坚持发展与调整有机结合，在发展中推进调整，在调整中促进发展，加快转变经济增长方式，推进新型工业化进程，壮大工业经济总量，强化工业对经济增长的支撑作用；把发展服务业放在突出位置，促进服务业加快发展；充分发挥海洋资源优势，加快提升海洋经济发展水平；加快产业集聚，发展壮大产业集群，不断优化产业布局；增强企业自主创新能力，提高产业核心竞争力。①壮大信息、石化、机械三大主导产业规模，增强产业竞争力。②提升有竞争优势的传统产业。着力应用高技术和先进适用技术推进传统制造业技术装备更新、工艺优化和产品升级换代，提升产品技术含量和附加值，培育国内外知名品牌，增强传统制造业的可持续发展后劲和市场竞争力。③培育发展高新技术产业。重点培育集成电路产业、软件产业、光电子产业、生物技术产业、环保产业、新材料产业。

附表 1-13　福建省各年经济增加值预测　　　　　　　　单位：亿元

行　　业	2007 年	2010 年	2015 年	2020 年	2030 年
农业	1 004	1 165	1 431	1 713	2 246
煤炭开采和洗选业	46	60	90	109	130
石油和天然气开采业	0	0	0	0	0
黑色金属矿采选业	28	37	56	70	81
有色金属矿采选业	19	24	34	45	55
非金属矿采选业	20	27	41	58	78
其他采矿业	0	0	0	0	0
农副食品加工业	140	202	348	536	731
食品制造业	77	101	149	194	264
饮料制造业	69	92	135	192	262
烟草制品业	103	130	182	232	312
纺织业	201	257	352	471	678
纺织服装、鞋、帽制造业	224	276	357	449	608
皮革、毛皮、羽毛（绒）及其制品业	265	316	410	516	633
木材加工业	60	76	107	143	216
家具制造业	34	48	77	119	213

行　业	2007 年	2010 年	2015 年	2020 年	2030 年
造纸及纸制品业	81	109	167	233	366
印刷业和记录媒介的复制业	19	26	40	60	100
文教体育用品制造业	29	37	55	80	154
石油加工、炼焦及核燃料加工业	22	29	43	61	92
化学原料及化学制品制造业	105	139	204	281	371
医药制造业	34	44	67	96	165
化学纤维制造业	49	63	88	120	189
橡胶制品业	58	79	126	191	321
塑料制品业	120	164	258	373	610
非金属矿物制品业	264	346	501	675	930
黑色金属冶炼及压延加工业	132	184	290	399	514
有色金属冶炼及压延加工业	80	110	170	228	279
金属制品业	71	96	145	201	275
通用设备制造业	88	115	169	245	351
专用设备制造业	68	94	148	231	413
交通运输设备制造业	141	202	340	537	1 023
电气机械及器材制造业	160	228	393	636	1 251
通信设备、计算机及其他电子设备制造业	363	522	913	1 501	2 931
仪器仪表及文化、办公用机械制造业	38	58	101	163	326
其他制造业	109	125	151	174	196
废弃资源和废旧材料回收加工业	0	1	2	3	12
电力、热力的生产和供应业	268	371	598	856	1 503
燃气生产和供应业	2	3	5	7	13
水的生产和供应业	13	17	25	36	69
建筑业	505	676	1 040	1 484	2 411
第三产业	3 533	4 836	7 851	12 043	24 189
合计	8 643	11 483	17 658	25 763	45 563

14．江西省

2009 年全年全省生产总值 7 589.2 亿元，比上年增长 13.1%，连续三年实现 13%以上增长。分产业看，第一产业增加值 1 098.3 亿元，增长 4.5%；第二产业增加值 3 890.3 亿元，增长 17.1%；第三产业增加值 2 600.6 亿元，增长 10.7%。三次产业结构调整为 14.5∶51.2∶34.3，二三一结构进一步强化和巩固。三次产业对经济增长的贡献率分别为 5.0%、68.1%和 26.9%。

全年工业增加值 3 170.1 亿元，比上年增长 18.4%，占生产总值的比重达 41.8%。其中，规模以上工业增加值 2 610.8 亿元，增长 20.1%。支柱产业保持较快发展。六大支柱产业完成工业增加值 1 484.5 亿元，增长 18.6%，对规模以上工业增长的贡献率为 53.9%。

未来江西省产业结构调整方向如下：①加快传统产业改造。加快以信息技术为代表的高新技术和先进适用技术的扩散和渗透，提升传统产业的技术装备水平、生产工艺水平和产品质量水平。②加快壮大支柱产业。突出优势领域，加快规模扩张，力争汽车航空及精密制造产业、特色冶金和金属制品产业、电子信息和现代家电产业、中成药和生物医药产业、食品工业、精细化工及新型建材产业六大支柱产业规模以上企业实现工业增加值占全省规模以上工业增加值的 70% 以上。发挥比较优势，突出骨干企业的带动作用，加强产业延伸配套，重点建设在中部地区乃至全国有影响的铜、有机硅、盐化工、轻型汽车、钨生产加工、稀土生产加工、特色陶瓷研发加工、中药现代化、服装鞋帽 10 大工业基地。③发展重大基础工业。加强矿产资源地质勘察，充分挖掘矿产资源潜力，发展重大基础工业，使资源优势转化为产业优势。

附表 1-14　江西省各年经济增加值预测　　　　　　　　单位：亿元

行　业	2007 年	2010 年	2015 年	2020 年	2030 年
农业	908	1 053	1 294	1 548	2 030
煤炭开采和洗选业	47	61	91	110	131
石油和天然气开采业	0	0	0	0	0
黑色金属矿采选业	24	33	49	62	71
有色金属矿采选业	63	78	109	146	179
非金属矿采选业	18	23	36	51	68
其他采矿业	0	0	0	0	0
农副食品加工业	76	110	190	292	399
食品制造业	35	46	68	89	121
饮料制造业	32	43	63	89	122
烟草制品业	56	70	98	125	169
纺织业	85	108	148	198	285
纺织服装、鞋、帽制造业	48	59	77	97	131
皮革、毛皮、羽毛（绒）及其制品业	23	27	35	44	55
木材加工业	34	43	60	81	122
家具制造业	6	9	14	21	38
造纸及纸制品业	31	42	64	89	140
印刷业和记录媒介的复制业	18	24	37	56	93
文教体育用品制造业	7	9	13	19	36
石油加工、炼焦及核燃料加工业	30	39	59	83	124
化学原料及化学制品制造业	125	165	243	334	442
医药制造业	84	109	168	240	412
化学纤维制造业	16	21	29	40	63
橡胶制品业	8	11	18	27	45
塑料制品业	22	30	48	69	113
非金属矿物制品业	148	193	280	378	520
黑色金属冶炼及压延加工业	134	187	294	406	523
有色金属冶炼及压延加工业	329	451	701	939	1 149
金属制品业	41	55	83	115	157
通用设备制造业	36	47	69	100	143
专用设备制造业	21	30	47	73	130
交通运输设备制造业	100	144	243	383	729
电气机械及器材制造业	109	155	267	432	849
通信设备、计算机及其他电子设备制造业	41	59	103	169	331
仪器仪表及文化、办公用机械制造业	12	19	33	53	105
其他制造业	16	19	22	26	29
废弃资源和废旧材料回收加工业	2	3	6	14	50
电力、热力的生产和供应业	156	217	350	501	879
燃气生产和供应业	2	2	4	6	12
水的生产和供应业	7	9	13	18	35
建筑业	536	717	1 103	1 574	2 557
第三产业	1 675	2 293	3 723	5 712	11 471
合计	5 160	6 812	10 350	14 806	25 059

15. 山东省

2009 年全省实现生产总值 33 805.3 亿元，按可比价格计算，比上年增长 11.9%。其中，第一产业增加值 3 226.6 亿元，增长 4.2%；第二产业增加值 19 035.0 亿元，增长 13.7%；第三产业增加值 11 543.7 亿元，增长 10.7%。三次产业比例为 9.6∶56.3∶34.1。人均生产总值 35 796 元，增长 11.3%，按 2009 年平均汇率折算为 5 240 美元。

工业结构逐步优化。制造业发展较快，实现增加值 16 836.8 亿元，比上年增长 15.9%，占规模以上工业比重由上年的 86.3% 提高到 89.3%；实现利润 3 787.0 亿元，增长 26.3%，占规模以上工业利润比重由 77.9% 提高到 86.3%。装备制造业增加值 5 402.8 亿元，增长 18.2%，占规模以上工业比重由 26.1% 提高到 28.7%。十大高耗能行业增加值占规模以上工业的 43.5%，比重下降 3.7 个百分点。高新技术产业比重持续上升，实现产值 23 558.7 亿元，增长 18.2%，占规模以上工业总产值的 32.9%，比重提高 2.2 个百分点。

未来山东省产业结构调整方向如下：①电子信息及家电产业。重点发展高性能计算机及外围设备、网络与通信产品、集成电路和软件、数字家电和汽车电子产品等系列产品，促进信息产业并带动制造业的升级换代。家电产业重点采用数字、环保、节能新技术改造提升传统产品和配套产品，加快开发数字影视新产品。②机械设备产业。加快推进关键技术创新和系统集成，重点发展汽车、船舶和关键设备，实现跨越式发展。汽车，着力建设重型车、轿车、微型乘用车、越野车、改装车、特种车等整车生产中心和与之相配套的零部件生产中心。③化工产业。发挥资源优势，以大型化、集约化、精细化为方向，重点发展石油化工、海洋化工、煤化工。④食品产业。以发展农副产品深加工为重点，加快推广应用先进生物技术、信息技术和制造技术，推广绿色化，实现标准化，提升竞争力。⑤纺织服装业。突出原料、面料和服装 3 个环节，以优势产品和企业为依托，努力开发差别化、异型化、功能化纤维，加快印染工艺改造、技术装备更新和新型面料开发。⑥材料产业。重点发展新材料产业，发展高效钢材，巩固大型钢铁基地，增强市场竞争力。

附表 1-15　山东省各年经济增加值预测　　　　　　单位：亿元

行　业	2007 年	2010 年	2015 年	2020 年	2030 年
农业	2 515	2 917	3 583	4 289	5 624
煤炭开采和洗选业	434	565	841	1 020	1 220
石油和天然气开采业	522	540	567	594	620
黑色金属矿采选业	50	66	100	126	145
有色金属矿采选业	67	83	117	156	192
非金属矿采选业	83	109	169	235	318
其他采矿业	0	1	1	3	6
农副食品加工业	1 053	1 520	2 620	4 031	5 496
食品制造业	265	348	516	671	910
饮料制造业	153	203	299	427	582
烟草制品业	84	106	148	189	254
纺织业	825	1 052	1 441	1 930	2 775
纺织服装、鞋、帽制造业	231	284	368	463	626
皮革、毛皮、羽毛（绒）及其制品业	132	158	204	257	316
木材加工业	128	161	226	303	459

行　业	2007 年	2010 年	2015 年	2020 年	2030 年
家具制造业	70	98	159	244	437
造纸及纸制品业	300	403	620	866	1 358
印刷业和记录媒介的复制业	47	64	99	148	247
文教体育用品制造业	63	81	117	173	331
石油加工、炼焦及核燃料加工业	390	507	755	1 064	1 604
化学原料及化学制品制造业	1 082	1 431	2 103	2 896	3 826
医药制造业	204	265	408	582	1 001
化学纤维制造业	29	38	53	72	113
橡胶制品业	240	328	522	791	1 331
塑料制品业	201	275	433	625	1 022
非金属矿物制品业	682	893	1 295	1 745	2 403
黑色金属冶炼及压延加工业	659	919	1 447	1 996	2 571
有色金属冶炼及压延加工业	357	490	761	1 020	1 248
金属制品业	300	407	612	849	1 163
通用设备制造业	746	973	1 430	2 080	2 974
专用设备制造业	422	580	914	1 424	2 550
交通运输设备制造业	460	660	1 111	1 754	3 341
电气机械及器材制造业	519	740	1 275	2 066	4 061
通信设备、计算机及其他电子设备制造业	471	678	1 184	1 948	3 804
仪器仪表及文化、办公用机械制造业	90	135	238	383	763
其他制造业	171	196	236	272	307
废弃资源和废旧材料回收加工业	5	8	20	45	155
电力、热力的生产和供应业	460	638	1 027	1 471	2 582
燃气生产和供应业	13	19	32	49	93
水的生产和供应业	14	18	27	38	74
建筑业	1 297	1 736	2 671	3 810	6 191
第三产业	8 293	11 352	18 430	28 272	56 784
合计	24 126	32 045	49 179	71 374	121 879

16. 河南省

2009 年全年生产总值 19 367.28 亿元，比上年增长 10.7%。其中：第一产业增加值 2 768.99 亿元，增长 4.2%；第二产业增加值 10 968.63 亿元，增长 12.2%；第三产业增加值 5 629.66 亿元，增长 10.9%。人均生产总值 20 477 元，增长 10.0%。三次产业结构为 14.3：56.6：29.1，二三产业比重比上年提高 0.2 个百分点。

全年全部工业增加值 9 858.40 亿元，比上年增长 11.4%，食品、有色金属、化工、汽车及零部件、装备制造、纺织服装等六大优势行业比上年增长 15.5%，对全省规模以上工业增长的贡献率为 57.5%。高技术产业增长 18.5%。煤炭、化工、建材、钢铁、有色金属、电力等六大高耗能行业增长 13.4%，比规模以上工业增长速度低 1.2 个百分点。

未来河南省将通过重点建设四大基地推动产业升级。①建设全国重要的食品工业基地。重点建设沿京广线食品工业产业带，提升粮食和畜禽加工两大优势，做强做精面制品、肉制品和淀粉加工产品链，培育壮大乳制品、果蔬、油脂、休闲食品等高成长性行业。②建设全国重要的有色工业基地。进一步壮大以铝为主的有色工业。搞好铝土矿资源配置，集约发展氧化铝，扩大铜精深加工规模，积极发展铅、锌、钼、镁等有色金属深加工，引导黄金工业健康发展。③建设全国重要的化工基地。依托骨干企业，建设石油化工基地。

④建设全国重要的新型纺织工业基地。引导棉纺企业向棉花主产区和棉纺工业聚集区转移，提高装备水平，加快产品升级，建设优质棉纱生产基地。

附表 1-16　河南省各年经济增加值预测　　　　　单位：亿元

行　业	2007 年	2010 年	2015 年	2020 年	2030 年
农业	2 223	2 578	3 167	3 790	4 970
煤炭开采和洗选业	442	575	857	1 040	1 243
石油和天然气开采业	114	118	124	130	136
黑色金属矿采选业	34	46	69	87	100
有色金属矿采选业	172	214	300	401	492
非金属矿采选业	166	217	338	470	635
其他采矿业	1	1	2	5	10
农副食品加工业	665	961	1 655	2 547	3 472
食品制造业	206	271	402	523	709
饮料制造业	111	148	217	309	422
烟草制品业	93	118	165	211	283
纺织业	218	277	380	509	732
纺织服装、鞋、帽制造业	98	121	157	197	267
皮革、毛皮、羽毛（绒）及其制品业	93	111	144	181	222
木材加工业	177	223	312	419	634
家具制造业	88	124	200	307	551
造纸及纸制品业	150	201	309	431	677
印刷业和记录媒介的复制业	43	58	90	134	224
文教体育用品制造业	7	8	12	18	34
石油加工、炼焦及核燃料加工业	122	159	237	334	504
化学原料及化学制品制造业	302	399	587	808	1 068
医药制造业	111	144	222	317	545
化学纤维制造业	18	23	32	43	69
橡胶制品业	56	76	121	183	308
塑料制品业	101	138	217	314	513
非金属矿物制品业	819	1 073	1 554	2 094	2 885
黑色金属冶炼及压延加工业	372	519	816	1 126	1 450
有色金属冶炼及压延加工业	371	510	791	1 060	1 298
金属制品业	135	183	275	382	523
通用设备制造业	268	350	514	747	1 068
专用设备制造业	214	295	464	724	1 296
交通运输设备制造业	151	216	364	575	1 095
电气机械及器材制造业	132	188	324	525	1 032
通信设备、计算机及其他电子设备制造业	34	50	86	142	278
仪器仪表及文化、办公用机械制造业	40	60	106	171	340
其他制造业	186	214	258	297	335
废弃资源和废旧材料回收加工业	29	47	117	266	921
电力、热力的生产和供应业	372	517	832	1 192	2 092
燃气生产和供应业	9	13	21	33	62
水的生产和供应业	9	12	18	25	49
建筑业	737	986	1 517	2 164	3 516
第三产业	4 311	5 901	9 580	14 696	29 516
合计	13 999	18 440	27 954	39 925	66 577

17．湖北省

2009 年全省完成生产总值 12 831.52 亿元，按可比价格计算，比上年增长 13.2%，连续 6 年保持两位数增长。其中：第一产业完成增加值 1 915.9 亿元，增长 5.2%；第二产业完成增加值 5 909.42 亿元，增长 16.0%；第三产业完成增加值 5 006.20 亿元，增长 12.3%。三次产业结构由 2008 年的 15.7∶43.8∶40.5 调整为 14.9∶46.1∶39.0。

全省规模以上工业完成增加值 4 742.23 亿元，按可比价格计算，比上年增长 20.1%。工业产品结构改善，高新技术产业增长较快。全省完成高新技术产业增加值 1 331.1 亿元，比上年增长 20.5%，占规模以上工业增加值的比重达 28.1%。

未来湖北省实施工业强省战略。突破性发展高新技术产业，加快发展电子信息、生物技术与新医药、新材料、光机电一体化等为重点的高新技术产业。做大做强支柱产业，支持汽车、钢铁、石化工业加快发展。改造提升优势产业，加快装备制造、食品、纺织、建材工业改造与发展步伐。实施一批重大工业项目，推进工业园区建设，促进产业集群发展。延伸产业链，提高产业配套能力。加快老工业基地调整改造，推进制造业信息化。

附表 1-17　湖北省各年经济增加值预测　　　　单位：亿元

行　业	2007 年	2010 年	2015 年	2020 年	2030 年
农业	1 381	1 602	1 968	2 355	3 088
煤炭开采和洗选业	7	9	13	16	19
石油和天然气开采业	53	55	57	60	63
黑色金属矿采选业	37	49	74	93	108
有色金属矿采选业	12	15	20	27	33
非金属矿采选业	33	43	67	94	127
其他采矿业	0	0	1	1	2
农副食品加工业	143	206	355	546	744
食品制造业	43	57	84	109	149
饮料制造业	85	114	167	239	325
烟草制品业	151	191	268	342	459
纺织业	127	162	222	297	428
纺织服装、鞋、帽制造业	49	60	78	98	132
皮革、毛皮、羽毛（绒）及其制品业	4	5	7	9	11
木材加工业	17	22	30	41	62
家具制造业	6	8	13	20	36
造纸及纸制品业	34	45	69	97	152
印刷业和记录媒介的复制业	19	26	40	60	100
文教体育用品制造业	2	3	4	7	13
石油加工、炼焦及核燃料加工业	21	27	40	56	85
化学原料及化学制品制造业	191	252	371	511	675
医药制造业	80	104	160	229	393
化学纤维制造业	6	8	11	15	23

行　业	2007 年	2010 年	2015 年	2020 年	2030 年
橡胶制品业	10	14	22	34	57
塑料制品业	41	56	89	128	210
非金属矿物制品业	133	174	252	339	467
黑色金属冶炼及压延加工业	250	348	548	755	973
有色金属冶炼及压延加工业	106	145	225	302	370
金属制品业	62	85	127	177	242
通用设备制造业	113	147	216	315	450
专用设备制造业	48	66	104	162	290
交通运输设备制造业	481	689	1 160	1 831	3 488
电气机械及器材制造业	85	121	209	339	666
通信设备、计算机及其他电子设备制造业	167	240	420	690	1 349
仪器仪表及文化、办公用机械制造业	26	38	68	109	217
其他制造业	15	18	21	25	28
废弃资源和废旧材料回收加工业	4	6	15	33	116
电力、热力的生产和供应业	393	545	878	1 257	2 206
燃气生产和供应业	8	12	20	32	60
水的生产和供应业	32	42	63	89	173
建筑业	490	656	1 009	1 439	2 338
第三产业	3 713	5 082	8 251	12 657	25 421
合计	8 677	11 547	17 818	26 034	46 347

18．湖南省

2009 年全年全区实现生产总值 134 485 万元，按可比价计算比上年增长 15.6%。其中第一产业实现增加值 15 240 万元，增长 5.7%；第二产业实现增加值 75 699 万元，增长 21.3%，第三产业实现增加值 43 546 万元，增长 10.1%。第二产业是经济增长的主要动力，对经济增长贡献率达到 73.3%。三次产业结构为 14.2：51.8：34。按常住人口计算，人均 GDP 为 14 678 元。工业规模不断扩大。全年全部工业增加值 67 806 万元，比上年增长 21.8%。规模工业企业实现增加值 73 814 万元，比上年增长 32.1%，规模以下工业全年完成总产值 41 632 万元，增长 14.5%。

未来湖南省产业结构调整方向如下：①培育壮大支柱产业。以装备制造业为重点，坚持自主创新和技术引进相结合，突出发展装备制造、钢铁有色、卷烟制造三大产业，增强整体实力，提高发展水平。②大力扶持新兴产业。以电子信息为重点，大力扶持电子信息、新材料、生物医药等新兴产业，尽快形成应对未来竞争的战略性产业。③改造提升传统产业。以食品工业为重点，加快食品、石化、建材、造纸等传统产业的改组、改造，加快高新技术和先进适用技术应用，提高市场竞争能力。

附表 1-18　湖南省各年经济增加值预测　　　　　　　　　单位：亿元

行　业	2007 年	2010 年	2015 年	2020 年	2030 年
农业	1 630	1 891	2 323	2 780	3 645
煤炭开采和洗选业	99	128	191	232	277
石油和天然气开采业	0	0	0	0	0
黑色金属矿采选业	15	20	30	38	44
有色金属矿采选业	64	79	111	149	183
非金属矿采选业	28	37	58	80	109
其他采矿业	0	0	1	2	3
农副食品加工业	153	221	380	585	798
食品制造业	73	96	142	185	251
饮料制造业	38	51	75	107	146
烟草制品业	318	401	562	717	964
纺织业	66	84	115	155	222
纺织服装、鞋、帽制造业	18	23	29	37	50
皮革、毛皮、羽毛（绒）及其制品业	22	27	34	43	53
木材加工业	52	66	92	123	187
家具制造业	14	19	31	48	85
造纸及纸制品业	62	83	127	177	278
印刷业和记录媒介的复制业	23	31	49	72	121
文教体育用品制造业	3	4	6	9	18
石油加工、炼焦及核燃料加工业	116	150	224	315	476
化学原料及化学制品制造业	225	297	436	601	794
医药制造业	58	76	117	167	287
化学纤维制造业	7	9	13	17	27
橡胶制品业	9	12	19	29	49
塑料制品业	37	50	79	115	188
非金属矿物制品业	152	199	289	389	536
黑色金属冶炼及压延加工业	259	361	569	784	1 010
有色金属冶炼及压延加工业	273	375	582	780	954
金属制品业	47	63	95	132	181
通用设备制造业	98	128	188	274	392
专用设备制造业	152	209	329	512	918
交通运输设备制造业	124	177	298	471	897
电气机械及器材制造业	87	125	215	348	684
通信设备、计算机及其他电子设备制造业	25	37	64	105	205
仪器仪表及文化、办公用机械制造业	14	20	36	58	116
其他制造业	12	14	16	19	21
废弃资源和废旧材料回收加工业	36	58	143	326	1 128
电力、热力的生产和供应业	229	318	512	734	1 288
燃气生产和供应业	6	9	14	22	42
水的生产和供应业	12	16	24	34	66
建筑业	514	688	1 059	1 510	2 454
第三产业	3 494	4 783	7 765	11 911	23 923
合计	8 664	11 435	17 444	25 193	44 070

19．广东省

2009 年全省生产总值 39 081.59 亿元，比上年增长 9.5%。其中，第一产业增加值 2 006.02 亿元，增长 4.9%，对 GDP 贡献率为 2.5%；第二产业增加值 19 270.48 亿元，增长 8.7%，对 GDP 贡献率为 48.4%；第三产业增加值 17 805.09 亿元，增长 11.0%，对 GDP 贡献率为 49.1%。人均地区生产总值达 40 748 元，增长 8.4%。

全年全部工业完成增加值 17 946.34 亿元，比上年增长 8.3%。九大支柱产业增加值比上年增长 9.0%，其中三大新兴支柱产业增长 6.6%，三大传统支柱产业增长 13.4%，三大潜力产业增长 16.9%。三大新兴产业中的电子信息、电气机械及专用设备、石油及化学增加值分别增长 10.3%、4.9%和 2.9%；三大传统支柱产业中的纺织服装、食品饮料、建筑材料分别增长 12.7%、16.1%和 11.0%；三大潜力产业中的森工造纸、医药、汽车及摩托车分别增长 15.6%、20.0%和 16.8%。

未来广东省产业结构调整方向如下：①优先发展现代服务业。重点发展金融业、会展业、物流业、信息服务业、科技服务业、商务服务业、外包服务业、文化创意产业、总部经济和旅游业，全面提升服务业发展水平。②加快发展先进制造业。加快发展装备制造业，在核电设备、风电设备、输变电重大装备、数控机床及系统、海洋工程设备 5 个关键领域实现突破，形成世界级重大成套和技术装备制造产业基地。③大力发展高技术产业。坚持全面提升与重点突破相结合，突出自主创新和产业集聚，培育壮大新兴产业，建成全球重要的高技术产业带。着力发展高端产业和产业链高端环节，加快提升高技术产业核心竞争力。④改造提升优势传统产业。实施改造提升、名牌带动、以质取胜、转型升级战略，做优家用电器、纺织服装、轻工食品、建材、造纸、中药等优势传统产业，提高产业集中度，提升产品质量，增强整体竞争力。积极采用高新技术、先进适用技术和现代管理技术改造提升优势传统产业，推动产业链条向高附加值的两端延伸。⑤积极发展现代农业。按照高产、优质、高效、生态、安全的要求，加快转变农业发展方式，优化农业产业结构，建立具有岭南特色的都市型、外向型现代农业产业体系，率先实现农业现代化。

附表 1-19　广东省各年经济增加值预测　　　　　　　　单位：亿元

行　业	2007 年	2010 年	2015 年	2020 年	2030 年
农业	1 699	1 971	2 422	2 898	3 800
煤炭开采和洗选业	0	0	0	0	0
石油和天然气开采业	503	520	547	572	598
黑色金属矿采选业	23	31	47	59	69
有色金属矿采选业	35	43	61	81	100
非金属矿采选业	25	33	51	71	96
其他采矿业	0	0	0	0	0
农副食品加工业	240	347	598	919	1 254
食品制造业	184	241	358	465	631
饮料制造业	132	176	258	369	503
烟草制品业	165	208	292	373	501

行　业	2007年	2010年	2015年	2020年	2030年
纺织业	376	480	657	881	1 266
纺织服装、鞋、帽制造业	393	483	625	787	1 065
皮革、毛皮、羽毛（绒）及其制品业	273	326	422	531	652
木材加工业	75	94	132	177	268
家具制造业	154	216	348	535	958
造纸及纸制品业	239	321	494	690	1 082
印刷业和记录媒介的复制业	146	197	307	457	764
文教体育用品制造业	199	256	372	549	1 049
石油加工、炼焦及核燃料加工业	265	345	514	725	1 093
化学原料及化学制品制造业	791	1 046	1 538	2 118	2 797
医药制造业	145	188	290	414	712
化学纤维制造业	42	54	76	104	164
橡胶制品业	70	95	151	229	386
塑料制品业	485	664	1045	1 508	2 470
非金属矿物制品业	487	638	924	1 245	1 715
黑色金属冶炼及压延加工业	229	319	503	693	893
有色金属冶炼及压延加工业	318	436	677	908	1 111
金属制品业	607	823	1 237	1 718	2 353
通用设备制造业	257	336	493	718	1 026
专用设备制造业	255	351	553	861	1 542
交通运输设备制造业	773	1 107	1 866	2 944	5 609
电气机械及器材制造业	1 445	2 060	3 550	5 749	11 304
通信设备、计算机及其他电子设备制造业	2 388	3 435	5 999	9 866	19 271
仪器仪表及文化、办公用机械制造业	265	399	703	1 131	2 255
其他制造业	172	198	238	275	310
废弃资源和废旧材料回收加工业	37	60	148	337	1 166
电力、热力的生产和供应业	1 029	1 427	2 299	3 292	5 777
燃气生产和供应业	49	72	121	188	355
水的生产和供应业	90	117	176	250	485
建筑业	979	1 310	2 016	2 875	4 672
第三产业	12 850	17 590	28 557	43 807	87 984
合计	28 891	39 015	61 665	92 369	170 107

20. 广西壮族自治区

2009年全年全区生产总值7 700.36亿元，比上年增长13.9%。分产业看，第一产业增加值1 458.71亿元，增长5.3%；第二产业增加值3 377.72亿元，增长17.6%；第三产业增加值2 863.93亿元，增长13.8%。第一、第二、第三产业增加值占地区生产总值的比重分别为18.9%、43.9%和37.2%。第一、第二、第三产业对经济增长的贡献率分别为7.0%、55.2%和37.8%。按常住人口计算，全区人均地区生产总值为1.592 3万元。

全年全部工业增加值2 863.84亿元，比上年增长15.7%。食品、有色、石化、冶金、汽车、机械、电力等七大支柱产业增加值合计1 776.65亿元，比上年增长17.5%。建材、造纸、电子信息、造船、纺织服装皮革、木材加工、医药制造等七大优势产业增加值合计429.80 亿元，增长 21.1%。

未来广西产业发展方向如下：①大力发展资源型工业。坚持资源开发与保护相结合，加强资源调查评价和勘察，为资源型工业持续发展提供保障。加大特色资源开发力度，尽快把资源优势转化为产业优势。大力发展铝业、林浆纸、制糖、钢铁、化工、锰业、有色金属、食品、建材、医药、茧丝绸、烟草、生物化工等产业。②壮大现代制造业。广泛运用高新技术和先进适用技术改造制造业，支持开发重大产业技术，加强企业技术研发机构建设，鼓励技术革新和发明创造，努力掌握关键技术，增强新产品研发和成套制造能力，坚持自主创新与技术引进相结合，提升制造业技术水平和整体竞争力。重点发展汽车、车用内燃机、工程机械、电气机械、机床、成套设备、电子信息产品制造、集装箱制造和修造船业。③大力发展高技术产业。大力开发对经济社会发展有重大带动作用的高新技术，加强自主知识产权核心技术的开发应用，重点在生物、新材料、新能源、电子信息、环保、现代中医药等高新技术产业实现突破。

附表 1-20　广西壮族自治区各年经济增加值预测　　　　　　　单位：亿元

行　业	2007 年	2010 年	2015 年	2020 年	2030 年
农业	1 244	1 443	1 773	2 122	2 782
煤炭开采和洗选业	9	12	18	22	26
石油和天然气开采业	0	0	0	0	0
黑色金属矿采选业	20	27	41	52	60
有色金属矿采选业	49	61	86	115	141
非金属矿采选业	15	19	30	41	56
其他采矿业	0	0	0	0	1
农副食品加工业	237	342	589	907	1 236
食品制造业	20	26	38	50	67
饮料制造业	46	61	89	128	174
烟草制品业	65	82	116	147	198
纺织业	26	33	45	60	86
纺织服装、鞋、帽制造业	4	5	6	8	11
皮革、毛皮、羽毛（绒）及其制品业	14	17	22	27	33
木材加工业	49	62	87	116	176
家具制造业	2	2	4	6	11
造纸及纸制品业	33	44	67	94	148
印刷业和记录媒介的复制	14	19	29	43	73
文教体育用品制造业	2	2	3	5	9
石油加工、炼焦及核燃料加工业	21	28	41	58	88
化学原料及化学制品制造业	120	159	234	322	425
医药制造业	48	63	97	138	238

行　业	2007 年	2010 年	2015 年	2020 年	2030 年
化学纤维制造业	0	0	0	0	0
橡胶制品业	8	11	18	27	46
塑料制品业	17	23	36	51	84
非金属矿物制品业	100	131	190	256	352
黑色金属冶炼及压延加工业	200	279	439	605	779
有色金属冶炼及压延加工业	154	211	327	439	537
金属制品业	15	20	30	42	57
通用设备制造业	29	38	56	82	117
专用设备制造业	59	82	129	201	360
交通运输设备制造业	170	243	410	646	1 232
电气机械及器材制造业	45	65	111	181	355
通信设备、计算机及其他电子设备制造业	29	42	73	121	236
仪器仪表及文化、办公用机械制造业	4	7	11	18	37
其他制造业	16	18	21	25	28
废弃资源和废旧材料回收加工业	0	0	1	1	5
电力、热力的生产和供应业	223	309	498	712	1 250
燃气生产和供应业	2	3	5	8	15
水的生产和供应业	9	11	17	24	47
建筑业	319	427	657	936	1 522
第三产业	2 187	2 994	4 860	7 456	14 974
合计	5 623	7 419	11 304	16 292	28 070

21．海南省

2009 年全年国内生产总值 335 353 亿元，比上年增长 8.7%。分产业看，第一产业增加值 35 477 亿元，增长 4.2%；第二产业增加值 156 958 亿元，增长 9.5%；第三产业增加值 142 918 亿元，增长 8.9%。第一产业增加值占国内生产总值的比重为 10.6%，比上年下降 0.1 个百分点；第二产业增加值比重为 46.8%，下降 0.7 个百分点；第三产业增加值比重为 42.6%，上升 0.8 个百分点。

未来海南省产业发展方向如下：①加快发展新兴工业。继续坚持"不污染环境、不破坏资源、不搞低水平重复建设"的原则，实施大企业进入、大项目带动战略，带动和促进中小企业发展，坚持走新型工业化道路。②推进旅游产业转型升级。围绕建设旅游强省的目标，努力推进旅游产业由数量规模型向质量效益型转变，旅游产品由观光旅游为主向度假休闲为主转变，逐步把海南建设成为世界著名、亚洲一流的热带海岛度假休闲目的地。③加快发展海洋经济。构建特色海洋产业体系，培育海南省新的经济增长极。支持南海油气资源勘探开发，使海南成为南海油气资源勘探开发支持基地。

附表 1-21　海南省各年经济增加值预测　　　　　单位：亿元

行　业	2007 年	2010 年	2015 年	2020 年	2030 年
农业	362	420	516	617	809
煤炭开采和洗选业	0	0	0	0	0
石油和天然气开采业	6	6	6	7	7
黑色金属矿采选业	7	9	14	18	20
有色金属矿采选业	4	5	7	9	11
非金属矿采选业	1	1	2	3	4
其他采矿业	0	0	0	0	0
农副食品加工业	13	19	33	51	69
食品制造业	6	8	12	15	21
饮料制造业	5	7	10	15	20
烟草制品业	6	7	10	13	17
纺织业	2	3	4	5	8
纺织服装、鞋、帽制造业	0	0	0	0	0
皮革、毛皮、羽毛（绒）及其制品业	0	0	0	0	0
木材加工业	1	2	2	3	5
家具制造业	1	1	2	3	5
造纸及纸制品业	26	35	54	76	119
印刷业和记录媒介的复制业	2	2	3	5	8
文教体育用品制造业	0	0	0	0	0
石油加工、炼焦及核燃料加工业	49	64	96	135	204
化学原料及化学制品制造业	31	41	60	83	109
医药制造业	11	15	23	32	56
化学纤维制造业	1	2	2	3	5
橡胶制品业	3	4	6	9	15
塑料制品业	1	2	3	4	6
非金属矿物制品业	8	11	15	21	28
黑色金属冶炼及压延加工业	4	5	8	12	15
有色金属冶炼及压延加工业	0	0	1	1	1
金属制品业	4	5	7	10	14
通用设备制造业	0	0	0	1	1
专用设备制造业	0	0	1	1	2
交通运输设备制造业	23	32	55	86	164
电气机械及器材制造业	2	3	6	9	18
通信设备、计算机及其他电子设备制造业	3	5	8	14	27
仪器仪表及文化、办公用机械制造业	0	0	0	0	0
其他制造业	0	0	0	0	0
废弃资源和废旧材料回收加工业	0	0	0	0	0
电力、热力的生产和供应业	23	32	51	73	128
燃气生产和供应业	3	4	7	11	21
水的生产和供应业	2	3	4	6	11
建筑业	82	109	168	240	390
第三产业	476	651	1 057	1 622	3 257
合计	1 169	1 514	2 254	3 210	5 595

22. 重庆市

2009年全年实现地区生产总值6 528.72亿元，比上年增长14.9%。其中，第一产业实现增加值606.80亿元，增长5.5%；第二产业实现增加值3 447.48亿元，增长17.8%；第三产业实现增加值2 474.44亿元，增长13.3%。第一产业增加值占全市生产总值的比重为9.3%，比上年下降0.6个百分点；第二产业增加值比重为52.8%，与上年持平；第三产业增加值比重为37.9%，上升0.6个百分点。按常住人口计算，全市人均地区生产总值22 916元，比上年增长14.1%。

全年工业增加值2 917.40亿元，比上年增长17.2%，占全市生产总值的44.7%。从支柱产业看，汽车摩托车行业总产值2 223.79亿元，增长21.3%，占规模以上工业总产值的33.2%，装备制造业总产值1 091.14亿元，增长18.0%，占规模以上工业总产值的16.3%。

未来重庆市产业结构调整方向如下：①提升壮大汽车摩托车产业。加快发展汽车产业，着力打造资本构成多元化、企业组织集团化、生产经营规模化、产品市场国际化的现代汽车产业基地。②构建装备制造业基地。大力提升研发设计、工艺装备、系统集成水平，努力建成我国重要的装备制造业基地。重点建设内燃机、环保成套装备、仪器仪表、军事装备等4个国家级研发生产基地；发展输变电成套装备、数控机床、电子产品及通信设备、船舶及配套产品等4个优势装备制造行业；发展轨道交通设备、工程机械及大型结构件、水力及风力发电成套设备、系列模具、医疗成套设备、优质材料等六大重点产品。③构建资源加工业基地。合理开发利用矿产资源，采用先进生产技术和清洁生产工艺，矿电联产，集中布局，保护环境，努力构建化工、冶金、建材基地。大力发展天然气化工、盐化工、化肥和精细化工，实施乙烯下游产品链建设，实现化工业发展新突破。结合农副产品及特色生物资源开发，加快发展医药、食品、纺织等轻工业。④构建高技术产业基地。重点发展信息、生物、新材料、新能源等高技术产业，加快自主研发专利技术的产业化进程，促进产学研结合，增强技术研发的针对性、实效性和产业化基础。

附表1-22　重庆市各年经济增加值预测　　　　　　　　单位：亿元

行　业	2007年	2010年	2015年	2020年	2030年
农业	483	561	689	824	1 081
煤炭开采和洗选业	59	77	115	139	166
石油和天然气开采业	3	3	3	3	3
黑色金属矿采选业	7	9	13	17	20
有色金属矿采选业	3	4	6	8	10
非金属矿采选业	5	7	11	15	21
其他采矿业	0	0	0	0	0
农副食品加工业	42	60	104	160	218
食品制造业	14	19	28	36	49
饮料制造业	23	31	45	65	88
烟草制品业	47	60	83	107	143
纺织业	24	30	41	55	79
纺织服装、鞋、帽制造业	3	4	5	7	9

行　业	2007 年	2010 年	2015 年	2020 年	2030 年
皮革、毛皮、羽毛（绒）及其制品业	9	11	14	17	21
木材加工业	1	2	2	3	5
家具制造业	5	7	11	17	30
造纸及纸制品业	11	15	23	32	50
印刷业和记录媒介的复制业	9	12	19	29	48
文教体育用品制造业	0	0	0	0	0
石油加工、炼焦及核燃料加工业	12	15	22	31	47
化学原料及化学制品制造业	89	118	173	239	315
医药制造业	46	60	93	132	228
化学纤维制造业	2	2	3	4	6
橡胶制品业	7	10	16	24	40
塑料制品业	11	15	23	33	55
非金属矿物制品业	81	106	153	207	285
黑色金属冶炼及压延加工业	52	72	114	157	203
有色金属冶炼及压延加工业	72	99	154	206	253
金属制品业	18	24	36	51	69
通用设备制造业	63	82	120	174	249
专用设备制造业	14	19	31	48	86
交通运输设备制造业	432	619	1 043	1 645	3 134
电气机械及器材制造业	45	64	111	180	353
通信设备、计算机及其他电子设备制造业	17	25	43	71	138
仪器仪表及文化、办公用机械制造业	19	29	51	82	163
其他制造业	24	27	33	38	43
废弃资源和废旧材料回收加工业	3	4	10	23	79
电力、热力的生产和供应业	116	162	260	372	654
燃气生产和供应业	14	21	35	54	102
水的生产和供应业	7	9	13	19	37
建筑业	304	407	627	894	1 452
第三产业	1 670	2 286	3 711	5 693	11 435
合计	3 867	5 186	8 088	11 911	21 468

23. 四川省

2009 年全省生产总值 14 151.3 亿元，比上年增长 14.5%，增速比上年回升 3.5 个百分点。其中，第一产业增加值 2 240.6 亿元，增长 4.0%；第二产业增加值 6 711.9 亿元，增长 19.5%；第三产业增加值 5 198.8 亿元，增长 12.4%。三次产业对经济增长的贡献率分别为 4.2%、62.8% 和 33.0%。人均生产总值 17 339 元，增长 14%。三次产业结构由上年的 17.6：46.2：36.2 调整为 15.8：47.4：36.8。

改革开放以来，四川省形成了电子信息、装备制造、能源电力、油气化工、钒钛钢铁、饮料食品、现代中药等优势产业和航空航天、汽车制造、生物工程以及新材料等潜力产业（"7＋3"产业），2009 年"7＋3"产业增加值占规模以上工业的 73.4%，增长 16.4%。其中，电子信息产业增长 21.6%；装备制造产业增长 17.6%；能源电力产业增长 14.1%；油气化产业增长 16.8%；钒钛钢铁产业增长 6.9%；饮料产品产业增长 20.4%；现代中药产业增长 26.6%。全年规模以上工业企业实现出口交货值 551.8 亿元，增长 0.4%；完成新产品产值 3 505.6 亿元，增长 28.6%。

未来四川省产业结构调整方向如下：①建设重大装备基地。充分发挥发电设备、重大装备、工程机械等产业优势，优化资源配置，调整产品结构，增强自主创新能力，建设成为在全国有突出地位并有国际竞争力的重大装备制造基地。②壮大清洁能源基地。坚持节约优先和高效利用的政策导向，以加快水电和天然气开发为重点，建成全国最大的清洁能源基地。③发展农产品加工业。发展精深加工和综合利用，把四川建成西部重要的农产品深加工基地和营销中心。④发展高技术产业。按照产业化、集聚化、国际化的方向，加快促进高技术产业发展，推进自主创新成果产业化，引导形成一批具有核心竞争力的先导产业，建设一批集聚效应突出的产业基地。包括电子信息、生物产业、新材料、航空航天、民用核产品、制造业信息化等。⑤改造提升传统产业。积极采用高新技术和先进适用技术改造提升冶金、化工、建材、丝绸、纺织、皮革、采掘、建筑等传统产业，优化产品结构，淘汰浪费资源、污染环境的落后工艺和装备。

附表 1-23　四川省各年经济增加值预测　　　　　　　　单位：亿元

行　业	2007 年	2010 年	2015 年	2020 年	2030 年
农业	2 037	2 362	2 902	3 473	4 554
煤炭开采和洗选业	146	190	283	344	411
石油和天然气开采业	108	112	118	123	128
黑色金属矿采选业	31	41	61	77	89
有色金属矿采选业	44	55	77	103	126
非金属矿采选业	24	32	49	69	93
其他采矿业	0	0	1	1	3
农副食品加工业	232	335	577	888	1 211
食品制造业	55	72	107	139	188
饮料制造业	253	337	495	707	964
烟草制品业	42	53	75	96	129
纺织业	89	113	155	208	299
纺织服装、鞋、帽制造业	12	15	19	24	32
皮革、毛皮、羽毛（绒）及其制品业	40	48	62	78	96
木材加工业	20	26	36	48	73
家具制造业	24	34	55	85	151
造纸及纸制品业	44	59	90	126	197
印刷业和记录媒介的复制业	31	42	66	98	163
文教体育用品制造业	1	1	1	2	4
石油加工、炼焦及核燃料加工业	45	59	87	123	186
化学原料及化学制品制造业	256	339	498	686	907
医药制造业	114	148	228	325	559
化学纤维制造业	17	22	30	41	65
橡胶制品业	15	21	34	51	86
塑料制品业	49	67	105	152	249
非金属矿物制品业	185	242	351	473	651

行　业	2007 年	2010 年	2015 年	2020 年	2030 年
黑色金属冶炼及压延加工业	301	420	661	912	1 175
有色金属冶炼及压延加工业	118	162	252	338	414
金属制品业	57	77	116	161	220
通用设备制造业	188	245	359	523	747
专用设备制造业	110	151	237	370	662
交通运输设备制造业	150	215	362	571	1 088
电气机械及器材制造业	124	177	305	494	971
通信设备、计算机及其他电子设备制造业	186	268	468	770	1 503
仪器仪表及文化、办公用机械制造业	14	21	37	60	119
其他制造业	9	11	13	15	17
废弃资源和废旧材料回收加工业	1	2	5	11	37
电力、热力的生产和供应业	343	477	768	1 099	1 929
燃气生产和供应业	19	27	46	72	135
水的生产和供应业	9	12	18	25	48
建筑业	692	926	1425	2 032	3 302
第三产业	3 661	5 012	8 136	12 481	25 068
合计	9 897	13 026	19 771	28 471	49 052

24. 贵州省

2009 年全省生产总值为 3 893.51 亿元，比上年增长 11.2%。其中，第一产业增加值为 554.02 亿元，增长 4.8%；第二产业增加值为 1 474.33 亿元，增长 12.0%；第三产业增加值为 1 865.16 亿元，增长 12.6%。在第三产业中，交通运输、仓储和邮政业增长 4.1%，批发和零售业增长 20.4%，住宿和餐饮业增长 15.6%，金融业增长 26.2%，房地产业增长 17.5%，其他服务业增长 9.4%。

工业生产克服金融危机影响，仍实现较快增长。全年工业增加值为 1 252.67 亿元，比上年增长 10.2%。其中，规模以上工业增加值为 1 170.29 亿元，增长 10.6%。在规模以上工业增加值中，轻工业增加值为 352.39 亿元，增长 11.6%；重工业增加值为 817.90 亿元，增长 10.2%。电力、煤炭、饮料、烟草、医药等主要行业对工业增长的拉动较大。规模以上工业中，这五个行业分别比上年增长 10.5%、10.6%、12.1%、7.0% 和 14.6%，合计拉动规模以上工业增长 6.1 个百分点，其中电力行业拉动力度最大，拉动规模以上工业增长 2.2 个百分点。

未来贵州省产业结构调整方向如下：①进一步做强做大能源新兴支柱产业。抢抓"西电东送"机遇，继续发展水电，优化发展火电，努力发展新能源。②积极发展可再生能源，因地制宜开发和利用风能、太阳能。③做强做大优势原材料新兴支柱产业。把发展煤化工作为重化工业发展的战略重点，大力推进煤炭资源综合开发和深加工转化，建成重要的新型煤化工基地。④进一步加快磷化工业发展，重点支持发展高浓度复合肥和精细磷化工，配套发展合成氨等化工产品，加强磷化工废弃物的综合利用。⑤按照"重点发展氧化铝，配套发展电解铝，大力发展铝加工"的思路，着力提升铝工业竞争力。优化整合铁合金等高耗能产业，提高产业集中度和精深加工水平，强化环境保护和污染治理，促进高耗能产业健康发展。⑥做强做大以烟酒为主的传统支柱产业。

附表 1-24　贵州省各年经济增加值预测　　　　　　　　单位：亿元

行　业	2007 年	2010 年	2015 年	2020 年	2030 年
农业	447	519	637	763	1 000
煤炭开采和洗选业	92	120	179	217	259
石油和天然气开采业	0	0	0	0	0
黑色金属矿采选业	2	3	5	6	7
有色金属矿采选业	4	5	7	9	12
非金属矿采选业	6	8	13	17	24
其他采矿业	0	0	0	1	1
农副食品加工业	10	14	24	37	50
食品制造业	8	11	16	21	28
饮料制造业	76	102	149	213	291
烟草制品业	103	130	182	233	313
纺织业	1	1	2	3	4
纺织服装、鞋、帽制造业	1	1	1	2	2
皮革、毛皮、羽毛（绒）及其制品业	0	0	0	0	1
木材加工业	2	3	4	6	9
家具制造业	0	0	0	0	0
造纸及纸制品业	2	2	3	5	8
印刷业和记录媒介的复制业	3	5	7	11	18
文教体育用品制造业	0	0	0	1	1
石油加工、炼焦及核燃料加工业	11	14	22	30	46
化学原料及化学制品制造业	69	92	135	186	245
医药制造业	47	61	93	133	229
化学纤维制造业	0	0	0	0	0
橡胶制品业	10	13	21	32	54
塑料制品业	3	5	7	11	17
非金属矿物制品业	21	28	41	55	75
黑色金属冶炼及压延加工业	74	103	161	223	287
有色金属冶炼及压延加工业	63	86	133	179	219
金属制品业	8	11	17	24	32
通用设备制造业	6	8	12	17	24
专用设备制造业	8	11	17	26	47
交通运输设备制造业	30	43	73	115	220
电气机械及器材制造业	11	16	28	46	90
通信设备、计算机及其他电子设备制造业	8	12	21	35	67
仪器仪表及文化、办公用机械制造业	4	5	9	15	30
其他制造业	4	5	6	7	7
废弃资源和废旧材料回收加工业	0	0	0	0	0
电力、热力的生产和供应业	208	289	465	665	1 168
燃气生产和供应业	2	3	5	8	16
水的生产和供应业	3	4	6	8	16
建筑业	134	179	275	393	638
第三产业	1 096	1 500	2 436	3 737	7 505
合　计	2 580	3 413	5 216	7 487	13 061

25．云南省

2009 年全省生产总值完成 6 168.23 亿元，比上年增长 12.1%，高于全国平均水平 3.4 个百分点；增长速度在全国排名第 15 位。分产业看，第一产业增加值 1 063.96 亿元，增长 5.2%；第二产业增加值 2 580.34 亿元，增长 13.6%；第三产业增加值 2 523.93 亿元，增长 13.4%。三次产业结构由上年的 17.9：43.1：39.0 调整为 17.3：41.8：40.9。全省人均 GDP 达到 13 539 元（按年末汇率折合 1 983 美元），比上年增长 11.4%。

全年全部工业完成增加值 2 088.3 亿元，比上年增长 11.2%；规模以上工业完成增加值 1 904.38 亿元，增长 11.2%。全年规模以上工业中，属于云南支柱产业的烟草制品业完成增加值 689.82 亿元，同比增长 11.4%；电力生产和供应业完成增加值 242.36 亿元，同比增长 16.6%；矿产业完成增加值 670.57 亿元，同比增长 6.3%。6 大高载能行业共完成增加值 710.82 亿元，比上年增长 9.2%，其中，化学原料及化学制品制造业增长 5.4%，非金属矿物制品业增长 20.7%，电力、热力的生产和供应业增长 16.6%，黑色金属冶炼及压延加工业增长 9.1%，有色金属冶炼及压延加工业增长 3.6%，石油加工炼焦及核燃料加工业增长 0.9%。

未来云南产业结构调整方向如下：①发展壮大电力工业。发挥资源优势，把云南建成以水电为主的全国优质能源基地。②延伸化学工业价值链。强化磷化工，积极发展煤化工，适度发展盐化工，形成全国最大的磷化工基地和辐射西南、面向东南亚的煤化工和盐化工基地。③改造提升冶金工业。把云南建设成国家级有色金属冶炼及深加工基地、世界级锡工业及深加工基地、面向周边国家和地区的钢铁工业基地。④做强做大烟草产业，保持云南烟草作为中国最大生产基地和重要研发中心的地位。⑤积极发展生物资源加工产业群。形成以天然药物为主体、生物制药和生物化学合成药跟进发展的格局，力争建成全国重要的现代医药产业基地。做强制糖、制茶业，做大饲料、软饮料、果蔬、乳制品、马铃薯、方便食品、食用菌和天然香精香料等产业，形成规模化、功能化、绿色化、多样化的食品产业。⑥加快培育新兴产业群。培育具有高增长潜力的新材料、电子信息和机械产业。重点建设贵金属材料、锡基材料、铅锌锗材料和新型能源材料等产业基地。

附表 1-25　云南省各年经济增加值预测　　　　　　单位：亿元

行　业	2007 年	2010 年	2015 年	2020 年	2030 年
农业	839	974	1 196	1 431	1 877
煤炭开采和洗选业	44	58	86	105	125
石油和天然气开采业	0	0	0	0	0
黑色金属矿采选业	21	29	43	54	63
有色金属矿采选业	62	77	108	144	177
非金属矿采选业	16	21	32	45	61
其他采矿业	0	0	0	0	0
农副食品加工业	34	50	85	131	179
食品制造业	6	8	12	15	21
饮料制造业	26	35	51	73	100
烟草制品业	569	718	1 007	1 285	1 727

行　业	2007 年	2010 年	2015 年	2020 年	2030 年
纺织业	2	3	4	6	8
纺织服装、鞋、帽制造业	0	0	1	1	1
皮革、毛皮、羽毛（绒）及其制品业	0	0	0	0	0
木材加工业	4	4	6	8	13
家具制造业	0	0	1	1	1
造纸及纸制品业	12	16	25	35	54
印刷业和记录媒介的复制业	17	23	36	53	89
文教体育用品制造业	0	0	0	0	0
石油加工、炼焦及核燃料加工业	23	30	45	63	95
化学原料及化学制品制造业	85	113	166	228	302
医药制造业	34	44	67	96	166
化学纤维制造业	4	5	7	10	15
橡胶制品业	1	1	1	2	4
塑料制品业	5	7	10	15	25
非金属矿物制品业	33	44	64	86	118
黑色金属冶炼及压延加工业	81	113	177	245	315
有色金属冶炼及压延加工业	210	288	447	600	734
金属制品业	3	5	7	10	13
通用设备制造业	16	20	30	43	62
专用设备制造业	10	14	22	34	60
交通运输设备制造业	18	26	44	69	131
电气机械及器材制造业	10	15	26	41	81
通信设备、计算机及其他电子设备制造业	3	5	8	13	26
仪器仪表及文化、办公用机械制造业	2	3	6	10	20
其他制造业	2	2	2	3	3
废弃资源和废旧材料回收加工业	0	1	1	3	12
电力、热力的生产和供应业	172	239	385	551	966
燃气生产和供应业	1	1	2	3	5
水的生产和供应业	5	7	10	14	27
建筑业	323	432	665	948	1 540
第三产业	1 770	2 423	3 934	6 035	12 121
合计	4 466	5 851	8 819	12 509	21 337

26. 西藏自治区

2009 年，全区实现生产总值 441.36 亿元，按可比价格计算，比上年增长 12.4%。其中：第一产业增加值 63.99 亿元，增长 3.3%；第二产业增加值 136.19 亿元，增长 21.7%；第三产业增加值 241.18 亿元，增长 10.3%。人均 GDP15 295 元，增长 11.2%。

西藏工业基础薄弱，2009 年全年全部工业实现增加值只有 32.67 亿元，比上年增长 12.9%。未来产业发展方向如下：①大力发展特色农牧业及加工业。立足高原特色，推进特色农畜产品深加工，延伸产业链，提高附加值，增强竞争力。②有重点地发展优势矿产业。围绕优势资源转化战略的实施，加大矿产资源勘探力度，提高后续资源储备，重点开发有市场需求的优势矿产资源。③加快发展旅游业。大力发展国内旅游，积极发展国际旅游，适度发展出境旅游，促进旅游业率先实现跨越式发展。④积极发展藏医药业。坚持藏医与藏药并举、生产和流通并重，充分挖掘传统优势，引进、运用先进技术和工艺，突出提高藏医药自主创新能力，走传统与现代相结合的藏医药产业发展道路。

附表 1-26　西藏自治区各年经济增加值预测　　　　单位：亿元

行　业	2007 年	2010 年	2015 年	2020 年	2030 年
农业	55.0	63.8	78.4	93.8	123.0
煤炭开采和洗选业	0.0	0.0	0.0	0.0	0.0
石油和天然气开采业	0.0	0.0	0.0	0.0	0.0
黑色金属矿采选业	3.1	4.2	6.3	7.9	9.1
有色金属矿采选业	5.2	6.5	9.1	12.2	15.0
非金属矿采选业	0.1	0.1	0.2	0.3	0.4
其他采矿业	0.0	0.0	0.0	0.0	0.0
农副食品加工业	0.3	0.5	0.9	1.3	1.8
食品制造业	0.4	0.5	0.7	0.9	1.2
饮料制造业	2.9	3.9	5.8	8.2	11.2
烟草制品业	0.0	0.0	0.0	0.0	0.0
纺织业	0.1	0.1	0.1	0.1	0.2
纺织服装、鞋、帽制造业	0.0	0.0	0.0	0.0	0.0
皮革、毛皮、羽毛（绒）及其制品业	0.0	0.0	0.0	0.1	0.1
木材加工业	0.8	1.0	1.4	1.9	2.8
家具制造业	0.0	0.0	0.0	0.0	0.0
造纸及纸制品业	0.0	0.0	0.0	0.0	0.0
印刷业和记录媒介的复制业	0.1	0.2	0.3	0.4	0.7
文教体育用品制造业	0.0	0.0	0.0	0.0	0.0
石油加工、炼焦及核燃料加工业	0.0	0.0	0.0	0.0	0.0
化学原料及化学制品制造业	0.2	0.3	0.4	0.6	0.8
医药制造业	3.8	4.9	7.6	10.8	18.6
化学纤维制造业	0.0	0.0	0.0	0.0	0.0
橡胶制品业	0.0	0.0	0.0	0.0	0.0
塑料制品业	0.0	0.0	0.0	0.0	0.0
非金属矿物制品业	3.4	4.4	6.4	8.6	11.9
黑色金属冶炼及压延加工业	0.0	0.0	0.0	0.0	0.0
有色金属冶炼及压延加工业	0.0	0.0	0.0	0.0	0.0
金属制品业	0.0	0.0	0.0	0.0	0.0
通用设备制造业	0.0	0.0	0.0	0.0	0.0
专用设备制造业	0.0	0.0	0.0	0.0	0.0
交通运输设备制造业	0.0	0.1	0.1	0.1	0.3
电气机械及器材制造业	0.0	0.0	0.0	0.0	0.0
通信设备、计算机及其他电子设备制造业	0.0	0.0	0.0	0.0	0.0
仪器仪表及文化、办公用机械制造业	0.0	0.0	0.0	0.0	0.0
其他制造业	0.1	0.1	0.1	0.1	0.1
废弃资源和废旧材料回收加工业	0.0	0.0	0.0	0.0	0.0
电力、热力的生产和供应业	3.5	4.9	7.9	11.3	19.8
燃气生产和供应业	0.0	0.0	0.0	0.0	0.0
水的生产和供应业	0.6	0.8	1.2	1.7	3.2
建筑业	67.4	90.2	138.8	198.0	321.7
第三产业	180.4	246.9	400.9	615.0	1 235.2
合计	327.6	433.4	666.5	973.4	1 777.2

27．陕西省

2009 年全年全省生产总值 8 186.65 亿元，比上年增长 13.6%。其中，第一产业增加值 789.63 亿元，增长 4.9%，占生产总值的比重为 9.6%；第二产业增加值 4 312.11 亿元，增长 14.7%，占 52.7%；第三产业增加值 3 084.91 亿元，增长 14.1%，占 37.7%。人均生产总值 21 732 元，比上年增长 13.3%。

2009 年规模以上工业完成工业总产值 8 332.09 亿元，比上年增长 13%，工业产品销售率为 96.93%，比上年提高 0.1 个百分点。八大支柱产业完成 8 142.32 亿元，增长 12.7%。其中，能源化工工业 3 750.79 亿元，增长 4.2%；装备制造业 1 939.23 亿元，增长 21.7%；有色冶金工业 935.36 亿元，增长 19.7%；食品工业 715.88 亿元，增长 22.4%；非金属矿物制品业 301.16 亿元，增长 48.7%；医药制造业 216.95 亿元，增长 25.5%；纺织服装工业 108.38 亿元，增长 12.4%；通信设备、计算机及其他电子设备制造业 174.57 亿元，下降 9.4%。

未来陕西省产业发展方向如下：①做大做强支柱产业。充分发挥自然资源、存量资产和科技教育等比较优势，引导生产要素向优势领域集中，做大做强装备制造、高技术、能源化工三大支柱产业。②改造提升传统产业。食品工业重点发展粮油加工、果蔬加工、乳制品、烟酒、饮料、肉制品和特色资源加工等。纺织工业以发展高新功能性纺织服装业为方向，大力发展服装业。有色金属工业围绕钼、钛、钒、铅锌、铝、贵金属六大优势产品，提高附加值。冶金工业抓好矿产资源开发。积极发展新型建筑材料。轻工业以造纸、日化、塑料、家用电器、工艺美术、皮革、包装装潢和家具等为重点。③支持军工发展民品。加快发展陕西航天科技产业园区，以大型飞机和支线飞机为重点，整合资源，加快新型飞机的研制生产，继续抓好飞机零部件的转包生产；加强核资源勘察力度，建立铀矿资源勘察基地，扩大核燃料生产规模，建成我国核电燃料的重要供应地；扩大光电、特种化工、民爆器材、清洁能源等产业规模。

附表 1-27　陕西省各年经济增加值预测　　　　　　　单位：亿元

行　业	2007 年	2010 年	2015 年	2020 年	2030 年
农业	594	689	846	1 013	1 328
煤炭开采和洗选业	215	279	416	505	603
石油和天然气开采业	670	693	728	762	796
黑色金属矿采选业	5	7	10	13	15
有色金属矿采选业	90	112	157	210	258
非金属矿采选业	2	2	4	5	7
其他采矿业	0	0	0	0	0
农副食品加工业	41	60	103	159	216
食品制造业	29	38	57	74	100
饮料制造业	44	59	87	124	169
烟草制品业	54	67	95	121	162
纺织业	27	34	47	62	90
纺织服装、鞋、帽制造业	3	3	4	6	8
皮革、毛皮、羽毛（绒）及其制品业	0	0	0	1	1

行　业	2007 年	2010 年	2015 年	2020 年	2030 年
木材加工业	2	3	4	5	7
家具制造业	1	1	2	3	5
造纸及纸制品业	12	16	24	34	54
印刷业和记录媒介的复制业	13	17	27	40	67
文教体育用品制造业	0	0	1	1	2
石油加工、炼焦及核燃料加工业	167	218	324	457	689
化学原料及化学制品制造业	72	95	139	192	254
医药制造业	63	82	126	180	311
化学纤维制造业	0	1	1	1	2
橡胶制品业	3	5	7	11	19
塑料制品业	8	10	16	24	39
非金属矿物制品业	48	64	92	124	171
黑色金属冶炼及压延加工业	51	71	111	153	197
有色金属冶炼及压延加工业	76	104	161	216	264
金属制品业	11	15	22	31	42
通用设备制造业	54	71	104	151	216
专用设备制造业	56	77	121	188	336
交通运输设备制造业	164	235	395	624	1 188
电气机械及器材制造业	66	94	163	264	518
通信设备、计算机及其他电子设备制造业	51	74	129	212	413
仪器仪表及文化、办公用机械制造业	19	29	51	82	164
其他制造业	3	3	3	4	5
废弃资源和废旧材料回收加工业	0	0	1	2	7
电力、热力的生产和供应业	150	208	334	479	840
燃气生产和供应业	6	8	14	22	41
水的生产和供应业	5	7	10	15	29
建筑业	400	535	823	1 174	1 907
第三产业	1 824	2 496	4 052	6 217	12 485
合计	5 097	6 581	9 813	13 956	24 025

28. 甘肃省

2009 年全省实现生产总值 3 382.35 亿元，比上年增长 10.1%。其中，第一产业增加值 497.50 亿元，增长 4.9%；第二产业增加值 1 510.98 亿元，增长 10.4%；第三产业增加值 1 373.87 亿元，增长 11.3%。

全年全省完成工业增加值 1 191.25 亿元，比上年增长 9.9%。石化、有色、电力、冶金、食品和机械等支柱产业完成工业增加值占规模以上工业的 84.10%。其中，石化工业完成增加值 258.86 亿元，比上年增长 13.51%；有色工业完成增加值 200.55 亿元，增长 15.03%；电力工业完成增加值 145.95 亿元，增长 8.29%；冶金工业完成增加值 143.24 亿元，增长 2.61%；食品工业完成工业增加值 120.23 亿元，增长 10.06%；机械工业完成工业增加值 87.09 亿元，增长 13.69%。

甘肃省将以科技进步和体制机制创新为动力，积极转变增长方式，坚持走新型工业化道路，突出特色优势产业发展，做大做强石油化工、冶金有色、装备制造、农产品加工和制药五大产业，建设全国重要的石油化工、冶金有色、新材料基地和具有区域优势的特色农产品加工基地，进一步加快工业化进程。①改造提升石油化工、冶金、有色等传统支柱产业。②大力发展装备制造业。抓住国家振兴先进制造业的机遇，充分利用现有基础，整合优势资源，重点发展石油钻采及炼化设备、新型采矿设备、数控机床、电工电器、风力发电设备、真空设备、军工及电子信息等制造业，提高主机成套和零部件配套能力。③培育壮大农产品加工、制药等新兴产业。④有选择地发展高新技术产业。依托资源、产业基础和技术研发优势，在新材料、生物医药、信息技术、现代农业、新能源与环保等领域，有选择有重点地发展高技术产业。

附表 1-28 甘肃省各年经济增加值预测 单位：亿元

行　业	2007 年	2010 年	2015 年	2020 年	2030 年
农业	387	449	551	660	865
煤炭开采和洗选业	32	42	63	76	91
石油和天然气开采业	117	121	127	133	139
黑色金属矿采选业	6.4	8.6	12.9	16.3	18.8
有色金属矿采选业	20.4	25.3	35.5	47.5	58.4
非金属矿采选业	2.4	3.2	4.9	6.9	9.3
其他采矿业	0.0	0.0	0.0	0.0	0.0
农副食品加工业	25.6	37.0	63.7	98.1	133.7
食品制造业	9.3	12.2	18.1	23.5	31.9
饮料制造业	13.9	18.5	27.2	38.8	52.9
烟草制品业	26.3	33.1	46.4	59.3	79.6
纺织业	4.3	5.5	7.6	10.1	14.6
纺织服装、鞋、帽制造业	0.6	0.8	1.0	1.3	1.8
皮革、毛皮、羽毛（绒）及其制品业	3.3	4.0	5.1	6.5	8.0
木材加工业	0.2	0.3	0.4	0.5	0.8
家具制造业	0.4	0.5	0.8	1.2	2.2
造纸及纸制品业	3.9	5.3	8.1	11.3	17.8
印刷业和记录媒介的复制业	2.1	2.8	4.3	6.5	10.8
文教体育用品制造业	0.1	0.1	0.1	0.2	0.4
石油加工、炼焦及核燃料加工业	82	106	158	223	336
化学原料及化学制品制造业	60.5	80.1	117.6	162.0	214.0
医药制造业	14.9	19.4	29.8	42.6	73.2
化学纤维制造业	1.7	2.2	3.0	4.1	6.5
橡胶制品业	0.3	0.4	0.6	0.9	1.5
塑料制品业	9.1	12.4	19.5	28.2	46.1
非金属矿物制品业	25	32	47	63	87
黑色金属冶炼及压延加工业	86	120	189	261	336
有色金属冶炼及压延加工业	205	281	436	584	715
金属制品业	6.0	8.1	12.2	17.0	23.2
通用设备制造业	16.0	20.8	30.6	44.5	63.7
专用设备制造业	23.0	31.7	50.0	77.9	139.4
交通运输设备制造业	2.8	4.0	6.7	10.6	20.2

行　业	2007 年	2010 年	2015 年	2020 年	2030 年
电气机械及器材制造业	16.3	23.2	40.0	64.9	127.5
通信设备、计算机及其他电子设备制造业	4.1	5.9	10.3	17.0	33.1
仪器仪表及文化、办公用机械制造业	1.0	1.6	2.7	4.4	8.8
其他制造业	3.6	4.1	5.0	5.7	6.4
废弃资源和废旧材料回收加工业	0.1	0.2	0.5	1.2	4.3
电力、热力的生产和供应业	124	173	278	398	699
燃气生产和供应业	2.0	3.0	5.0	7.7	14.6
水的生产和供应业	1.9	2.5	3.8	5.4	10.4
建筑业	205	274	422	602	978
第三产业	991	1 356	2 202	3 378	6 784
合计	2 536	3 331	5 047	7 200	12 264

29. 青海省

2009 年全省生产总值 1 081.27 亿元，按可比价格计算，比上年增长 10.1%。分产业看，第一产业增加值 107.40 亿元，增长 5.0%；第二产业增加值 576.34 亿元，增长 11.3%；第三产业增加值 397.53 亿元，增长 9.8%。第一、第二和第三产业对 GDP 的贡献率分别为 4.6%、57.8%和 37.6%，与 2008 年相比，第一、第三产业贡献率分别提高 1.7 和 2.1 个百分点，第二产业贡献率下降 3.8 个百分点。三次产业结构由 2008 年的 10.4：54.7：34.9 转变为 2009 年的 9.9：53.3：36.8。全年人均生产总值 19 454 元，增长 9.6%。

2009 年，全省全部工业增加值 471.34 亿元，比上年增长 10.2%。规模以上工业增加值 440.10 亿元，比上年增长 11.0%。在规模以上工业中，四大支柱产业增加值 290.84 亿元，比上年增长 10.1%；四大优势产业增加值 62.32 亿元，增长 13.4%。

未来青海省产业结构调整方向如下：①大力发展特色农牧业，提高农牧业综合生产能力，加强对农牧业的支持和保护，着力建立农牧业增产增效和农牧民增收的长效机制，积极推进农牧业生产方式的转变，实现农牧业和农村牧区经济持续、快速、健康发展。②坚持走新型工业化道路，加快工业化进程。进一步做大做强水电、石油天然气、盐湖化工、有色金属四大支柱产业和冶金、医药、畜产品加工、建材四大优势产业，积极发展煤业、碱业和载电工业，培育新的支柱产业。大力发展循环经济，加速延长产业链，推进资源开发由单一开发向综合开发转型，由粗放开发向集约开发转型，实现产业的融合发展，提高资源的精深加工度和综合利用水平。③大力开展盐湖、石油天然气、煤炭资源的综合开发利用，进一步延伸产业链。积极拓展盐湖化工产业的发展空间。在稳定提高氯化钾生产能力的基础上，大力发展硫酸钾、硝酸钾、钾镁肥、复混肥等产品。综合利用盐湖资源，发展钾、镁、钠、锂、锶、硼等系列产品，向产业化、规模化、集约化、精细化方向发展，建成钾、钠、镁、锂、锶、硼盐湖化工系列产品生产基地。加快石油天然气综合利用，推动天然气化工与盐湖化工、煤化工、有色金属工业融合发展，形成一定规模的甲醇、聚氯乙烯等产品生产能力。推进煤炭深加工和综合利用，积极发展煤—焦—盐化工产业链。

附表 1-29　青海省各年经济增加值预测　　　　　　单位：亿元

行　业	2007 年	2010 年	2015 年	2020 年	2030 年
农业	83.6	97.0	119.1	142.6	186.9
煤炭开采和洗选业	8.4	10.9	16.2	19.7	23.5
石油和天然气开采业	49.0	50.7	53.3	55.8	58.2
黑色金属矿采选业	0.6	0.9	1.3	1.6	1.9
有色金属矿采选业	14.2	17.6	24.8	33.1	40.7
非金属矿采选业	2.5	3.3	5.1	7.2	9.7
其他采矿业	0.0	0.0	0.0	0.0	0.0
农副食品加工业	1.9	2.7	4.6	7.1	9.7
食品制造业	1.3	1.7	2.5	3.3	4.5
饮料制造业	4.2	5.6	8.2	11.7	16.0
烟草制品业	0.0	0.0	0.0	0.0	0.0
纺织业	1.4	1.8	2.4	3.2	4.7
纺织服装、鞋、帽制造业	1.3	1.6	2.0	2.6	3.5
皮革、毛皮、羽毛（绒）及其制品业	0.1	0.1	0.1	0.2	0.2
木材加工业	0.0	0.0	0.0	0.0	0.0
家具制造业	0.1	0.1	0.2	0.4	0.6
造纸及纸制品业	0.0	0.0	0.1	0.1	0.2
印刷业和记录媒介的复制业	0.6	0.9	1.3	2.0	3.3
文教体育用品制造业	0.0	0.0	0.0	0.0	0.0
石油加工、炼焦及核燃料加工业	22.0	28.6	42.6	60.0	90.4
化学原料及化学制品制造业	41.5	55.0	80.7	111.2	146.9
医药制造业	6.3	8.2	12.6	17.9	30.8
化学纤维制造业	0.0	0.0	0.0	0.0	0.0
橡胶制品业	0.1	0.1	0.1	0.2	0.3
塑料制品业	0.2	0.3	0.5	0.7	1.1
非金属矿物制品业	10.7	14.0	20.2	27.3	37.6
黑色金属冶炼及压延加工业	27.1	37.8	59.5	82.0	105.7
有色金属冶炼及压延加工业	60.1	82.4	127.9	171.4	209.9
金属制品业	2.7	3.7	5.5	7.7	10.5
通用设备制造业	3.1	4.1	6.0	8.8	12.5
专用设备制造业	0.8	1.1	1.8	2.8	5.0
交通运输设备制造业	0.6	0.8	1.4	2.2	4.2
电气机械及器材制造业	2.0	2.9	4.9	8.0	15.7
通信设备、计算机及其他电子设备制造业	0.0	0.0	0.0	0.0	0.0
仪器仪表及文化、办公用机械制造业	0.8	1.2	2.0	3.3	6.5
其他制造业	1.0	1.2	1.4	1.6	1.9
废弃资源和废旧材料回收加工业	0.1	0.1	0.3	0.7	2.3
电力、热力的生产和供应业	42.7	59.2	95.4	136.6	239.8
燃气生产和供应业	0.3	0.5	0.8	1.2	2.2
水的生产和供应业	1.1	1.4	2.2	3.1	5.9
建筑业	70	93	144	205	333
第三产业	270	369	600	920	1 848
合计	732	960	1 450	2 061	3 473

30．宁夏回族自治区

2009 年实现地区生产总值 1 334.56 亿元，按可比价格计算，比上年增长 11.6%，增速比全国平均水平高 2.9 个百分点。其中，第一产业完成增加值 127.13 亿元，增长 7.2%；第二产业完成增加值 680.20 亿元，增长 14.4%，第三产业完成增加值 527.23 亿元，增长 9.4%。按年平均人口计算，人均地区生产总值达到 21 475 元，按可比价格计算，增长 10.3%。全年完成规模以上工业增加值 523.15 亿元，比上年增长 14.3%。

未来宁夏产业结构调整方向如下：①加快能源化工产业发展，使宁东基地成为拉动全区经济的重要增长极和国家能源化工产品的重要供应地。②积极发展新材料产业。依托现有的技术、人才优势和较好工业基础，进一步发展钽、铌、铍等稀有金属功能材料及其高技术加工产品系列，电解铝及铝合金、铝材加工产品系列，金属镁、镁合金及其压延产品系列。③发展壮大特色农产品加工业。依托现有的品牌、市场占有率等优势，加速发展枸杞、乳品、清真牛羊肉、马铃薯、羊绒、造纸六大农产品生产及其加工产品系列，以及其他有很大发展潜力的酿酒葡萄、脱水蔬菜等特色农产品加工系列。④振兴机械装备制造业。采取引进技术，合作开发，联合制造，自主研发等多种形式，重点发展数控机床、轴承、刮板输送机、自动化仪表、精铸件、风电设备等。提高研发设计、加工制造和系统集成的总体水平。

附表 1-30　宁夏回族自治区各年经济增加值预测　　　　　　　单位：亿元

行　业	2007 年	2010 年	2015 年	2020 年	2030 年
农业	98.1	113.8	139.8	167.3	219.4
煤炭开采和洗选业	63.2	82.3	122.6	148.6	177.7
石油和天然气开采业	1.8	1.8	1.9	2.0	2.1
黑色金属矿采选业	0.0	0.0	0.0	0.0	0.0
有色金属矿采选业	0.0	0.0	0.0	0.0	0.0
非金属矿采选业	0.0	0.0	0.0	0.0	0.0
其他采矿业	0.0	0.0	0.0	0.0	0.0
农副食品加工业	7.0	10.2	17.5	26.9	36.7
食品制造业	7.6	9.9	14.7	19.2	26.0
饮料制造业	5.3	7.1	10.4	14.8	20.2
烟草制品业	0.9	1.1	1.5	2.0	2.6
纺织业	16.8	21.5	29.4	39.4	56.6
纺织服装、鞋、帽制造业	0.2	0.2	0.3	0.3	0.5
皮革、毛皮、羽毛（绒）及其制品业	0.7	0.8	1.0	1.3	1.6
木材加工业	0.1	0.1	0.1	0.1	0.2
家具制造业	0.1	0.1	0.2	0.3	0.6
造纸及纸制品业	6.8	9.1	14.0	19.5	30.6
印刷业和记录媒介的复制业	0.4	0.6	0.9	1.4	2.3
文教体育用品制造业	0.0	0.0	0.0	0.0	0.0
石油加工、炼焦及核燃料加工业	15.0	19.5	29.0	40.9	61.7
化学原料及化学制品制造业	30.9	40.9	60.1	82.7	109.3
医药制造业	4.9	6.3	9.8	13.9	24.0

行　业	2007 年	2010 年	2015 年	2020 年	2030 年
化学纤维制造业	0.0	0.0	0.0	0.1	0.1
橡胶制品业	7.1	9.7	15.4	23.4	39.4
塑料制品业	1.9	2.6	4.1	5.9	9.6
非金属矿物制品业	12.8	16.7	24.2	32.6	45.0
黑色金属冶炼及压延加工业	18.7	26.1	41.1	56.7	73.1
有色金属冶炼及压延加工业	37.0	50.8	78.9	105.7	129.4
金属制品业	3.3	4.5	6.7	9.3	12.8
通用设备制造业	9.1	11.9	17.4	25.3	36.2
专用设备制造业	3.7	5.1	8.1	12.6	22.5
交通运输设备制造业	0.1	0.2	0.4	0.6	1.1
电气机械及器材制造业	0.0	0.0	0.0	0.0	0.0
通信设备、计算机及其他电子设备制造业	4.2	6.0	10.4	17.1	33.5
仪器仪表及文化、办公用机械制造业	2.8	4.2	7.4	11.8	23.6
其他制造业	0.2	0.2	0.2	0.3	0.3
废弃资源和废旧材料回收加工业	0.0	0.0	0.0	0.0	0.0
电力、热力的生产和供应业	76.2	105.7	170.2	243.7	427.8
燃气生产和供应业	1.5	2.1	3.6	5.6	10.5
水的生产和供应业	0.7	0.9	1.3	1.9	3.7
建筑业	68	91	140	200	325
第三产业	324	444	721	1 106	2 221
合计	831	1 107	1 704	2 439	4 186

31. 新疆维吾尔自治区

2009 年实现地区生产总值 4 273.57 亿元，按可比价格计算，比上年增长 8.1%，其中，第一产业增加值 759.73 亿元，增长 4.8%；第二产业增加值 1 951.87 亿元，增长 9.0%；第三产业增加值 1 561.97 亿元，增长 8.3%。三次产业比例为 17.8∶45.7∶36.5。人均地区生产总值 19 926 元，按可比价格计算，增长 6.5%，以当年平均汇率折算，人均地区生产总值 2 917 美元。全部工业增加值 1 579.88 亿元，按可比价格计算，比上年增长 7.0%。规模以上工业增加值增长 7.2%，其中，轻工业增长 10.2%，重工业增长 6.9%。

未来新疆将面临前所未有的发展机遇，产业发展方向如下：①做大做强石油石化工业。进一步加快石油天然气资源的勘探开发，把新疆建成国家最大的石油天然气生产基地和国家能源陆上安全大通道。全面推动石油天然气化工业的高速度、跨越式发展，把新疆建成西部地区重要的石油化工基地。②大力发展煤炭、煤化工和电力工业。充分发挥煤炭资源丰富优势，努力扩大煤炭产量和发电装机规模，积极承接内地产业转移，建设国家高载能产业聚集区。③加快优势矿产资源勘察开发。进一步加大铜、镍、铅锌等有色金属，铁等黑色金属，金、银等贵金属和钾盐，石材等特色非金属矿产资源勘察开发力度，建设国家重要的矿产资源生产加工基地。④扶持壮大特色农副产品精深加工业。积极支持无公害食品、绿色食品和有机食品工业发展，建设全国乃至国际上都具有竞争力的特色食品加工生产基地。⑤积极发展高新技术产业。充分依托资源优势和产业基础，积极发展对经济社会有重大带动作用的高新技术产业。重点发展生物、新能源、新材料、电子信息等产业，加快培育新技术龙头企业。⑥改造提升传统工业。利用高新技术、信息技术、环保技术和先进适用技术改造提升纺织、建材、轻工、化工、机电、冶金等骨干企业，提高企业的技术、装备水平和产品市场竞争力。

附表 1-31　新疆维吾尔自治区各年经济增加值预测　　　　单位：亿元

行　业	2007 年	2010 年	2015 年	2020 年	2030 年
农业	630	731	898	1 075	1 409
煤炭开采和洗选业	29	38	57	69	82
石油和天然气开采业	812	840	883	924	965
黑色金属矿采选业	12	16	24	30	35
有色金属矿采选业	31	39	55	73	90
非金属矿采选业	2	3	4	6	8
其他采矿业	0	0	0	0	0
农副食品加工业	23	34	58	89	122
食品制造业	13	17	26	34	46
饮料制造业	12	16	24	34	47
烟草制品业	9	11	16	20	27
纺织业	31	39	53	72	103
纺织服装、鞋、帽制造业	0	0	0	1	1
皮革、毛皮、羽毛（绒）及其制品业	1	1	1	2	2
木材加工业	2	3	4	5	7
家具制造业	1	2	3	5	9
造纸及纸制品业	4	5	8	11	18
印刷业和记录媒介的复制业	2	2	3	5	8
文教体育用品制造业	0	0	0	0	0
石油加工、炼焦及核燃料加工业	45	58	87	123	185
化学原料及化学制品制造业	37	49	72	99	131
医药制造业	2	3	5	7	12
化学纤维制造业	9	11	16	21	34
橡胶制品业	1	1	2	3	6
塑料制品业	9	12	19	27	44
非金属矿物制品业	24	32	46	62	86
黑色金属冶炼及压延加工业	42	59	93	128	165
有色金属冶炼及压延加工业	10	13	20	27	34
金属制品业	4	5	7	10	14
通用设备制造业	2	3	5	7	9
专用设备制造业	2	3	4	6	11
交通运输设备制造业	1	1	2	3	6
电气机械及器材制造业	16	23	39	63	125
通信设备、计算机及其他电子设备制造业	3	5	8	14	27
仪器仪表及文化、办公用机械制造业	0	0	1	1	2
其他制造业	0	0	0	0	0
废弃资源和废旧材料回收加工业	0	0	0	0	0
电力、热力的生产和供应业	62	86	139	199	350
燃气生产和供应业	2	3	5	8	15
水的生产和供应业	2	3	4	5	11
建筑业	231	231	667	1 199	2 533
第三产业	1 191	1 631	2 647	4 061	8 157
合计	3 311	4 031	6 008	8 531	14 936

附件2 国家—区域—流域经济与水环境预测系统

1. 系统开发目标

国家—区域—流域的经济与水环境预测系统通过开展国家中长期水环境管理战略情景分析,构建基于计量经济方法与投入产出分析相结合的联立求解模型系统,对国家的社会—经济—水资源—水环境系统进行预测,建立一个水环境管理与决策支持为一体的综合预测模拟系统,揭示社会经济发展与水环境之间的内在联系,模拟预测区域和流域水环境指标,分析国家中长期宏观经济的用水需求和水环境形势,为国家、区域和流域水环境管理、规划和相关决策提供有效支撑。

第一,国家—区域—流域的经济与水环境预测系统要具有实用性,作为政策模拟的工具,系统内的各项功能必须和现在的经济发展和环境保护工作相结合,服务于目前的经济发展和环境管理,能够在有关部门的日常工作中发挥作用。系统的实用性主要体现在两个方面:一是系统的构建要和目前的经济发展与环境管理的基本架构相吻合,能够对经济和环境做最直接的模拟预测,反映经济发展和环境保护最直接的变量关系;二是要以最新的数据作为分析和预测的基础,系统的分析结果能够反映现实的经济发展和水环境保护情况。

第二,系统具有情景可修改和结果自动修改的特性。本系统是通过社会经济与水环境之间的关系,设定不同的情景,进行水环境预测。预测结果是否符合实际规律,情景设计的合理性具有重要意义。在预测过程中,往往需要情景的多次调试和结果不断的校验,得到合理的预测结果,因此,系统设计时预测情景应处于"白箱"状态,可进行编辑修改,并给出每个情景设计的合理范围作为情景设计参考,若超过情景设计的范围,系统会自动提醒使用者。同时,情景修改后,实现预测结果和预测结果的各种图表的自动修改,体现系统的灵活性和可用性。

第三,系统具有模块化特征。国家—区域—流域的经济与水环境预测系统由多个系统组成。在社会经济预测系统和水环境两个大系统下,从不同的角度,又可分解多个小系统,如从产业角度,可分解为农业、工业、生活水环境,从污染物角度可分为 COD、$NH_3\text{-}N$、TN、TP 等。为体现系统的易用性,系统需要分解为多个模块,不同的模块具备非常直观的界面和操作平台,使用人员根据自己的需要调用不同的模块。

第四,系统具有可扩充性特征。系统能够和有关软件相衔接,根据实际需要进行扩充。随着经济和环境保护的发展,可能会对目前的系统进行必要的改造和扩充,或者有其他相关的外挂软件和程序需要和本系统连接,因此,系统要满足可扩充的要求,同时具有一定的兼容性，为未来系统功能的进一步完善奠定基础。

2．系统设计原则

（1）实用性。结合具体情况，有针对地设计出具备很高使用价值并能马上获得实效的环境管理决策技术支撑系统。系统设计过程中应考虑将原有已投资建设的部分应用系统无缝、平滑介入的问题等。

（2）安全性。必须保证系统中的数据安全，保证系统中的数据不被非法篡改，确保非法用户不能随意闯入本系统。系统在安全等级、交叉验证等各个环节采用有力的安全保证措施。

（3）扩展性。系统具有良好的扩展性，充分考虑未来信息量与业务量增长的需要。系统应提炼出计算机整体应用特有的构件，统一数据接口标准与规范，为各业务系统及整体应用系统的接入预留接口，以增强系统的弹性、通用性与可替换性。

（4）规范性。规范性、标准化是一个系统建设的基础，也是系统与其他系统兼容和进一步扩充的根本保证。整个系统规范标准的制订完全遵照国家规范标准和有关行业规范标准，根据系统的总体结构和开发系统的基本要求，完成如下标准化的工作：设计标准的信息分类编码体系，建立统一、规范的系统数据库数据字典；建立符合国家标准要求的图式符号系统；设计统一的设计风格、界面风格和操作模式；建立数据库中统一表格，统一的各类统计表格和统计报表格式；建立完善的安全控制机制；建立开放式、标准化的系统数据输入、输出格式。

3．系统构建需求分析

（1）数据需求。数据是系统的血液。国家—区域—流域经济与水环境预测系统所需的数据包括经济社会数据、水资源数据、废水及污染物的产生和排放数据等，数据来源主要是各个层面已建立系统中的电子数据、统计年鉴数据、污染源普查数据、文献资料数据、投入产出表数据、世界粮农组织和世界银行网站数据等。为了有效地围绕预测目标进行数据分析，系统数据必须进行一定的规范化和标准化处理，形成可以量化的指标，所需数据处理分析流程如附图 2-1 所示。将其他数据从外部导入系统，形成数据项。数据项并不直接参与分析，通过一定的模型，将数据项转化为可以计算的指标，然后将指标按照经济、产业、人口、水资源、污染物等进行分类，按照一定的分析模型进行数据分析，并以地图、图表、报告等形式进行表达。

数据质量控制是系统实施过程的关键环节，需要建立贯穿于系统建设全过程的数据质量控制体系。它应该包括调查阶段的质量控制、数据录入和处理阶段的质量控制等内容，在信息系统设计和实现时需要予以考虑。

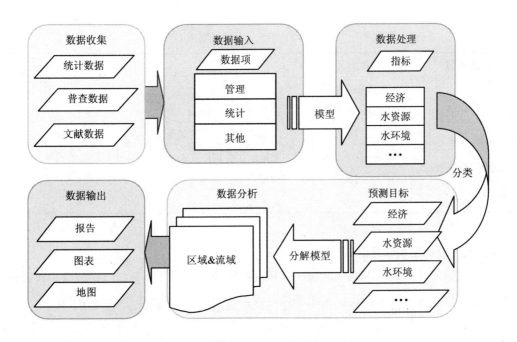

附图 2-1　数据处理分析流程

（2）功能性需求。功能性需求对用户所需信息系统各项功能加以规定。国家—区域—流域经济与水环境预测系统应能根据预测目标，进行数据导入、导出、管理、分析、制图等，并能对预测成果进行有效管理，便于对预测成果进行共享。其主要功能性需求见附表 2-1。

附表 2-1　系统功能需求

需求模块	需求子模块	用户	备注
数据管理	普查数据管理	信息管理部门	采用数据库服务器一体化管理
	统计数据管理		
	预测数据管理		
	指标管理		
分析制图	统计分析	规划管理部门和综合决策部门	将指标化的数据和统计数据结合进行统计分析
	统计图表分析		
	专题制图		
成果管理	省级预测成果管理	省级规划管理部门和流域规划管理部门	权限允许范围下规划成果集中管理，并和成果进行分析
	流域预测成果管理		
权限管理	权限管理	省级信息管理部门	省级规划管理部门进行权限分配、控管

（3）非功能性需求。非功能性需求主要是指用户对软件环境、功能拓展可能性、软件适用性、可靠性、推广成本等所作的一些规定。为了节约成本、提高安全性，国家—区域—流域社会经济与水环境预测系统采用自主知识产权软件，其主要非功能性需求见附表 2-2。

附表 2-2　系统非功能性需求

需求类型	需求名称	需求说明
软件环境	数据库版本	Excel，Access
	操作系统	操作系统 Windows 2007
	其他	采用自主知识产权软件
功能扩展可能性	与外部系统接口	支持常用数据库（Access、Excel 等）的数据导入导出
	可配置	支持菜单、功能区、启动画面、界面布局等的用户定制
其他	成本	成本低

4．系统设计架构和界面

（1）系统设计架构。国家—区域—流域的经济与水环境预测系统包括情景设计模块、预测分析模块、成果展示模块、系统管理与维护等模块。结构如附图 2-2 所示。

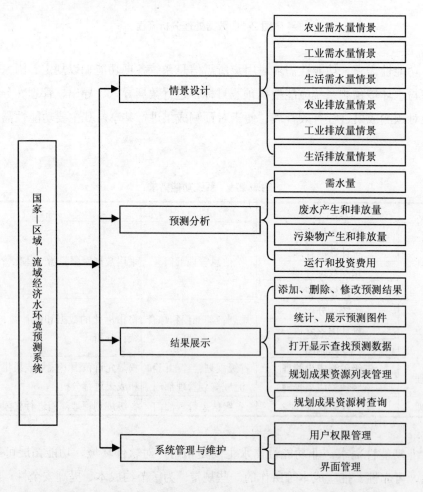

附图 2-2　国家—区域—流域社会经济与水环境预测系统模块结构图

> 情景设计模块：实现对预测情景的添加、删除、修改等功能。

> 预测分析模块：实现对不同预测结果的显示和管理等功能。

> 成果展示模块：成果展示模块主要包括添加、删除、修改预测成果，展示各种预测结果，打开显示查找资源等功能。

> 系统管理与维护模块：用户权限管理、界面管理、显示控制等功能。

（2）系统设计界面。系统由系统进入界面和主界面两部分组成，其中，主界面由标题栏、菜单栏、工具栏、显示窗口组成，如附图 2-3 所示。下面将分别进行介绍。

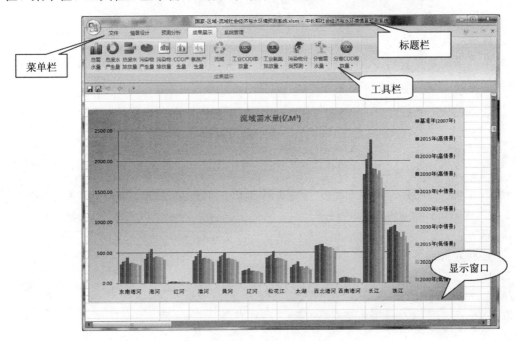

附图 2-3　功能主界面

系统进入界面

系统启动时，"国家—区域—流域社会经济与水环境预测模型系统"弹出系统进入界面（附图 2-4），输入用户名和密码可进入预测系统。涉及系统的安全性，管理员可凭管理员的密码进入系统，对系统的数据进行修改、添加和分析，一般用户只有对情景设定的权限，没有修改其他数据的权限。

附图 2-4　系统进入界面

标题栏

系统主界面最顶部为标题栏。

菜单栏

标题栏下面是菜单栏，菜单栏主要是根据不同的功能分成多个模块，包括文件、情景设计、预测分析、成果显示、系统管理等多个模块组成，每个主菜单项下面还有多级菜单，分别实现相应的功能。

| 文件 | 情景设计 | 预测分析 | 成果展示 | 系统管理 |

工具栏

菜单栏下面是工具栏，该区域列出可供用户选择使用的功能项，主要的 4 个菜单项下的可供选择的工具栏主要如下。

①情景设计工具栏。

②预测分析工具栏。

③成果展示工具栏。

④系统管理工具栏。

5. 系统的主要功能

该系统软件主要用来进行水环境中长期环境经济预测模拟。主要功能如下：

（1）输入、修改功能。输入、修改功能是指完成各模型的参数、外生变量等数据的录入，并能修改、删除、显示、打印等功能。

（2）计算、模拟功能。计算、模拟功能是指完成水环境污染总量控制模型中有关系数、控制变量、预测值的计算、模拟。

（3）图形及报表输出、打印功能。图形及报表输出功能是将水环境预测出的污染物产生量、排放量、污染治理投资等各行业或各年份数据以图表的形式传输、存储和打印出来。

（4）数据文件管理功能。数据文件管理功能是指统一管理经济预测模块、环境污染总量控制模块和图形报表显示功能模块的输出数据文件。通过建立一个文件管理数据库，存储文件、修改文件、删除文件和检索文件等功能。

6．系统安装与启动

（1）系统运行环境。

①硬件配置：

CPU：主频 2GHz 或更高，推荐使用 3GHz；

内存：不少于 512MB，推荐使用 1GB 及更高内存；

硬盘：不少于 20GB，5400RPS，推荐使用 60GB，7200RPS；

其他：高性能显示系统。

②软件配置：

Windows2007 环境。

（2）系统安装程序。

①首次运行前先双击"setup.reg"文件进行系统设置；

②打开国家—区域—流域社会经济与水环境预测系统.xlsm 运行本系统；

③以账号登录后，按"情景设置—预测分析（单击预测按钮进行计算）—结果展示"的顺序依次进行。